環境政策論

政策手段と環境マネジメント

森 晶寿／孫 穎／竹歳一紀／在間敬子
[著]

ミネルヴァ書房

はしがき

環境政策の対象領域の拡大

従来の環境政策論は，大きく2つに大別される。1つは環境経済学の理論，特に環境費用（外部負経済）の内部化論の応用分野としての環境政策手段論で，現在の環境経済学のテキストの主流とも言える。岡敏弘『環境政策論』（岩波書店，1999年）は環境政策手段ではなく環境規制，特に化学物質の環境基準の決め方を議論するものであるが，環境経済学の理論や方法論に立脚している点では，ここに括ることができる。

他の1つは，環境政策の史的展開・法律・執行状況をもとに環境政策手段の実際を論じるものである。このタイプの環境政策論は，主に環境省が管轄する汚染防止や自然保護等に関わる政策手段を対象としてきた。Barry C. Field, *Environmental Economics: An Introduction*（秋田次郎他訳『環境経済学入門』日本評論社，2002年）は米国の環境政策手段を（ただし米国における環境政策手段の実践に関するパートは翻訳を割愛），倉阪秀史『環境政策論——環境政策の歴史及び原則と手法』（信山社，2004年）は日本のものを対象に執行の実際を展開している。

ところが環境省が管轄する環境問題の範囲は，問題の対象領域のごく一部にすぎない。近年では，環境影響評価など未然防止に重点を置いた政策手段も管轄するようになったものの，基本的には他の部門が原因となって引き起こした環境問題を後追い的に対処する手段が中心であった。日本の環境省（庁）の管轄権限は公害防止および自然保護に限定され，1990年代末になって廃棄物・資源循環や環境影響評価が加わった。このことを反映して，環境政策論の対象範囲も，製造業の汚染対策や自然保護が中心であった。

しかし実際には，環境問題は製造業の生産段階だけで起こるわけではなく，消費や廃棄後の処理・処分，原料や燃料の採掘・加工の際にも発生する。さらに農地の拡大や過剰利用，森林の過剰な伐採や開墾は，洪水や土壌流出を起こ

して砂漠化やかんばつを招き，さらに貯水機能や炭素吸収機能，生物多様性を低下させて地域・地球規模の環境劣化の原因となる。水産資源の過剰捕獲は漁業資源の枯渇をもたらし，食糧不足を招く。そしてエネルギー・交通・上下水道などの社会資本（インフラストラクチャー：インフラ）の構造や都市構造も，環境保全や持続可能な社会の構築に大きな影響を及ぼす。特にインフラは，一度整備されると長期にわたって利用されるため，企業の生産活動や立地，住民の居住や消費活動に大きな影響を及ぼすだけでなく，長期間にわたって固定化されるため，環境影響を削減することを困難にする。

ところが農林水産業やインフラ整備の目的は，環境保全や資源の持続的利用ではない。そこで環境省がこれらの産業やそれを管轄する省を外側から規制することになる。しかし権限が限定され，官僚組織の中でも後発で地位の低い環境省が働きかけても，管轄省庁は行動を変えることにはならない。そこで市民や環境NGO，地方自治体などが国会や管轄省庁に働きかけることが必要となる。こうすることで，管轄省庁が当事者意識を持って主要な政策目的に環境保全や持続可能性を組み込み，その伝統的な政策目的と環境保全や持続可能性目的を同時に達成できる政策手段（統合的環境政策手段）を導入することが期待できるようになる。

さらに気候変動問題や生物多様性といった国境（空間）や世代（時間）を超える環境問題への対応が重要になるにつれ，環境政策手段も，現在だけでなく将来の環境目標を達成するという観点から見直さざるをえなくなっている。つまり，従来のように，既存の技術や制度を前提として現在のローカルな環境問題を克服する政策手段を効率性や衡平性，執行可能性の観点から議論するだけでなく，将来の気候変動影響や生物多様性の喪失，資源制約を緩和し，そうした状況になっても適応できるようにする観点から環境目標を設定し，政策手段を構想し，経済や社会的な影響を十分に考慮しつつ社会的な合意を形成しながら執行していく必要がある。言い換えれば，既存の技術や制度を前提とするのではなく，環境保全型の生産・運搬・消費の観点からの技術開発・普及，事前に環境保全の観点を組み込んだ国土開発や都市計画，エネルギーや交通などの社会資本の整備，そしてそれらを促すような制度と社会の再構築がますます必

要とされるようになっている。

　こうした環境省の管轄範囲を越えた環境問題の経済的原因と政策をテキストとして紹介しているのは，Nick Hanley, Jason F. Shogren and Ben White, *Introduction to Environmental Economics*（政策科学研究所環境経済学研究会訳『環境経済学——理論と実践』勁草書房，2005年）などわずかでしかなかった。

産業界・企業の行動の変化

　環境政策論のテキストの多くは，主として導入を主導する政策担当者の視点に立って執筆されることが多かった。このため，企業や消費者といった政策によって変化を余儀なくされる主体の行動は，政策手段に合理的に対応する主体として描かれてきた。ところが産業界・企業は，環境に影響を及ぼす活動を直接的に行い，他の主体の活動に大きな影響を及ぼしてきたことから，環境政策の導入によって受ける影響も大きい。それは，単に環境政策の直接の対象となる企業の生産費用が増加することだけではない。新たな環境政策に適合する生産システムを構築し商品を販売しようとすれば，原料調達・生産工程・商品およびサービスの提供，輸送・廃棄・リサイクルといった製品のライフサイクルに関わる主体のすべてが影響を受けることになる。この過程で，環境に配慮した商品や社会の潜在的なニーズを満たす商品を，消費者や顧客に提供することで競争力を高め，環境対策費用を上回る利益を獲得する企業もあれば，うまく対応ができずに消費者や顧客を失う企業もある。そして環境問題の多様化・グローバル化とともに環境政策も強化されてきており，ある環境規制をひとたび守れば将来にわたって何も対応しなくてもすむということにはならなくなっている。つまり，企業が生き残り成長し続けてゆくには，環境保全を経営戦略の中核に位置づけることが必要になってきている。

　馬奈木俊介・豊澄智己『環境ビジネスと政策——ケーススタディで学ぶ環境経営』（昭和堂，2012年）は，環境政策の展開の中で企業がどのように対応し，経営の中に環境保全を統合しているのかを示した点で，先駆的な「テキスト」と位置づけられる。

　ところが，環境保全を経営戦略の中核に位置づける動きは，伝統的に環境政

策の対象となってきた製造業にとどまらない。気候変動や生物多様性の危機が地球規模の課題として大きくクローズアップされ，対応の是非によって企業が選別されるようになるにつれ，エネルギー業や運輸業，農林水産業，オフィスビルやインフラを整備する建設業などますます多くの業種で，こうした問題への取り組みを中核に位置づけざるをえなくなってきている。そこで，電力会社や輸送機関，自動車や住宅の生産・販売会社も，生産プロセスでの環境負荷の削減だけでなく，原料の採掘段階での環境・社会影響や，消費者が購入した製品を使用し廃棄した後の環境負荷を削減する取り組みを強化してきた。

ところが，個々の発電所や自動車，建物，製品で排出を削減しても，その分設備が大型化し，あるいは台数が増えれば，排出量はかえって増加するというリバウンド効果が発生する。そこで，消費量を抑制する需要管理手段，より温室効果ガスを排出しないエネルギーへのシフトや鉄道・自転車などへのモーダルシフトが提唱されてきた。

しかしこうした政策は，既存の企業が供給する財・サービスに対する需要を減少させ，利益も低下させるため，必ずしも既存の産業界から歓迎されるわけではない。その上，消費者の費用負担が増え，利便性や得られる満足度（効用）が低下することも起こりうる。こうした企業や消費者から支持を得られない政策は，たとえ環境保全に顕著な効果を発揮するものであっても，導入は容易ではない。

しかも，インフラや都市の整備・更新・再構築においても，民間企業がより大きな役割を担うことが期待されるようになっている。先進国では既存インフラの老朽化にともなう更新投資が，途上国では経済成長を維持するためのインフラ整備が必要になる中で，公共部門のみでは必要な資金を調達できなくなっている。さらに公共サービスが希薄か全く存在しない途上国・地域では，民間企業自身が，ビジネスの安定的な展開を確保するために，インフラ整備や都市開発を企画・提案し，公共部門と一緒に，あるいは単独で資金調達を行って実施せざるをえない。しかも，地元の合意を得つつ進める必要がある。

そこで企業が，単に費用効率性の観点からのみでなく，低環境負荷・低炭素排出の観点を組み込み，地域社会に便益を還元するようにインフラや都市の整

備・更新・再構築を企画・実施する誘因を持つような政策や制度を構想することが重要となる。

その上で，こうした政策に実効性を持たせていくことが次に重要となる。日本では，環境問題に対する国民の認識が高まり，より厳しい環境政策を求める世論が形成されると，多くの場合，自発的な取り組みを促す手段が導入されてきた。なぜならこの手段は，費用負担が可能な範囲で対応を行うことで，「何も対策を行っていない」という批判をかわし，より実効性の高い環境政策の導入を「未然防止」できるためである。そして世論の関心が別の問題に向かえば，実質的に政策を反故にすることも可能になる。ところが，環境改善効果が小さければ，厳しい環境政策を求める声も再び大きくなるであろう。こうした状況の中で，実効性のある政策手段を導入するために，どのようにして企業の同意・支持を取り付けていくのか。これも環境政策論の1つの大きな論点である。

本書の構成

本書は，上記の問題意識に基づいて，従来の環境政策論を3つの観点から拡張した。すなわち，第1に，「伝統的な」環境省の管轄領域である産業公害，自然保護，水質汚濁，廃棄物にとどまらず，エネルギー，交通，都市，農業など環境省以外の省庁が管轄するものの，環境保全や持続可能な社会の実現に大きな影響を及ぼす領域の環境政策を対象とした。このことを受けて，第1章で環境政策手段の種類と効果・課題を概説した上で，「伝統的な」環境省の政策領域に分類可能な産業公害・水質汚濁・廃棄物を第3～5章で，その延長線上に拡張された化学物質政策を第6章で取り上げた。そして経済および環境問題の国際化・グローバル化に対応するための環境政策を第7～9章で取り上げ，第10～13章でエネルギー・交通・都市・農業といった独自の政策目的を持ち，環境省以外の省庁が管轄する分野での環境政策の展開を議論している。

第2に，導入・展開された政策手段に対して企業がどのように対応し，自らのビジネスとして位置づけるようになったのかを，実践例を提示しながら示した。第2章で環境政策の進展に対する企業の対応を概観し，その上で第3～13章の各章では，各分野の政策を概説した後に，企業の対応を概観し，代表的な

企業・産業の対応例を挙げて，企業が環境政策の展開をどのように受けとめ，技術や経営をどのように変えたのかを概説した。

　第3に，環境政策を推進する主体を増やすための手段にも目配りをした。実効性のある環境政策手段を導入するための方法についての章を第14章に設け，読者が政策の内容だけでなく，実現の仕方にも関心を持つことができるようにした。

　本書は，この意味で，環境政策論のテキストとしてだけでなく，環境マネジメント・環境経営・環境政治を学ぶ学生にとっても活用できるテキストとして構成している。

　本書のもともとのアイデアは，著者の1人である森が滋賀大学経済学部在職中に行った「環境政策と企業」の講義に由来する。この講義では，環境政策手段について概説することを主眼としていたが，多くの学生は卒業後に政策に直接携わるわけではないため，必ずしも関心は高くなかった。そこで，政策に企業がいかに対応し，ビジネスを拡大する機会にしていったのかを講義の内容に含めたところ，若干ではあるものの，講義に対する関心が高まった。この時の経験から，環境政策と主要なアクターの活動の変化を一緒にして論じることの必要性を痛感してきた。そこで，環境経営の専門家である在間敬子氏を執筆者に迎え，科学研究費研究プロジェクト『東アジアの経済発展と環境政策』で共同研究を行ってきた竹歳一紀・孫穎両氏とともに執筆を進めてきた。本書の試みは必ずしも十分でないかもしれないものの，読者の関心を高めることに貢献できたとすれば甚大である。

　謝　辞

　京都大学地球環境学堂地球益経済論分野秘書の飯田絵里子さんには，データの収集や図表の作成に協力いただいた。また本書の刊行に当たっては，2013年3月に刊行した森晶寿編著『環境政策統合』に続き，ミネルヴァ書房の梶谷修さん，中村理聖さんにお世話になった。改めて感謝したい。

2014年5月

執筆者を代表して　森　晶寿

環境政策論

―― 政策手段と環境マネジメント ――

目　次

はしがき

第1章　環境政策を考える ・・・・・・・・・・・・・・・・・・・・・・・・・・・・・・・・・森　晶寿・・・1
　1　環境政策とは何か ・・・1
　2　環境政策手段の内容 ・・2
　3　環境政策の目的・目標 ・・・3
　4　環境政策の費用負担に関する原則 ・・・・・・・・・・・・・・・・・・・・・・・・・・・・・・・7
　5　環境政策の手段と執行 ・・9
　6　まとめ ・・16
　　　Column　リスク便益評価の考え方 ・・・・・・ 16

第2章　企業の環境経営を考える ・・・・・・・・・・・・・・・・・・・・・・・・・・孫　　穎・・・19
　1　企業の環境マネジメントの変遷 ・・・・・・・・・・・・・・・・・・・・・・・・・・・・・・・・・19
　2　環境マネジメントの手法 ・・・・・・・・・・・・・・・・・・・・・・・・・・・・・・・・・・・・・・・22
　3　サプライチェーン単位の環境マネジメント ・・・・・・・・・・・・・・・・・・・・・31
　4　企業の社会的責任（CSR） ・・・・・・・・・・・・・・・・・・・・・・・・・・・・・・・・・・・・・33
　5　まとめ ・・37
　　　Column　ソニーの環境法令違反の事例：古典的事件 ・・・・・・ 35
　　　Column　共有価値の創造（CSV）：次世代経営戦略 ・・・・・・ 38

第3章　産業公害に対する政策を考える ・・・・・・・・・・・・・・・・・・在間敬子・・・41
　1　産業公害問題とは ・・41
　2　日本の産業公害に対する環境政策の特徴 ・・・・・・・・・・・・・・・・・・・・・・・49
　3　企業の産業公害に関するマネジメントとビジネス ・・・・・・・・・・・・・・57
　4　まとめ ・・59
　　　Column　マテリアル・スチュワードシップ ・・・・・・ 60

第4章　水資源の利用政策を考える ・・・・・・・・・・・・・・・・・・・・・・・・在間敬子・・・63
　1　水資源とは ・・63

　　　　　　　　　　　　　　　　　　　　　　　　　　　　目　次

　　2　水資源をめぐる諸問題………………………………………64
　　3　水資源の利用に関する政策…………………………………70
　　4　企業の水資源利用のマネジメントとビジネス……………77
　　5　まとめ………………………………………………………80
　　　Column　地域の水資源への配慮：ウォーター・ニュートラル……81

第5章　廃棄物政策を考える………………………………孫　　穎…83
　　1　廃棄物政策の変遷……………………………………………83
　　2　循環型社会の構築……………………………………………88
　　3　拡大生産者責任（EPR）……………………………………89
　　4　エコタウン事業………………………………………………92
　　5　企業の新しい取り組み………………………………………98
　　6　まとめ…………………………………………………………98
　　　Column　循環型社会の構築に向けたリサイクルの役割……100

第6章　有害化学物質政策を考える………………………孫　　穎…103
　　1　欧州の化学物質規制強化の背景……………………………103
　　2　欧州の有害化学物質規制の強化……………………………104
　　3　日本の有害化学物質の管理政策……………………………111
　　4　EUの環境規制への対応とビジネスチャンス：パナソニックの事例
　　　………………………………………………………………116
　　5　まとめ………………………………………………………118
　　　Column　TRIとコミュニティ諮問協議会：日米のリスクコミュニケーション……119

第7章　経済のグローバル化を環境の視点から考える……竹歳一紀…121
　　1　経済のグローバル化…………………………………………121
　　2　経済のグローバル化が環境に与える影響…………………126
　　3　経済のグローバル化と多国間環境協定……………………130
　　4　環境政策の国際的な調和……………………………………133

ix

5　まとめ……………………………………………………………………136
　　　　Column 　有力市場における環境規制への対応 …… 137

第8章　気候変動政策を考える ………………………… 在間敬子… 139
　　1　気候変動問題とは……………………………………………………139
　　2　気候変動問題に対する政策の原則とアプローチ……………………143
　　3　国際的な枠組みによる政策…………………………………………147
　　4　日本の温室効果ガス削減に関する主な政策…………………………154
　　5　気候変動に関する企業のマネジメントとビジネス……………………157
　　6　まとめ……………………………………………………………………161
　　　　Column 　二酸化炭素の回収・貯留・循環の技術開発 …… 162

第9章　生物多様性保全政策を考える ………………… 竹歳一紀… 165
　　1　生物多様性の意味と価値……………………………………………165
　　2　生物多様性の危機……………………………………………………167
　　3　生物多様性保全に向けた政策………………………………………174
　　4　生物多様性保全のための企業の自主的取り組み……………………179
　　5　まとめ……………………………………………………………………181
　　　　Column 　琵琶湖の生物多様性と保全への取り組み …… 182

第10章　エネルギー政策を環境の視点から考える ……森　晶寿… 185
　　1　エネルギーの種類と世界的動向………………………………………185
　　2　伝統的なエネルギー政策の目的………………………………………188
　　3　エネルギーの生産・消費にともなう環境問題…………………………189
　　4　エネルギー・環境・気候変動統合政策…………………………………190
　　5　日本のエネルギー・電力政策の展開……………………………………193
　　6　産業界の対応……………………………………………………………198
　　7　今後の展望と課題………………………………………………………201
　　8　まとめ……………………………………………………………………203

Column　世界のエネルギー価格決定権をめぐる競争 …… 204

第11章　交通政策を環境の視点から考える ……………… 森　晶寿 … 207
　1　経済成長・交通・環境問題 ………………………………………… 207
　2　交通環境政策 ……………………………………………………… 211
　3　日本の政策対応 …………………………………………………… 213
　4　企業の対応 ………………………………………………………… 218
　5　残された課題 ……………………………………………………… 220
　6　まとめ ……………………………………………………………… 223
　　　Column　ライト・レール・トランジット（LRT）…… 222

第12章　都市づくりを環境の視点から考える ………… 竹歳一紀 … 225
　1　都市化と環境問題 ………………………………………………… 225
　2　都市空間の計画的利用 …………………………………………… 229
　3　持続可能な都市づくり …………………………………………… 233
　4　環境に配慮した建築 ……………………………………………… 237
　5　まとめ ……………………………………………………………… 241
　　　Column　スマートシティの社会実証プロジェクト …… 243

第13章　農業政策を環境の視点から考える ……………… 竹歳一紀 … 245
　1　農業政策の目的と内容 …………………………………………… 245
　2　農業政策と環境問題 ……………………………………………… 250
　3　農業環境政策 ……………………………………………………… 254
　4　新たな付加価値による農業・農村の活性化 …………………… 259
　5　まとめ ……………………………………………………………… 262
　　　Column　コウノトリ育むお米 …… 263

第14章　環境政策を実現する制度とガバナンスを考える … 森　晶寿 … 265
　1　各部門での環境政策の導入をどのように進めるか …………………… 265

2 環境保全の権利と責務の明文化……………………………………266
3 政府機構改革………………………………………………………269
4 政策決定プロセスの改革…………………………………………271
5 財政システムの改革………………………………………………273
6 統合的環境政策手段の導入を推進する主体の強化……………275
7 まとめ………………………………………………………………279
　　Column 日本のエネルギー分野の環境政策統合の試み……279

索　引……281

第1章

環境政策を考える

1 環境政策とは何か

　人間が活動を行い，生活を営むためには，それをとりまく物理的・自然的存在，すなわち環境から資源，エネルギー，食料を得る必要がある。また同時に，人間が排出する廃棄物を吸収・浄化してもらう必要がある。そして人間は，より安全で豊かな暮らしをするために自然（環境）を改変し，様々な人工物を構築してきた。

　他方で環境は人間の活動とは無関係に変化し，再生産を行っている。しかも自然の再生産に関する法則は，不確実性が高く，科学的知見として確立されていないものも多い。

　ところが，人間は活動水準を高めるにつれ，自然の法則を無視し自然の再生産能力を超えて資源やエネルギーを採取し，その吸収・浄化能力を超えて廃棄物を排出してきた。この結果自然の再生産が困難となって環境が劣化し，人間の活動や健康にも害を及ぼす。さらにこれまで人間が蓄積してきた資産や発展の果実を将来世代に引き継ぐことも困難にする。

　環境劣化を引き起こす原因は多様である。自然災害のように，人間が制御できない自然の営みや気象条件が原因のものもあれば，人間の活動が原因となっているものもある。人間の活動は，契約や法律，ルール，社会的規範，慣習といった公式・非公式の制度に規定されている。このため，人間の活動に起因する環境劣化を改善するためには，こうした人間の活動を規定する制度を変えることが必要となる。

　物理的・自然的現象としての環境劣化や生態系が持続可能でないことは，人

間の活動への影響が限定されている場合には，問題として認識されないかもしれない*。地域社会ないし政府が認識して初めて問題として設定され，解決策が必要とされるようになる。

> * 例えば水俣病は，病気の発症が確認されてから数年間は漁村地域の風土病と認識されており，解決すべき問題とは認識されなかった（⇨第3章）。

環境政策は，環境問題を解決するために，その原因となっている制度を変更するための活動と定義することができる。ただし実際には，立法措置を伴って立案され，公権力を背景に行政が執行することが多い。このため，公共部門の活動と見なされることが多い。

2　環境政策手段の内容

環境政策の代表的な手段（環境政策手段）としては，次のようなものがあげられる。
(1)環境汚染の原因となっている物質の排出に対する**直接規制**や**行政命令・指導**
(2)汚染物質の排出に対する課税，ないし排出削減に対する補助金・低利融資
(3)汚染物質の**排出枠取引**とその市場の整備
(4)**公害防止協定**などの交渉に基づく協定

実際には，こうした汚染物質の削減のための手段だけが環境政策として実施されてきたわけではなかった。表1-1に見られるように，政府は下水道や廃棄物処理・処分場などの環境インフラストラクチャーや，汚染の著しい工場を集団移転させて排出を集中的に処理する工業団地の整備も，環境政策として実施してきた。また環境保全型技術の研究開発やその普及も手段として活用してきた。さらに，開発事業にともなう環境破壊を未然に防止する手段として環境アセスメントも取り入れてきた。そして工場の集中立地による地域への環境汚染の累積を回避し，あるいは工場と住宅の近接による騒音や振動などの公害を防止する目的で導入された**土地利用規制**や**土地利用計画**も，環境政策手段と見なすことができる。

表1-1 環境政策手段の種類

	公共機関自身による活動手段	原因者を誘導・制御する手段	契約や自発性に基づく手段
直接的手段	環境インフラの整備 環境保全型公共投資公有化	土地利用規制 直接規制	公害防止協定 自発的環境協定
間接的手段	研究開発 グリーン調達	課徴金 補助金 減免税 排出枠取引 財政投融資	エコラベル グリーン購入 環境管理システム 環境報告書 環境監査・会計
基盤的手段	コミュニティの知る権利 環境情報公開 環境モニタリング・サーベイランス 環境責任ルール 環境アセスメント 環境教育		

(出所) 植田（2002, 104頁）をもとに筆者加筆・補正。

　このように環境政策の手段といっても種類は多様で，国によって導入されている手段も異なる。そして新たな手段やその組合せが開発されてきている。これは，環境問題の範囲が拡大し，問題の発生メカニズムが複雑になる中で，環境対策に要する費用も高騰していることが背景にある。その国や社会でどのような手段が導入されるのかは，環境政策にどのような目的・目標を掲げ，達成すべき基準を求めるのかに依存する。

3　環境政策の目的・目標

1　環境目標・基準の背後にある考え方

　環境目標・基準を決める際の考え方は，3つに分類することができる。
　第1は，人間の健康への悪影響の**未然防止**である。多くの国では，工業化や都市化の進展にともなって著しい環境汚染が起こり，財産や健康に被害を及ぼした後に，原因物質の排出を削減しようとした。そして民主化運動や公害反対運動を経て，良好な環境を享受する**環境権**が提唱され，環境権は**基本的人権**の一部と考えられるようになった。そこで，汚染物質を浴びた量と健康影響，特

に生物的に健康被害を受けやすい子どもや老人の健康影響の関係を，疫学調査など自然科学的な調査に基づいて解明し，深刻な影響を及ぼさない汚染水準（閾値）を見つけ，その水準を環境基準として設定した。特に，シアン（青酸カリ）や一酸化炭素，日本で深刻な公害を引き起こした二酸化硫黄や水銀のように，短期間体内に摂取するだけで深刻な健康被害を起こす物質は，健康影響の観点から環境基準が設定され，使用や排出は厳格に管理されている。

　第2の考え方は，環境劣化にともなう**外部費用の内部化**である。生産者が生産にともなって環境を劣化させれば，社会全体では，生産者が直接負担する私的費用のほかに，生産者がこれまで負担してこなかったけれども，最終的には社会全体の負担となる費用（外部費用）が発生する。ところが，経済活動がもっぱら民間経済主体の自由な意思決定に委ねられることを原則とする市場経済システムでは，効率性のための限界条件は，（消費者の）私的限界便益と（生産者の）私的限界費用の均等化という形で実現される。それは，民間経済主体の意思決定が，市場取引を経由する費用と便益のみに基づいて行われるためである。しかし生産者が市場で提供する価格に私的費用のみ反映され，社会的費用は含まれないと，その財・サービスが必要以上に大量に生産・消費され，環境劣化を進めることになる。このため，市場経済システムは社会的に効率的な資源配分を実現できるわけではない。

　そこで，何らかの方法で生産者が発生させた社会的費用を自ら負担するような経済システムを構築すれば，自由な市場経済を基本的に維持しつつ，環境劣化を防止することができる。生産者はその分価格を引き上げて消費者に転嫁するか，汚染防止技術の導入や生産工程の変更などの対策を行って負担額を小さくするためである*。

> ＊　ただし，外部費用を完全に内部化しても，外部費用を発生させる生産活動は停止するわけではなく，環境汚染や環境劣化がゼロになるわけではないことに留意する必要がある。

　第3の考え方は，**環境持続性**の実現である。ある種類の環境は，特定の地域にしか存在しない（**地域固有性**），一度失われたら再生不能（**不可逆性**），ほかの

資源や資本との代替が困難（**代替不能**）という性質を持つ。再生可能とされる魚や森林でも，再生率を超えて収穫すれば絶滅し，再生不能となる。人類が生態系を生存基盤にしている以上，直接的・短期的な健康被害がない環境劣化も，生態系（エコシステム）に悪影響を及ぼし続け，生態系の再生産能力を損ねれば，生態系が崩壊して環境を全く利用できなくなる恐れもある。また，ある地域における環境問題の「解決」が，形を変えて異なる国・地域の人々や将来世代，生態系に悪影響をもたらす**転移効果**を起こし，結果的に被害が意思決定に参加できず，対策資金の捻出が困難な社会的弱者に集中し，地球全体あるいは将来世代も含めた人類全体にとっては持続可能ではない解決となることもある*。しかも，科学的知見がないために，どれだけ利用すれば不可逆的な影響を及ぼすのかを予測することすら困難な場合もある。

> ＊ 例えば，石炭火力発電所に対する大気汚染政策の強化が，排煙脱硫装置の実用化と設置を促す一方で石膏を副産物として生み出し，原子力発電所の立地を促して電力需要を満たすとともに放射性廃棄物を副産物として生成し，放射能汚染のリスクを生み出している。

こうした種類の環境に対しては，その利用による外部費用を正確に推計することは容易ではない。むしろ現在の知見を前提にして，楽観的に推計し，あるいは費用を過小評価しがちとなる。そこで環境持続性を実現するためには，それぞれの環境ないし自然資本を現状の水準で維持することが必要となる。言い換えれば，再生不可能な環境は利用せず，再生可能なものも再生率の範囲内での利用に限定することが求められる。そして利用に際しては，**予防原則**を適用する，すなわち，環境への悪影響を及ぼさないことを利用する前に科学的に挙証する責任を負うことが求められる。

2 環境目標・基準設定の実際

実際には，この３つの考え方のうちどれか１つが選択されているわけではない。環境劣化の種類によって社会が解決すべき問題と認識する程度・範囲・深刻さ，地域固有性・不可逆性・代替不能による悪影響の程度やそれを回避したいと思う程度，問題解決のために受け入れてもよいと考える費用負担の大きさ

や，制度・行動の変化の程度が異なるためである。政策の対象とする環境劣化の範囲を人間の健康に即時的・直接的に及ぼす悪影響に限定すれば，政策の実施による経済的損失も相対的に小さいため，環境目標の設定に対する合意も比較的容易に得られやすい。他方，健康影響が発症するまで長期を要する物質や，将来世代の健康・福祉水準への悪影響，人間以外の生物や生態系への悪影響に関する目標については，合意形成は容易ではない。悪影響を防止することの便益は国内外に広く薄く拡散し，便益が実際に発生したかどうかも不確実で目に見えにくい。その一方で，防止に要する費用や行動の変化，技術開発は，短期的に目に見える形で必要となる。しかも採掘や排出の大きい一部の企業や産業に負担が集中することも，経済社会構造の転換が求められることもあるためである。このため，社会が深刻な問題と認識しても，ロビー活動やメディア戦略などを通じて環境目標・基準の強化を阻止する政治的動きが強まる。結果，設定される環境目標も，技術開発や経済社会構造の転換などを通じて現在および将来，社会が対応可能と認識される範囲まで狭められ，設定される環境目標・基準の水準も低くなりがちとなる。

　そして経済成長指向が強く，環境保全を経済成長の阻害要因と認識し，環境権を基本的人権として認めていない社会では，人間の健康被害の回避すら環境政策の目的とはならないかもしれない。あるいは，環境目標や基準が設定されても，政府は真剣に達成のための行動をとらないかもしれない。

　この対応関係を表したのが，図 1-1 である。論理的には，環境政策手段は環境目的（パラダイム）と環境目標が設定された後にそれに見合ったものが選択され，執行される。パラダイムとして環境持続性が選択されれば，より厳しい環境目標が設定され，より厳しい環境政策手段の導入が求められる。その一方で，執行体制が十分に整備されておらず，技術的・経営上も対応が困難な場合には，十分な効果をあげることはできない。そこで，政策手段か執行面の調整が必要となる。それでも社会的・経済的に環境目標や環境政策手段が受け入れられない場合には，環境目的も調整の対象となる。

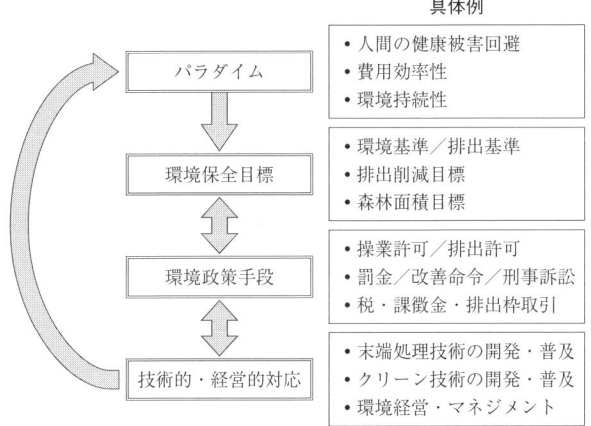

図 1-1　環境政策の目的・目標・手段・対応技術の関係
(出所)　筆者作成。

4　環境政策の費用負担に関する原則

　環境目的・目標を達成するには，対策を行うことが必要となる。しかし対策には費用を要する。そこで，環境対策の費用負担をめぐって，主に3つの原則が提唱されてきた。
　第1は，環境汚染を発生させている主体が，設定された環境目標を達成するために必要な対策費用を支払うべきという**汚染者負担原則**（Polluter-Pays Principle: PPP）である。この原則は，環境劣化による外部費用の内部化を原則としたものである。
　もっとも先進国でも，1970年代までは，PPPは共通の原則として受け入れられていたわけではなかった。このため，環境目標を達成するために汚染者に対策費用を負担させる国もあれば，汚染者に費用を負担させず，あるいは政府が汚染者に補助金を供与する国もあった。しかし費用負担が異なれば，企業の国際競争力にも影響をおよぼし，自由で公正な国際貿易はできなくなるとの批判が高まった。そこで，経済協力開発機構（OECD）は，汚染者負担原則を共通の原則として採用することを加盟国に求めた。そして1990年代以降，法的原

則として多くの国際協定や条約に採用されるようになった。

汚染者負担原則は，費用負担の範囲は生産段階での排出削減費用としている*。この範囲を製品の消費・廃棄段階での環境汚染にまで拡大したのが，拡大生産者責任原則である。拡大生産者責任原則の下では，生産者は製品使用後の適正処理やリサイクルに要する費用の負担を求められる。このため，製品設計を再利用や再生使用しやすいものに変え，廃棄物の排出量を削減することが期待されている（⇨第5章第3節）。

 * 日本の公害対策では，負担すべき費用を，環境目標の達成に必要な対策費用だけでなく，環境復元費用や被害救済費用にも拡大して適用した。

第2は，汚染者負担原則とは逆に，環境目標達成によって受益を得た主体が対策費用を負担すべきとする，**受益者負担原則**である。環境の改善がその環境を直接利用する経済活動だけでなく，水源涵養や生態系保全，二酸化炭素吸収能力の向上などの社会的便益をもたらす場合であっても，こうした便益を発生させる経済主体は自らが得られる便益しか考慮しない。結果，社会的便益は過少にしかもたらされない。また環境汚染ないし悪化をもたらす経済主体の所得が低く開発の権利が認められている場合，あるいは環境改善のための技術や代替手段を持たない場合には，汚染者負担原則を課しても環境は改善しない。こうした場合に，受益者負担原則は正当化されてきた。

なお，所有権を明確に定義し移転することができ，汚染者と被害者との間で交渉が可能で，取引費用が無視できるほど小さい場合には，汚染者負担原則に基づいた解決法も，受益者負担原則に基づいた解決法も，同じ水準の環境改善をもたらす（コースの定理）。しかし現実には，こうした条件がそろうことは稀である。このため，どちらの原則を選択するかによって環境が改善する程度も異なる。

第3は，米国スーパーファンド法で採用されている費用負担制度を念頭に置いた，**潜在的責任者負担原則**である。地下水・土壌汚染などの**蓄積性汚染**で見られるように，汚染者が事業から撤退した後に汚染が発見された場合，汚染者に原状回復費用を負担させようとしても，倒産などで費用負担能力がなく，あ

るいは汚染者の発見が困難な場合もある。その一方で，原状回復費用の捻出の困難を理由に放置すれば，汚染や被害は拡大する。そこで当面公共部門が原状回復を行わざるをえない。しかしこのことは，公共部門，言い換えれば納税者の費用負担を正当化するわけではない。そこで，地下水・土壌汚染の原因となる化学物質と関連している産業部門を潜在的責任者として，原状回復費用の負担を求めてきた（諸富，2002）。

5　環境政策の手段と執行

　実際に採用されている環境政策手段には，様々な種類のものが存在する。これらは，政府介入の程度に応じて，直接規制，経済的手段，自主的な取り組みを促す手段の3つに分けることができる（表1-1）。

1　直接規制

　直接規制とは，政府が汚染者の行動を直接制限し，あるいはある一定の行動を取るように命令することで，汚染物質の排出に規制をかける手段である。

　具体的な直接規制の手法として，**総量規制**と**排出基準規制**をあげることができる。総量規制とは，各排出源から排出される汚染物質の排出総量を，**環境基準**を達成できる範囲内に制限する手段である。総量規制を実施するには，個別の汚染者からの排出量と環境中の汚染物質の濃度との間の関係を把握し，それに基づいて各汚染者に排出許容量ないし排出基準を設定することが必要となる（図1-2）。実際に1960〜70年代に大気汚染が著しかった四日市市や大阪府では，疫学調査を行って健康被害を回避できる環境基準と地域内の排出総量を確定し，個別の工場の使用燃料の種類と使用量を調査し排出量を推計した上で拡散シミュレーションを行い，環境基準の達成に必要な二酸化硫黄の排出削減割合を工場ごとに割り当て，その達成を義務づけた。このように科学的知見を活用することで，汚染排出企業に汚染対策の実施を納得させた。

　こうした因果関係を厳密に立証するには，政府が相応の環境行政権限と能力を持っていることが不可欠である。具体的には，原料・燃料の搬入量の報告の

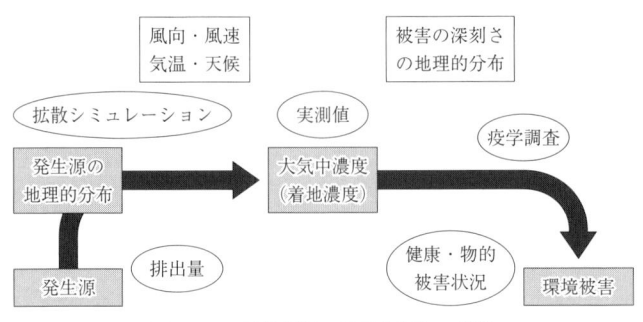

図 1-2　総量規制の科学的根拠の解明
（出所）　筆者作成。

義務づけ、事前告知なしでの立入検査とサンプリング調査、煙突や排水口に**自動連続モニタリング装置**とオンラインで政府にデータを伝送するシステムの設置を義務づける権限、そして環境被害を起こしている汚染物質の特定、工場などの排出源の数・立地・汚染物質の把握、環境中の濃度のモニタリング、拡散シミュレーションなどを行う能力があげられる。

　ところが、政府がこうした権限と能力を確立するには相応の時間と費用を要する。また企業も、排出削減だけでなく政府のモニタリングに対応するために相応の投資が必要となる。このため、多くの国では総量規制の実施は容易ではなかった。

　そこで導入されたのが、排出基準に基づいた規制であった。これは、排出濃度や投入ないし産出当たりの排出量、汚染物質除去率を制限する規制である。中でも「利用可能な最良の汚染防止技術」の除去率に基づいた排出基準は、汚染者は設置し運転するだけで規制基準を達成でき、政府も実際の排出量を測定しなくても、設置と稼働状況を確認するだけで基準の遵守を確保できるとして、重宝された。

　しかし、利用可能な最良の汚染防止技術は企業に利潤をもたらさず、多くの場合、設置費用は高価で運転にも費用を要する。より安価な技術や方法を用いて同等の削減を達成しようとしても、技術指定型のため、基準違反となる。そこで企業は、政府が事前通告なしの立入検査を頻繁には行わず、連続モニタリング装置の設置を義務づけていなければ、立入検査の時だけ稼働させることで

環境保全費用を節約しようとする。また政府が企業の競争力や利益を考慮して規制を厳格に執行しなければ，汚染防止技術の設置もしない。さらに，個々の企業が基準を遵守したとしても，大規模工場が多いか集中立地している場所では排出量そのものが多いため，環境基準が達成されるとは限らない。

　このため，排出基準の設定・執行という直接規制は費用効率的でも排出削減に効果的でもないと批判されるようになった。しかし新たな環境汚染に対応するために政府が環境基準や排出基準を設定・強化しようとすると，産業界はロビー活動やメディア戦略を展開して導入を阻止ないし延期しようとした。この結果，新たな環境問題に何も対応せず，むしろ環境規制を緩和するという事態すら発生した。

　そこで近年の直接規制は，拡大生産者責任原則を取り入れ，生産段階での環境汚染のみを対象とするだけでなく，製品のライフサイクルでの環境負荷を対象としたものへと変わりつつある（⇨第5章第3節）。その代表的な規制が，欧州連合（EU）の電気電子機器に関する特定有害化学物質使用制限指令（Directive on the Restriction of the use of certain Hazardous Substances in electrical equipment: RoHS），および化学物質の登録・評価・許可の規則（Directive on Registration, Evaluation, Authorization and Restriction of Chemicals: REACH）である。この2つの規制に共通するのは，生産工程で末端処理技術を導入するだけではなく，製品のライフサイクルを通じた生産工程や原材料・部品，製品設計の変更を求めている点である。加えてREACHでは，企業が事前に使用・輸入する化学物質とその安全性をEUに登録することを義務づけることで，それらを使用する企業に，製品に使用する化学物質が安全であることを立証する責任を負わせることとした。この**立証責任の転換**により，化学物質による環境汚染の予防が期待されている（⇨第6章第2節）。

2　経済的手段

　経済的手段とは，政府がお金の支払いや受け取り額に影響を及ぼすことによって，間接的に汚染者の行動を誘導する政策手段である。経済的手段には，環境税・課徴金や排出枠取引，補助金，環境に悪影響を及ぼす補助金の撤廃など

の方法がある。

　環境税とは，汚染の排出抑制を目的とし，環境に負荷を与えうる物質の排出を課税の対象とする税で，汚染者負担原則を基本に置いている。汚染者は，排出を制限されているわけではないので，自由に排出を増やすことができるが，その分多くの税を支払わなければならない。つまり，排出を削減するかどうか，どの程度削減するか，どの技術や方法を用いて削減するかに関する意思決定は，汚染者に委ねられる。そこで汚染者は，削減費用が低い技術や方法を自ら探し出し，費用対効果の大きいものから順次導入していくことが可能になる。そして，環境税の支払の減少額と環境対策に要する追加的な費用が一致する水準まで排出を削減する。環境税率が環境劣化の社会的費用に等しい場合，社会的費用は市場取引の中に完全に内部化される。

　環境に悪影響を及ぼす補助金とは，農薬や殺虫剤，水，燃料など過剰に利用すれば環境に悪影響を及ぼす財の供給に対する補助金を指す。政府がこうした財の供給に補助金を供与するのは，農家や低所得層の生計に不可欠な必需品を低価格で供給することで，政治的な支持を得るためである。しかしこれらの財への補助金は，過剰消費をもたらして環境の劣化や資源の枯渇を招くだけでなく，国家財政を悪化させる。補助金を撤廃すれば，価格は高くなり，消費を抑制して環境劣化や資源枯渇を防止するため，環境税や課徴金と同等の効果を持つ。

　環境補助金とは，環境税とは逆に，排出の削減に対して補助金を供与する手段である。汚染者は排出の削減に応じて補助金を受け取ることができるため，排出削減のために生産量を削減する誘因を持つ。この結果，環境税の代わりに環境補助金を用いても，外部費用を内部化することができる。他方で，排出削減の費用を排出者ではなく公的部門，即ち納税者が負担することになるため，汚染者負担原則には反する。

　排出枠取引は，総量規制の下で個別の排出者がその割り当てられた排出許容量を取引できる制度である。総量規制の下では，排出者は排出量をそれぞれに割り当てられた排出許容量（初期配分）以下に抑制する義務を負う。これに対して排出枠取引では，取引市場で排出枠を購入すれば，初期配分を超えて排出することができる。そこで費用効率的な削減が難しい排出者は，排出枠を購入

することで対策費用を節約することができる。逆に初期配分以下しか排出しない排出者は，排出枠の余剰を売却して利益を得ることができる。その結果，環境目標・基準の達成に必要となる社会全体の排出削減費用は，総量規制と比較して低くなる。

　排出枠取引を実際に執行する際の1つの課題は，個別の排出者への初期配分をどのように決めるかである。決め方には，無償配分，**グランドファザリング**，競争入札などの方式がある。無償配分は，これまでの排出実績を既得権と認める。このため，大量排出者に有利となり，衡平性に疑義が生じる。競争入札は既得権を一切認めないため，初期配分の衡平性は担保される。しかし，排出源は排出枠を競争入札と市場取引を通じて購入する必要があり，費用も大きくなる。グランドファザリングは，これまでの排出実績を既得権と認めた上で，それに比例して過去の実績より少ない排出枠を無償で配分する。このため，衡平性に配慮した配分方式ではある。しかし，過去の削減実績や産業別の特性をどのように考慮するかをめぐっては議論となる（実際の適用に関しては，⇨第8章）。

3　自主的な取り組みを促す手段

　自主的な取り組みを促す手段は，直接規制の執行の困難を克服して企業に規制基準を遵守させることや，法的な規制基準以上に排出削減を促すことを目的とする。

　この手段は，大きく2つに分類することができる。1つ目は，政府ないし公的機関と産業界ないし個別の企業が特定の環境目的について交渉を行って合意を形成し，目標とタイムテーブルを設定して環境目的の達成を促す自主協定である。この協定では，通常，規制基準を上回る目標が設定される。

　2つ目は，著しい環境汚染の排出主体とそうでない主体，環境負荷の高い商品とそうでない商品を社会や消費者が見分けられるようにする情報公開と，その情報基盤の整備である。具体的には，環境ラベルや生産物認証，ISO14001やEco-Management and Audit Scheme（EMAS）などの環境マネジメントシステム認証といった，公的機関が提示するプログラムに企業が参加し義務を履行して認証を取得するもの（⇨第2章第2節）や，**環境汚染物質移動排出登録制**

度 (PRTR) などの企業の汚染物質排出情報を公開するもの (⇨第6章) があげられる。これら情報ベースの政策手段は，企業に他企業と環境面で差別する手段を提供することで，取引や資金調達，人材採用，地元社会との共存を有利に進めることを可能にする。

　自主的な取り組みを促す手段は，必ずしも法的拘束力を持つわけではない。にもかかわらず積極的に対応する企業が増えてきたのは，好事例や最新の技術に関する知見の入手，同業種他企業との差別化，評判やイメージの向上などの直接・間接の利益が得られるとの認識が広がってきたためである。しかも，将来より厳しい環境政策が導入・執行されることや，利害関係者からより大きな環境対応を要求されるといった経営リスクを回避できるという利点もある。

4　3つの政策手段の比較

　これら3つの環境政策手段を，総量規制を基準として，費用効率性，衡平性，長期の排出削減を促す効果，執行の容易さの4つの評価軸から比較したのが，**表1-2**である。この表に見られるように，それぞれの環境政策手段は，異なる長所と課題を抱えている。

　総量規制や排出規制は，厳格に執行するほど費用効率性は低下し，規制を遵守する費用は高くなる。公害反対運動や裁判所での原告勝訴の判決，地方自治体選挙での公害対策の推進を公約に掲げる議員・首長の勝利など環境政策の推進力が強かった1970年代の日本では，厳格な執行と経済成長を両立させることを目的として，対象とする汚染物質を限定した上で，減免税や低利融資，補助金などの資金支援措置と，対策技術とその製造業者・価格に関する情報の提供などの環境政策手段とを組み合わせて導入してきた。

　直接規制の中でも，拡大生産者責任原則に基づいた製品環境規制は，サプライチェーンを通じて製品設計・原料調達・生産工程の変化を促すという点で，より長期的に排出削減を促す効果を持っている。

　環境税・課徴金は，環境劣化による社会的費用の内部化を実現する半面，汚染者は排出をゼロにするわけではなく，環境税を支払い続ける必要がある。そこで，技術開発・実用化・普及の努力を継続的に行うことで，環境税の支払を

表1-2　環境政策手段ごとの長所

	費用効率性	衡平性	長期的改善の誘因	執行の容易さ
直接規制				
総量規制				
排出規制				＋
製品規制			＋＋	＋
環境税・課徴金	＋	－	＋	(＋)
補助金・減免税	＋			＋
排出枠取引				
グランドファザリング	＋	(－)		
競争入札	＋	(－)	＋	
自主的な取り組みを促す手段			(＋)	＋

(出所)　筆者作成。

削減する**誘因（インセンティブ）**を持つ。他方で環境税の導入は、環境税を導入していない国の企業と比較した国際競争力を低下させる機能を持つ。また貧しい人々ほど所得に占める支払いが大きくなるという逆進的性格を持つため、所得分配の悪化が懸念される。そこで欧州では、環境税導入は歳入中立を原則としてきた。つまり、環境税や課徴金の導入を法人税や所得税、社会保障負担などの減少と組み合わせて**環境税制改革**の一環として実施することで、国民負担を増やさないように設計している。また、産業界の合意を取り付けるために、税や課徴金の負担の重い産業に軽減税率を適用し、あるいは歳入を排出削減のための補助金や減免税に活用している。

　排出枠取引も、環境税・課徴金と同様に環境対策の費用効率性は高い。そして社会が達成すべきと認識する環境目標に合わせて、総排出量を調整することができる。その半面、実施にあたっては排出量の正確な把握が不可欠なため、オンライン自動連続モニタリングシステムの導入が不可欠である。また二酸化硫黄や窒素酸化物のように地域環境汚染を引き起こす物質に適用すると、人口密集地域やその風上の排出源に排出が集中し、かえって特定の地域の環境汚染を悪化させる可能性もある。さらに初期配分に競争入札を用いる場合には、排出者の費用負担は重くなるため、排出削減技術の開発の誘因を持つものの、生産活動の事由を制約されることへの反発から、導入や強化には政治的な反対も

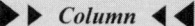

リスク便益評価の考え方

　環境目標・基準を環境対策の費用効率性に基づいて設定すべきという考え方を化学物質管理に適用しようとするのが，リスク便益に基づく環境目標の設定の考え方である。これは，環境への悪影響を起こすリスク（**環境リスク**）とその対策費用を比較考量し，環境リスクの回避による便益とその費用の比率が同じになるように環境目標を設定するというものである。生産の増大や効率化，利便性の向上のために，現在3万以上の化学物質が存在し，さらに年間数多くの化学物質が新たに生成されている。その中には，短時間の暴露で環境に悪影響を及ぼすものもあれば，長期間の暴露や蓄積で初めて人体や生態系に悪影響を及ぼしうるものや，閾値が存在しないものもある。こうした化学物質のすべてが環境に無害であることを立証し，あるいは無害化するのは，非常に大きな時間と費用を要し，その利用にともなう経済的便益を犠牲にすることになる。そこで，一定の悪影響を起こすリスクがあることを認め，その上で環境リスク削減の費用便益の高い科学物質から基準を設定することが主張されている。

　　　　　　　　　　　　　　　　　　　　　　　　　　　　（森　晶寿）

強い。

　自主的な取り組みを促す政策は，法規制で設定された基準を超えて環境負荷の削減を促すことができる。しかも公的機関は認証の枠組みを提供するだけで，実際の執行は民間企業が行うため，低い行政費用で実施することが可能である。さらにISO14001認証取得企業で見られたように，継続的かつ企業の枠を超えた環境対策を促す。その半面，認証取得には相応の費用を要するため，認証取得を断念する中小企業も少なくない。また目標を曖昧にしか設定していない認証制度は，ほとんど環境負荷削減効果を持たなかった。そこで次第に単独の政策手段ではなく，直接規制や税・課徴金と組み合わせ，それらを補完する手段として活用されるようになっている。

6　まとめ

(1)どの環境政策手段を導入・強化するかは，環境政策の目的・目標をどこに

設定するのか，どの原則を採用するかによって変わる。そして環境政策の目的・目標は，社会が認識する環境汚染や劣化の深刻さや範囲，不可逆性・代替不能性，企業の技術的・経営上の対応可能性や政治的影響力に大きく影響を受ける。

(2) 環境政策の手段は，直接規制，経済的手段，自主的な行動を促す手段などの汚染物質の排出削減を目的としたものだけでなく，土地利用計画や環境アセスメントなどの開発事業を実施する際に環境影響に配慮する手段も存在する。

(3) 直接規制，経済的手段，自主的な行動を促す手段の中にも多様な手段が存在し，それぞれ長所や短所，効果を発揮するのに必要な要件が異なる。

引用参考文献

植田和弘（2002）「環境保全と行財政システム」寺西俊一・石　弘光編『環境保全と公共政策』岩波書店，93-122頁。

森　晶寿編著（2013）『環境政策統合――日欧政策決定過程の改革と交通部門の実践』ミネルヴァ書房。

諸富　徹（2002）「環境保全と費用負担原理」寺西俊一・石　弘光編『環境保全と公共政策』岩波書店，123-150頁。

さらなる学習のための文献

諸富　徹・浅野耕太・森　晶寿（2008）『環境経済学講義』有斐閣。

（森　晶寿）

第2章
企業の環境経営を考える

1　企業の環境マネジメントの変遷

1　環境マネジメントとは

　企業の環境マネジメントとは，簡単に言えば「環境に配慮した経営」である。一般的には，「企業のあらゆる活動に環境という視点を優先的に持ち込み，環境保全と経営の両立を図ること」と定義されている。ここでの「あらゆる活動」とは，購買・製造・物流・販売などの生産ラインから，資金調達や投資，さらには人事に至るまでを含む。ところが，環境マネジメントはコストのかかる取り組みであり，企業にとっては常に利益の最大化を追求する組織であるという立場上，必ずしも積極的に導入するとは限らない。企業は，環境対策を行うことで，企業経営に直接的あるいは間接的に利益をもたらすと判断しなければ環境マネジメントの実施に踏み込みがたい。

2　環境マネジメントの発展段階

　日本では環境マネジメントは，1960年代の公害問題の対策がきっかけとなり企業の間で展開され，現在企業の社会的責任の実現や企業イメージの向上の手段としても広く採用されている。このような日本企業の環境マネジメントの展開は，国や自治体の環境政策とは一定の対応関係を持ちながら進んできたと見られている。日本における環境マネジメントは大きく4つの段階に分類できる（堀内・向井，2006，69-108頁；Welford, 1995, pp.1-98）。

　第1段階は，**規制追随型の環境マネジメント**である。1960～70年代，日本の政府は，工場による深刻な公害問題に対して，企業に環境対策に取り組ませる

という政策課題を掲げ，**典型7公害**（騒音，振動，悪臭，土壌汚染，地盤沈下など）に焦点を当て，「公害対策基本法」(1967年)，「大気汚染防止法」(1968年)，「水質汚濁防止法」(1970年)，「悪臭防止法」(1971年)等の公害規制法を一気に整備した。さらに，1970年代半ばには，硫黄酸化物を対象とした「総量規制」を導入することで，企業に対して直接規制を強化してきた（⇨第3章第2節 ②）。当時，公害問題の早期解決は緊急の政治課題であった。こうした厳しい環境規制の下で，企業は公害防止技術の開発を展開し，排煙脱硫・排煙脱硝などの**末端処理型対策**（対症療法）を中心とした技術開発・導入を行うことで，環境汚染物質の早期削減に努めてきた。この時期，2度のオイルショックを契機として企業による自主的な省エネルギー対策が行われるようになってきたが，企業の間では政府や自治体からの厳しい環境法令順守を重視した規制追随型の環境マネジメントが主流であった。

第2段階は，**予防型の環境マネジメント**である。1980年代以降，汚染物質の発生をいかに事前に抑制するかという予防的措置の必要性が認識されるようになり，企業は発生した公害問題に対する規制的措置といった後追い的な対策から，**リスクマネジメント**の一環として環境マネジメントを実施するようになってきた。多くの企業では，環境負荷の低い生産システムの構築を目指す**クリーナー・プロダクション**（Cleaner Production: CP）技術を導入し，製造プロセスの根本的な改良によって資源生産性や環境効率性を向上させ，汚染物質の発生・排出を抑制した。さらに，1990年代末以降，ISO14001などの環境マネジメントシステム（Environmental Management System: EMS）を導入する企業も現れるようになった。それは「公害対策は採算に合う」という考え方を端緒とした企業の認識の変革と大きく関係している。その背景として，これまでの末端処理型の公害対策により蓄積してきた環境汚染物質に対して，その高額な処理費用が企業経営を圧迫するという従来の公害対策の限界が顕在化したこと，また，オイルショックを契機に公害を発生源から予防したほうが採算に合うという認識が広がったことがあげられる。

この時期には，政府は汚染物質の不法投棄などの罰則を強化し，企業による汚染物質の使用や移動に関する情報公開を促進するなど，環境訴訟を行いやす

くするような政策がとられるようになった。2001年から有害化学物質の排出情報を開示する「化学物質排出把握管理促進法（Pollutant Release and Transfer Register: PRTR）」が施行されている。その背景として，米国における環境訴訟の活発化や有害物質排出目録（Toxic Release Inventory: TRI）制度の施行などの規制強化があげられる。また，欧州での環境税の導入や米国での排出権取引市場の創設という世界的な動きの影響を受け，企業に環境対策のインセンティブを継続的に与えうる課税や，課徴金などの**経済的手段**による環境問題の解決が活用されるようになった。このように，直接規制だけではなく，経済的手段や自発的な対策を促す手段が重視されるようになってきている。

　第3段階は，**企業経営戦略の環境マネジメント**であり，現在，先進的な企業で取り入れられてきている。これは，環境マネジメントを単なるリスクマネジメントの課題としての環境対策ではなく，新しいビジネスチャンスを創出する手段としてとらえ，企業の経営戦略の一環として取り入れる考え方に基づいた動きである。つまり，今後一層厳しくなる国内外の環境規制を予見して事前に対策することが競争優位につながるとの認識である。これまでの予防型の環境マネジメントと比べて，企業主導のより積極的な対応が始まっている。こういった日本企業の動きは，国際的な環境規制の強化に大きく影響されている。例えば，当時世界最大の自動車消費国であった米国は，「包括エネルギー法案」（2007年）において，32年ぶりに自動車燃費基準を大幅に引き上げた。同時に欧州や日本国内にも同様な動きが見られており，今後もさらに燃費規制が厳しくなると予測されたため，日本の自動車メーカーによる自主的な低燃費技術開発が大きく促進された。具体的には，トヨタ自動車によってプリウスやアクアのような低環境負荷の次世代車が急速に拡大されてきている。

　また，多くの企業が自主的にEMS，環境会計やマテリアルフローコスト会計（Material Flow Cost Accounting: MFCA），環境ラベル，グリーン購入，環境適合設計（Design for Environment: DfE），ライフサイクルアセスメント（Life Cycle Assessment: LCA）による環境影響評価の手法などを導入し，「**環境報告書**」や「CSR（Corporate Social Responsibility, 企業の社会的責任）報告書」などを公開するようになってきた。企業間の連携によるサプライチェーン単位の環

境管理の動きも見られるようになってきた。さらに，グローバル活動を展開する企業の自主的行動に対して，国際商業会議所が「企業行動規範」を制定し，日本経団連が「**企業行動憲章**」を改定するなど，企業の自主的取り組みを促進する動きが見られている。

　このような企業の取り組みと並行して，現在，政府は主に人々の環境意識を高めたり産業界による自主的対応を促進するなど，企業が環境マネジメントを遂行しやすくなるような環境整備を行うことに注力している。具体的には，環境ラベルや環境税の活用などが行われるようになってきた。例えば，低排出・低燃費の自動車に対する税制優遇（自動車グリーン税制），低排出ガスステッカーや低燃費ラベルの付与などがあげられる。このように社会的費用を企業が負担する外部経済の内部化政策が一般的になり，企業の環境配慮型投資決定に影響を与えているのである。

　第4段階は，**持続可能な企業経営**である。環境マネジメントがさらに進んでくると，企業の経営は，持続可能な社会の構築と深く関連するようになり，**企業の社会的責任** (CSR) が問われるようになる。この段階での企業の社会的責任は，環境問題だけではなく，労働者の雇用問題やグローバル企業に関連する途上国の人権や労働問題（例えば，児童雇用，貿易構造の不平等）などといった社会問題も対応の対象となる。2011年世界初の社会的責任に関わる国際規格ISO26000が発行されたことを受け，今後持続可能な社会の構築に向けた世代間衡平性や，人権などの倫理問題への企業の自主的対応が一層問われることとなる。

　一方で，国の政策として，国際的な協調が求められる。環境基準・規制の国際的統一，グローバルな範囲での環境モニタリング，環境税の国際的調和などが重要な課題となる。また，途上国の持続可能な開発に資する国際協調が重要となる。

2　環境マネジメントの手法

　環境マネジメントを推進するために，これまで環境マネジメントシステム

第2章　企業の環境経営を考える

```
     組織管理対象      製品対象
  ┌─────────────┬─────────────┐
  │ 環境マネジメント │  環境適合設計  │
  │   システム    │           │
  ├─────────────┼─────────────┤
  │   環境会計    │  環境ラベル   │
  ├─────────────┼─────────────┤
  │  グリーン購入  │ ライフサイクル │
  │           │  アセスメント │
  └─────────────┴─────────────┘
       ⋮           ⋮
```

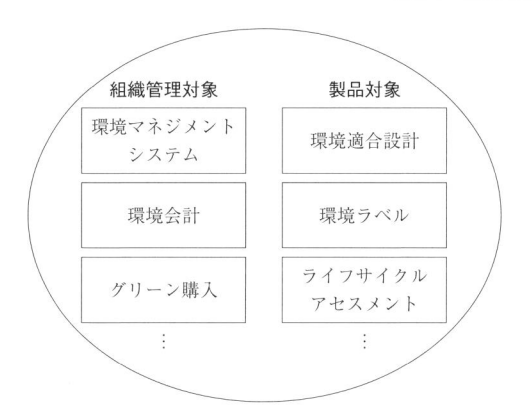

図2-1　組織管理や製品に導入されている主な環境
　　　　マネジメントの手法
（出所）筆者作成。

(EMS)を中心として，環境適合設計，環境会計など様々な手法が導入され実践されている（図2-1）。

1　EMS

EMSとは，経営層が設定する環境方針に従って，環境管理計画を策定，実行，監査し，監査結果が経営層にフィードバックされて次の管理計画の策定に反映され，継続的に改善を図るものである。EMSは1992年の国連環境開発会議において，持続可能な開発のための世界経済人会議（WBCSD）により提案された。代表的な環境マネジメントシステムとしては，国際規格のISO14001があげられる。一方で，ISO14001は中小企業にとっては費用や工数などの負担が重いものである。そこで，日本国内では，中小企業でも取り組みやすい3つの規格が提供されている。それは，環境省が策定した「エコアクション21」，民間企業が開発した「エコステージ」，地方自治体，NPOや中間法人等が策定した「KES」（京都・環境マネジメントシステム・スタンダード，Kyoto Environmental Management System Standard）である。ISO14001国際規格と日本国内の規格のそれぞれの内容および特徴について下記で見ていく。

①ISO14001 国際規格

　ISO14001 は，環境に関する国際的な標準規格であり，企業などの活動が環境に及ぼす影響を最小限に止めることを目的としている。「PDCA」がこの規格の基礎となっている。すなわち，組織の環境方針に沿った結果を出すために，必要な目的・プロセスを設定（Plan），それを実施および運用（Do），結果を報告（Check），環境マネジメントシステムのパフォーマンスを継続的に改善するための処置をとる（Act），再度計画を立てる，というサイクルを回していく仕組みである。PDCA サイクルによる継続的改善を取り入れている点と，環境目的・目標，環境パフォーマンスのレベルなどの具体的内容を組織が自ら定める点が大きな特徴である（⇨第7章第4節）。

②エコアクション21

　エコアクション21は，すべての事業者が，環境への取り組みを効果的，効率的に行うことを目的として，環境省が策定したガイドラインである。主に3つの特徴がある。まず，中小事業者でも取り組みやすい環境経営の仕組みを提供している点があげられる。次に，具体的な環境への取り組みを記載・要求している点である。例えば，環境経営において，二酸化炭素排出量，廃棄物排出量，総排水量，化学物質使用量といった環境負荷を必ず把握すべきと規定している。最後に，事業者による環境への取り組み状況等を「環境活動レポート」として作成・公表している点である。それにより，取引先や消費者等からの信頼向上を図っている。日本では，エコアクション21に取り組む事業者に対して，日本政策金融公庫など多くの金融機関から低利融資制度が提供されており，認証・登録にあたり自治体からも補助を提供され導入が促進されている。

③エコステージ

　エコステージは，ISO14001 と整合性が高く，経営体質の強化に有効なシステムである。近年，国内中小企業を中心に普及が広まり，エコアクション21と同様に，多くの大手企業から取引条件として要求されている。エコステージ協会は3つの特徴があると説明している。まず，エコステージ評価員は，認証取得の評価を行うだけではなく，3ム（ムリ，ムダ，ムラ）の視点から業務の効率化や環境改善・品質改善のコンサルティングを通して，PDCA サイクルを着

表2-1　エコステージの5段階

エコステージ5	内部統治システムの構築とCSRの実現（組織の社会的責任の実現）
エコステージ4	総合マネジメントシステムの構築と明確なパフォーマンス改善（組織横断機能の充実）
エコステージ3	環境経営の成熟（業務プロセスの改善）
エコステージ2	環境経営の基礎（体系的なEMSの構築，ISO14001と同水準）
エコステージ1	環境経営の導入（基礎EMSの構築）

（出所）エコステージ協会HPをもとに筆者作成。

実に浸透させ業務の見える化を実現することで，組織の経営強化を目指させる。次に，エコステージは「環境経営システム」導入から，CSR導入まで5段階のステージ（エコステージ2でISO14001とほぼ同水準）を提供し，企業の実力と目的に適したステージから取り組むことができる（表2-1）。さらに，基本的な環境経営システムに加え世界の動向や市場の動きを踏まえた上で，企業が抱える個別ニーズに合わせて幅広いメニュー（CSR調達の認証，企業グループや自治体のエコステージ，化学物質管理システム，マテリアルフローコスト会計［MFCA］など）を提供している。

④KES

KESは，シンプルで低コストといった特徴のため，取り組みやすい環境マネジメントシステムである。まず，ISO14001の中核となる本質的な特長（PDCAサイクルの循環をさせることによって継続的な改善を図ること）を生かし，用語や規格の内容をシンプルにした形で提供している。また，KESはステップ1とステップ2の2段階のレベルを設定しているため，受審者が各自のニーズに応じて選択できる。次に，KESの審査員はボランティアベースで運用しているため，低コストで審査・コンサルティングを実施することが可能である。さらに，環境対策を通じた「企業の付加価値」の向上をめぐる取り組みを推奨しているため，KES審査員は，規格の審査を行うだけでなく，できる限り受審側に「付加価値」を生むよう「受審者と一緒に考える」審査を要請している。例えば，環境効率指標の活用などがあげられる。最後に，KESは，民間ベースの審査登録機関であるため制約事項が少なく，地域の特性を生かした取り組みが

```
                    ┌── マクロ環境会計
環境会計 ──┤                      ┌── 内部機能
                    └── ミクロ環境会計 ──┤
                                          └── 外部機能
```

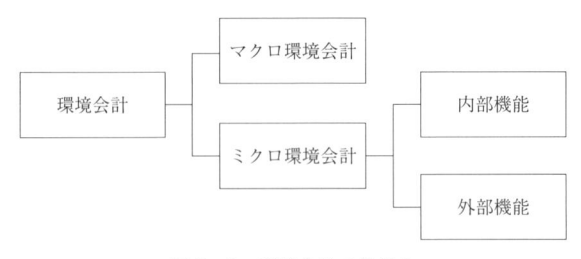

図2-2　環境会計の仕組み
(出所)　筆者作成。

可能で，多様な組織（自治体，住民，事業者，学校など）の連携による幅広い取り組みができる。例えば，KESを審査・登録された企業と地域の学校を連携させ，地域企業や学校，地域住民を核とする「地域環境コミュニティ」を構築する活動が推進されている。

2　環境会計

環境会計は，国や地域を単位とするマクロ環境会計と，企業などの組織を対象とするミクロ環境会計に分類される（図2-2）。ここで扱う環境会計は，企業などを対象とするミクロ環境会計である。ミクロ環境会計の役割は，**内部機能**と**外部機能**に分けられる。内部機能は企業の環境保全コストの把握や，コスト対効果の分析を可能にし，企業内部で活用されている。一方で，外部機能は，内部機能による成果を企業外部へ開示する役割を担っており，企業が市場から評価を得るための手段である。主に環境報告書などの媒体で開示されている。環境会計という形で，環境保全への取り組み状況を定量的に管理することは，事業経営を健全に保つ上で有効である。つまり，企業等が自らの環境保全に関する投資額や費用額を正確に測定し，その投資や費用に対する効果を明確にすることが，取り組みの一層の効率化を図るとともに，合理的な意思決定を行っていく上で極めて重要である。日本では，環境省が2002年に「**環境会計ガイドライン**」(2005年改訂)を公開しており，企業による環境会計の導入と施行を支援し，環境会計の有効性の向上を図っている。

表2-2 ISOによる3タイプの環境ラベル

	特徴	内容
タイプⅠ	第三者認証による環境ラベル	・第三者実施機関によって運営 ・製品分類と判定基準を実施機関が決める ・事業者の申請に応じて審査して、マークの使用を認可
タイプⅡ	事業者等の自己宣言による環境主張	・製品の環境改善を市場に対して主張する ・製品やサービスの宣伝広告にも適用される ・第三者による判断は入らない
タイプⅢ	製品の環境負荷の定量的データの表示	・合格・不合格の判断はしない ・定量的データのみ表示 ・判断は購買者に任される

(出所) 環境省 (2013)「環境表示ガイドライン (平成25年3月版)」をもとに筆者作成。

図2-3 3タイプの環境ラベルの例

(出所) 環境省HP (http://www.env.go.jp/policy/hozen/green/ecolabel/f01.html 2013年11月11日アクセス)。

3 環境ラベル

環境ラベルとは、製品やサービスの環境側面について、製品や包装ラベル、製品説明書、技術報告、広告、広報などに書かれた文言、シンボルまたは図形・図表を通じて購入者に伝達するものである。環境ラベルは法律で義務付けられたものではなく、環境志向の消費者と市場メカニズムとのバランスから企業が任意に付けているものである。環境ラベルを利用する企業が、市場において環境配慮型製品等の供給や環境配慮への取り組みを進めることで、消費者に評価・選択されることが期待される。国際標準化機構 (ISO) は、環境表示に関する国際規格として「環境ラベル及び宣言」シリーズを発行し、環境ラベル

を下記の3タイプに分類し規格を制定している（表2-2，図2-3）。
　タイプⅠ（ISO14024）：**第三者認証**による環境ラベル。
　タイプⅡ（ISO14021）：事業者等の**自己宣言**による環境主張。
　タイプⅢ（ISO14025）：製品の環境負荷の**定量的データ**の表示。
　タイプⅠは，第三者認証機関が運営するものであり，企業の任意の申請により，該当する商品類型ごとの判定基準に基づいて，その機関が審査を行い，認定された商品にマークの使用を許可するための規格である。日本では，日本環境協会による「**エコマーク**」がタイプⅠに該当する。タイプⅡは，事業者等が製品やサービスの環境面に関する情報を，自らの責任によって宣言するものである。第三者による認証を受ける必要がないため，環境情報の信頼性および透明性の確保等が重要となる。日本では，NECやシャープなど一部の会社ですでに導入されている。タイプⅢは，製品やサービスのライフサイクル全体の環境負荷を，ライフサイクルアセスメント（LCA）の手法で定量的に算出し，データでトータルに環境負荷を把握する環境ラベルである。日本では産業環境管理協会による「**エコリーフ環境ラベル制度**」と，スウェーデン環境管理評議会が運用し，日本ガス機器検査協会が実施している「環境製品宣言（Environment Product Declaration: EPD）制度」がタイプⅢに該当する。

４　グリーン購入

　グリーン購入とは，製品やサービスを購入する際に，購入の必要性を十分に考慮し，品質や価格だけでなく環境までも考慮し，環境負荷ができるだけ小さいものを選び，環境負荷の低減に努める事業者から優先して購入することである（グリーン購入ネットワークHP，2013）。グリーン購入は，消費生活など購入者自身の活動を環境配慮型なものにするだけでなく，供給側の企業に低環境負荷製品の開発を促すことで，経済活動全体を環境配慮型へと導くことができる。
　日本では，2001年に「国等による環境物品等の調達の推進等に関する法律（グリーン購入法）」が施行された。この法律は，国などの機関にグリーン購入（具体的には，紙類，文具類，オフィス家具類，OA機器等の品目）に関して義務づけるとともに，地方公共団体，事業者，国民にもグリーン購入に努めるべきこと

を規定している。さらに，事業者や国は環境物品に関して，環境ラベルなどを通じて，適切な情報提供を進めることも規定している。グリーン購入が企業にも本格的に浸透すれば，企業が部品や原材料を調達する際に，自ら環境負荷の少ないものが選択されるようになる。例えば，機械製品を製造する企業では，環境ラベルのような形で提供される情報を利用した上で，環境負荷の小さい部品や素材が選択されるようになる。

また，グリーン購入を促進するために，1996年グリーン購入ネットワーク（Green Purchasing Network: GPN）が設立され，全国の企業・行政・消費者（民間団体）が会員として参加し，グリーン購入に関する情報提供や意見交換を行っている。2014年7月3日時点で，2465の団体が参加し，全国9以上の地域グリーン購入ネットワークが構築されている。

5 環境適合設計（DfE）

環境適合設計とは，製品のライフサイクル全体での環境負荷を軽減するような設計である。例えば，製品に含まれる有害化学物質による健康被害を防ぐために，はじめから有害化学物質を使わないように，もしくは安全な代替物質を利用するように設計することである。「エコデザイン」と呼ぶこともある。日本では，2000年にエコデザイン学会連合が発足し，国内の50以上の学協会が学問や産業の領域を超えた形で連携を行い，活動を推進している。

近年，環境適合設計をめぐって2つの動向が見られる。1つ目は，環境ラベルやグリーン購入の浸透により環境適合設計に対するニーズが高まりつつあることである。特に，2004年のISO14001の改定において，製品のライフサイクルやサプライチェーンの管理が求められるようになり，環境適合設計は有効な手段として注目を集めている。2つ目は，欧州の環境規制の強化により，グローバル市場に進出している日本企業の環境適合設計が大きく促進されていることである。例えば，EuP／ErP指令によるエネルギー使用製品とエネルギー関連製品に対する規制，RoHS指令（⇨第6章第2節 2 ）や，REACH規則による有害化学物質に対する使用制限，管理の強化などがあげられる。企業にとって環境適合設計を進めることで，①製品の原価，ランニングコスト，廃棄コ

ストの低減，②環境リスクの低減，③顧客へのアピールによるグリーンコンシューマーの取り込み，④環境関連の情報収集（例えば法規制上）の効率化，④製品の環境情報のシステム化，⑤今後の法規制の強化にともなう損失の低減，というメリットが期待できる。

6 ライフサイクルアセスメント（LCA）

LCAとは，製品やサービスの環境影響を評価する手法である。つまり，対象とする製品を生み出す資源の採掘から素材製造，生産だけではなく，製品の使用・廃棄段階まで，ライフサイクル全体（図2-4）を考慮し，資源消費量や排出物量を計量するとともに，その環境への影響を評価することである（伊坪・田原・成田，2007，1頁）。LCAは，1969年米国のコカ・コーラによる容器の環境評価を始まりとして誕生した。その実施方法は，1997年にISO14040国際規格として規定され，多くの企業によって導入されている。日本では，1998年通商産業省（現・経済産業省）によるLCA国家プロジェクトの下で，日本初の「LCAデータベース」が構築され，LCAの導入を推進してきた。LCAによる企業の環境情報の分析や提供は，消費者のグリーン購入に重要な判断素材を提供している。ISOが規定する環境ラベルのタイプⅢは，LCAによる定量分析の結果の開示を要求している。

ISO14040シリーズは，LCAの基本手順について，4段階と規定している。第1段階では，環境影響評価の実施目的，評価結果を伝える対象を明確にした上で，計量すべき環境負荷物質および評価範囲の設定を行う。第2段階では，製品のライフサイクルの個々の段階における原料やエネルギーの投入量，有害物質，温室効果ガス，廃水，煤塵などの排出物質の産出量を調査する。第3段階では，投入と産出の個々の項目による環境影響の評価を行う。第4段階では，インベントリ分析と影響評価の結果を調査目的に応じて解釈を行い，運用管理の改善点について提案する。

第 2 章　企業の環境経営を考える

製品のライフサイクル

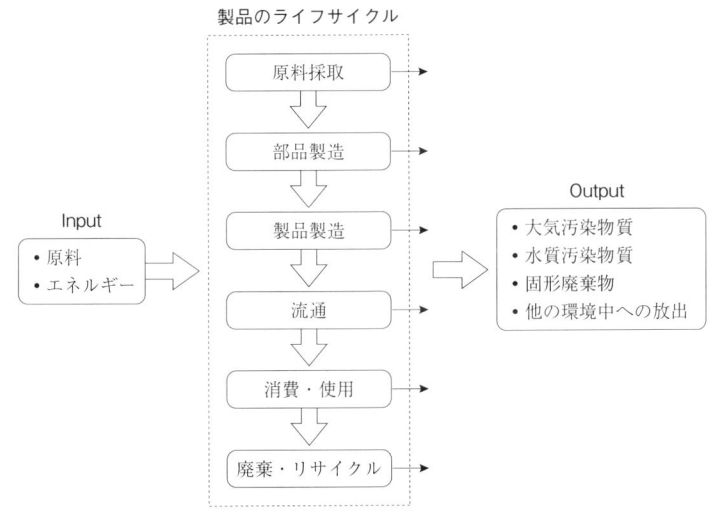

原料採取 → 部品製造 → 製品製造 → 流通 → 消費・使用 → 廃棄・リサイクル

Input
- 原料
- エネルギー

Output
- 大気汚染物質
- 水質汚染物質
- 固形廃棄物
- 他の環境中への放出

図 2-4　製品の LCA のプロセスフロー
（出所）　筆者作成。

3　サプライチェーン単位の環境マネジメント

　グローバル経済が拡大している中，企業競争の在り方は，企業単位の競争からサプライチェーン単位での競争へと変化しつつある。企業は環境マネジメントを推進していく上で，前述した環境マネジメントの手法を，いかに従来の「一企業内部の環境管理」から「サプライチェーン単位」へと展開していくかが重要な課題となる。

1　サプライチェーンマネジメントの発展

　サプライチェーンとは，資材の調達から最終消費者に届けるまでの，資材や部品の調達・生産・販売・物流といった業務の流れを，**供給の連鎖**としてとらえたものである。サプライチェーンマネジメント（Supply Chain Management: SCM）は，市場の変化に対して，サプライチェーン全体を俊敏に対応させ，ダイナミックな最適化を図ることである。サプライチェーンマネジメントは，も

ともと1970年代，企業内の物流部門の効率化を図るための**物流管理**から始まった。1980年代中盤以降，物流部門内の効率化のみでは不十分となり，企業内の各部門が関連している流通全体の効率化（調達・生産・物流・販売を全体最適化したシステムの構築）を図るために，**ロジスティックス管理**が誕生し取り組まれるようになった。そして，1990年代後半から，ロジスティックス管理をさらに発展させた形として**サプライチェーンマネジメント**が誕生し，複数の企業間で統合した物流管理として，サプライチェーン全体の効率化が図られるようになった。そして，経済のグローバル化の進展や地球規模の環境問題の顕在化にともなって，サプライチェーン全体における環境マネジメント導入の有効性が注目されるようになり，今後，企業の環境マネジメントをさらに発展させるものとして期待されている。

2　サプライチェーン単位の環境管理とは

サプライチェーン単位での環境管理とは，企業内部の環境対策に加え，製品生産の川上のサプライヤーおよび川下の顧客との連携による環境対策が構成され，製品が環境に及ぼす影響を低減するためのプロセス管理・運営のことである（孫・宮寺・平野・藤田，2012，361-369頁）。欧米ではこのようなサプライチェーン単位での環境管理を**グリーンサプライチェーンマネジメント**（Green Supply Chain Management: GSCM）と呼び，資源効率性の向上を図るために提案されてきた。それを受け，従来の企業内部の環境経営に加えて，調達連鎖でつながる企業間の連携による環境管理への取り組みが進み，より包括的な環境管理が行われるようになってきた。サプライチェーン単位の環境管理の利点として，製品のライフサイクル全体における環境影響の最小化，サプライチェーンでの環境情報共有などによる環境対策コストの削減，環境リスクの回避などを図れる点，先進国のより進んだ環境マネジメントの手法がサプライチェーン管理を通じて途上国の企業に普及することで，その環境対策を促進できる点，などがあげられる。

3　サプライチェーンの構造問題とその対策

　一方で，サプライチェーン単位での環境マネジメントにはいくつかの構造上の課題が存在する（藤井・海野，2006，27-34頁）。1つ目は，サプライチェーンの長さと枝分かれである。実際のサプライチェーンは，一直線のようなものではなく，例えば自動車製造業では無数の部品メーカーや素材メーカーで構成されている。同じ部品や素材であっても価格競争のため複数社から購買することもあり，サプライチェーンは，ねずみ算式に枝分かれした形で広がってゆく。複雑な工業製品の場合，サプライチェーン全体の把握はほぼ不可能となる。この課題を克服するためには，「**管理の連鎖**」が有効な対応策であると見られている。具体的には，サプライチェーンに位置する企業それぞれが，自らの一次取引先を確実に管理することで，サプライチェーン全体のグリーン化を実現することである。

　2つ目の課題は，サプライチェーンの絡み合いである。例えば，競合メーカーA社とB社は，類似製品を製造する際に，サプライチェーンの川中，川上を共有している場合が多い。この場合，サプライチェーン単位での環境管理は推進しにくくなる。これに関しては，グリーン調達に関する要求事項の共通化（要求事項そのもの，監査項目や教育項目の共通化，共同実施などを含む）が有効な対応策として見られている。これは特に同業種間において効果的である。

4　企業の社会的責任（CSR）

1　CSRとは

　2004年の欧州マルチステークホルダー・フォーラムでは，「CSRとは，社会面および環境面の考慮を自主的に事業活動に統合することである」と定義している。これには3つのポイントが含まれる。まず，社会や環境への配慮である。欧州では，持続可能な発展は，環境と経済の両立とは考えられておらず，環境保護と社会的一体性の維持と経済発展の3つが同時に成り立つことを意味する（藤井，2007，13-58頁）。それを実現するために，CSRを果たすことは重要である。次に，CSRは自主的な活動である。日本では，法令遵守（コンプライアン

ス）活動をCSRの一部と見る傾向があるが，実際，CSRは法的要請や，契約上の義務を上回るものであると定義されている。さらに，CSRは，単なる慈善事業や社会貢献活動ではなく，あくまでもビジネスの一環である。

　このようなCSRの誕生は，当時欧州が直面していた2つの社会問題と大きく関係している。1つ目は失業問題である。欧州では，若年失業率は非常に高く，それにともなう企業の人材不足，治安悪化，家庭崩壊が，経済問題を超え，社会的一体性崩壊の危機を招いた。2つ目は途上国の人権，労働問題である。その根源は，グローバリゼーションの負の側面としての，従属的な貿易構造にあると見られた。**従属的な貿易構造**とは，先進国が付加価値の高い製品を途上国に売り，途上国の農産物や鉱物資源を安く買いたたく構造である。それによって，途上国の貧困が一層深刻化し，児童労働などの社会問題の源となっている。このように，欧州のCSRは，社会問題に軸を置いている。

2　日本企業のCSR

　欧州のCSRに対して，日本のCSRの展開は，2000年代初期における企業の不祥事の頻発が背景となっている。当時，食品メーカーの食中毒事件や牛肉偽装表示，自動車メーカーのリコール隠し，総合商社の不正入札，電力会社の原子力発電所データの改ざん・隠蔽などの事件が相次いでいた。こうした中，CSR経営への転換による局面の打開が大きく期待され，日本で急速にCSRが拡大した。日経四紙における掲載頻度を見ると，2003年に「CSR」という言葉は，「エコファンド（Eco-Fund）*」，「社会的責任投資（Socially Responsible Investment: SRI）**」を超えてトップとなり，「**CSR経営元年**」とも言われている。こうした中，2004年，日本の経団連は，CSRを取り入れた形で「企業行動憲章」を改訂し，CSRの「実行の手引き」や「CSR推進ツール」を発行することでCSRを推進してきた。それに応じて，リコーやソニーなどの大手企業は，率先してCSR担当部署を設立し，環境報告書の発行を始めた。欧州のCSRと比べて，日本のCSRは，社会問題として議論されることが少なく，環境問題への取り組みや，社会貢献，法令順守としての意味が大きい。これは，かつて日本の政府が，厳しい法規制を用いて公害問題を解決してきたという社

▶▶ **Column** ◀◀

ソニーの環境法令違反の事例：古典的事件

　2001年10月オランダの税関で，ソニーが輸出した家庭用ゲーム機 PS-one の電源ケーブルに含有する添加剤から，オランダ国内の規制値を大幅に超えるカドミウムが検出された事件があった。オランダの国内法「カドミウム法令」に違反したため，欧州向けの130万台の陸揚げが差し止められた上，部品交換を迫られることになった。これによって，同製品の出荷再開は 2 カ月後となり，売上は130億円減少，部品交換に60億円のコストがかかった。実際，ゲーム機は日本国内のソニー工場で製造されたのではなく，サプライチェーンの川上に位置する中国広東省の下請け会社が生産を担当した。この事件は，「ソニーショック」と呼ばれ，日本企業には大きな衝撃を与えた。

　一方で，この出来事が契機となって，ソニーは，各国の規制への個別対応では世界の環境を巡る規制強化に間に合わないと認識し，ソニー独自で世界一厳しい環境基準を採用した。具体的には，製品含有化学物質管理に対応したサプライヤー全体の環境管理として，独自の「ソニースタンダード」を打ち出し，約130の化学物質の自社製品での使用禁止と削減を行った。その中でも，「六価クロムを使ったネジは全廃する」，「鉛を含むハンダは極力減らす」，「水銀を使った蛍光灯も極力減らす」などはいずれも日本国内法では求めていない内容である。

　ソニーの事例からわかるように，一企業内の環境マネジメントのみでは経済のグローバルニーズに追いつかない。サプライチェーンにあるステークホルダー全体を含めた環境マネジメントこそが，グローバル競争に勝ち抜くカギであり，持続可能につながる企業の環境マネジメントの未来像であろう。　　　　（孫　　穎）

会的背景と大きく関係している。

　　＊　環境への配慮や環境問題への取り組みを積極的に行っている企業を投資対象として運営される投資信託のことである。
　＊＊　環境保護や人権保護などの社会的責任を果たそうとする企業を選別して投資することである。

3　持続可能経営に向けた CSR の役割

　このように，CSR は世界各国において，固有の経済的，政治的，歴史的，

文化的条件の下で発展してきた。近年の経済のグローバル化や地球規模の環境問題の顕在化によって，企業の社会的責任は，共通化していく傾向が見られる。2010年CSRに関して国際標準化機構（ISO）による国際規格のISO26000が発行され，企業だけではなく，あらゆる組織の社会と環境に及ぼす影響に対する社会的責任が求められるようになっている。その内容は，環境や人権などこれまでのCSRの対象に加え，新たに公正な事業慣行や，消費者課題，コミュニティ参画および開発など，CSRの普遍的な要素を網羅するものとなっている。ISO26000は認証規格でないため，企業が自社判断で選択し，実施・報告することで推進していく。

　ISO26000が発行された背景には，①企業のグローバル化にともない，ステークホルダーへの対応も多様化していること，②CSR情報を利用する側は，統一された基準での比較ができるようになることなどがあげられる。ステークホルダーとは，企業活動から影響を受け，あるいは企業活動に影響を与える個人や組織である。一般的には，顧客，従業員，株主，地域住民，NGO／NPO，メディア，政府などがあげられる。社会的責任は，**マルチステークホルダー**に対する責任であるため，ISO26000はマルチステークホルダーの声を反映させた規格となった。

　従来日本企業は，従業員の長期雇用慣行やサプライヤーとの系列取引などといった長期的・継続的関係を重視する経営を行ってきた。グローバリゼーションが進展する中，日本のCSR経営は，如何にこれまでの経営方式のメリットを生かしながら，広範なステークホルダーと良好な関係を構築していくかということが，今後における日本的CSR経営の基盤になるであろう。そこで，従来重視されたステークホルダーに加えてグリーンコンシューマーや倫理的消費者（「人権・環境・労働条件等」の社会的背景を考慮し，「社会的責任」を意識して商品や企業を選ぶ者），地域住民，NGOなどとの関係づくりが，重要視されるべきである。そして，各種ステークホルダーを巻き込む形で，サプライチェーン単位でのCSR経営を実施することが，グローバル経済の下での持続可能な経営の方向となるであろう。

5 まとめ

この章では,企業の環境マネジメントの変遷,環境マネジメントの手法,サプライチェーン単位の環境マネジメント,CSR を紹介した。

(1) 日本企業の環境マネジメントは,「規制追随型の環境マネジメント」→「予防型の環境マネジメント」→「企業経営戦略の環境マネジメント」→「持続可能な企業経営」の4段階に分類できる。
(2) 環境マネジメントの手法として,環境マネジメントシステム,環境会計,環境ラベル,グリーン購入,環境適合設計,ライフサイクルアセスメント等があげられる。
(3) 今後の環境マネジメントの方向性として,「一企業内部の環境管理」から企業間の連携による「サプライチェーン単位」へと展開することが重要である。
(4) 欧州のCSRと比べて,日本のCSRは,社会問題として議論されることが少なく,環境問題への取り組みや,社会貢献,法令順守としての意味が大きい。

引用参考文献

伊坪徳宏・田原聖隆・成田暢彦(2007)『LCA 概論』産業環境管理協会。
エコステージ協会 HP(http://www.ecostage.org/guide/ 2013年11月15日アクセス)。
「環境会計ガイドライン2005年版」(http://www.env.go.jp/press/file_view.php?serial=6396&hou_id=5722 2013年11月15日アクセス)。
「環境表示ガイドライン(平成25年3月版)」(http://www.env.go.jp/policy/hozen/green/ecolabel/guideline/guideline.pdf 2013年11月15日アクセス)。
グリーン購入ネットワーク HP(http://www.gpn.jp/ 2013年7月1日アクセス)。
小林 光編著(2013)『環境でこそ儲ける』東洋経済新報社。
孫 穎・宮寺哲彦・平野勇二郎・藤田 壮(2012)「持続可能な企業経営に向けたグリーンサプライチェーンマネジメントの役割」『土木学会論文集G(環境システム研究論文集)』第40巻。

▶▶ *Column* ◀◀

共有価値の創造（CSV）：次世代経営戦略

　CSVとは，企業が経営戦略として積極的に環境などの社会問題を解決することで，**社会的価値と企業価値を両立させようとする考え方である**。これは2006年にマイケル・E・ポーターとマーク・R・クラマーにより提唱され，社会貢献としてとらえられがちなCSRの枠組みを超えたまったく新しい経営フレームワークである。CSVでは事前に収益モデルが明確に描かれていることが特徴となる。CSRは，すべての組織が対応すべきものとしてその枠組みがISO26000により定義されていることに対して，CSVは，競争上の差別化を生み出すものとして，各企業の独自性の高い取り組みを求めている。今後，各企業がどのようにCSVという新しい経営コンセプトを経営戦略に反映させるかが注目の課題となる。

　CSVは3つのアプローチによって構成される。1つ目は，社会・環境問題を解決する製品・サービスの提供である。例えば，日本ポリグル株式会社は，2007年にサイクロン・シドルの被害を受けたバングラデシュにおいて，当社が開発した安全で安価な水質浄化剤（納豆のネバネバ成分であるポリグルタミン酸が原料）の販売事業を2008年より展開し，被害の救済に大きく貢献した。その後も，現地の女性に対して継続的な教育を行い，ポリグルレディを育成することで，彼女たちを活用した社会的課題の解決型ビジネスモデルを樹立している。2つ目は，**バリューチェーン（価値連鎖）***の競争力強化と社会貢献の両立である。例えば，流通業では輸送ルート最適化を通じてコストダウンによる利益の向上とともに，環境負荷の低減が実現している。3つ目は，事業展開地域での競争基盤強化と地域貢献の両立である。例えば，ノボノルディスクという糖尿病薬のメーカーは，中国での糖尿病の知識に関する啓発活動を通じて中国社会における糖尿病の医療事情を改善し，中国での事業展開の競争基盤を構築した。

* マイケル・E・ポーターにより提唱された企業分析のフレームワークで，物の供給に注目したサプライチェーンに対し，連鎖の過程で生み出される価値に注目した概念である。主活動（購買物流，製造，出荷物流，販売・マーケティング，サービス）と支援活動（全般管理，人的資源管理，技術開発，調達活動）により構成される。最終的に提供される付加価値がどの部分から生み出されているかを把握するために使用されることが多い。

（孫　　穎）

藤井敏彦（2007）『ヨーロッパのCSRと日本のCSR』日科技連出版社。
藤井敏彦・海野みづえ（2006）『グローバルCSR調達』日科技連出版社。
堀内行蔵・向井常雄（2006）『実践環境経営論――戦略的アプローチ』東洋経済新報社。
Welford, R.（1995）*Environmental strategy and sustainable development*, London: Routledge.

[さらなる学習のための文献]

赤池　学・水上武彦著（2013）『CSV経営――社会的課題の解決と事業を両立する』NTT出版。
植田和弘・國部克彦・岩田裕樹・大西　靖（2010）『環境経営イノベーションの理論と実践』中央経済社。
國部克彦・伊坪徳宏・水口　剛（2012）『環境経営・会計　第2版』有斐閣アルマ。
武田浩美（2009）『【環境経営】宣言――グリーン・ビジネス時代の幕開け』FB出版。
Porter, Michael E. and Mark R. Kramer（2011）"Creating Shared Value," *Harvard Business Review*.

（孫　　穎）

第3章

産業公害に対する政策を考える

1　産業公害問題とは

1　公害の種類と現状

　公害とは，大気汚染・水質汚濁・土壌汚染・騒音・振動・地盤沈下・悪臭の7種類を指す*。日本で公害に対する政策が本格化したのは1970年以降であり，公害の状況もその頃からモニタリングされている。現在では多様な環境統計が環境省のホームページ等で公表されている。その一部を，図3-1，図3-2，図3-3に示す。

　　＊　環境基本法（第2条）では公害を「環境の保全上の支障のうち，事業活動その他の人の活動に伴って生ずる相当範囲にわたる大気の汚染，水質の汚濁（水質以外の水の状態又は水底の底質が悪化することを含む。），土壌の汚染，騒音，振動，地盤の沈下（鉱物の掘採のための土地の掘削によるものを除く。）及び悪臭によって，人の健康又は生活環境（人の生活に密接な関係のある財産並びに人の生活に密接な関係のある動植物及びその生育環境を含む。）に係る被害が生ずることをいう。」と定義している。

　図3-1および図3-2は，二酸化硫黄（SO_2）濃度および二酸化窒素（NO_2）濃度の年平均値の推移を示す。工場や事業所といった固定排出源からの排出については一般環境大気測定局（一般局）で観測されている。自動車の排気ガスについては自動車排出ガス測定局（自排局）で観測されている。これらの図から，二酸化硫黄や二酸化窒素の濃度は，1970年から比べて減少していることがわかる。つまり，これらの汚染物質による大気汚染は少なくなっている。工場等からの排出と自動車による排出を比較すると，自動車の排出ガスによる汚染のほうが，濃度が高いことがわかる。

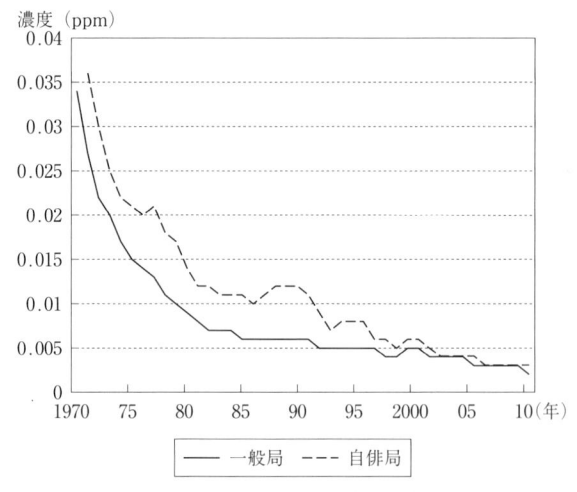

図3-1　二酸化硫黄濃度の年平均値の推移

（出所）　環境省が公表する環境統計集をもとに筆者作成。

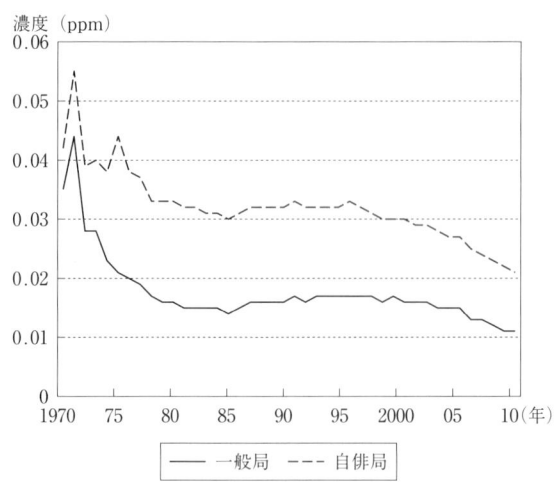

図3-2　二酸化窒素濃度の年平均値の推移

（出所）　図3-1に同じ。

第3章　産業公害に対する政策を考える

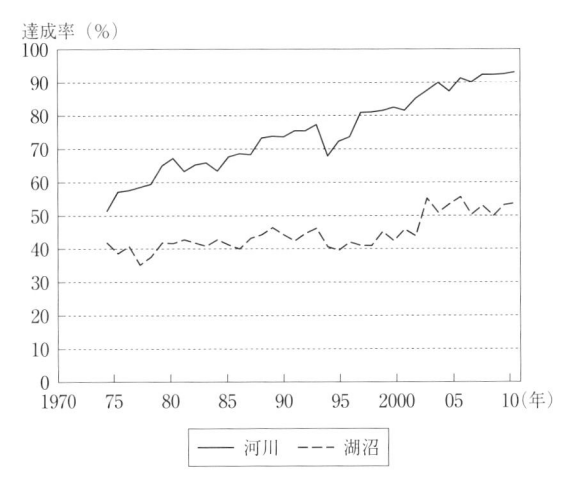

図3-3　環境基準達成率（BODまたはCOD）の推移
(出所)　図3-1に同じ。

　図3-3は，BODまたはCODの環境基準達成率の推移である。BOD（生物化学的酸素要求量）は「水中の有機物が微生物の働きによって分解される時に消費される酸素の量」で，河川の有機汚濁を測る代表的な指標である。COD（化学的酸素要求量）は「水中の有機物を酸化剤で酸化した際に消費される酸素の量」で，湖沼や海域の有機汚濁を測る代表的な指標である。いずれも，生活環境の保全に関する環境基準（生活環境項目）に用いられている。図に示されるように，河川では，1970年代に観測後，環境基準達成率が上昇し，100％に近づきつつある。湖沼では，改善傾向にあるものの，達成率は低い状態にある。

2　産業公害とは

　産業公害とは，公害のうち事業活動によって生ずるものを指す。産業公害の紹介については，歴史的な変遷の記述や，7公害の分野ごとの記述が一般的であり，多くの解説書がある。本章では，企業活動との関係に焦点を絞り，企業の事業活動のプロセスと対応させて，以下の4つに整理する。

①鉱物資源の開発・採取における産業公害

　第1は，鉱物資源の開発や採取の過程で排出される汚染による自然破壊や健

43

康被害である。主な鉱物資源には，エネルギーに関する資源と金属資源がある*。エネルギー資源には，石炭，石油，天然ガスなどがある。石油はエネルギー資源としてだけでなく，有機化学工業の原料としても使用されている。金属資源は，鉄・鉄鋼と非鉄金属に分類される。非鉄金属は，生産・消費量や埋蔵量が比較的大きい銅・亜鉛・鉛・アルミニウム等のベースメタル，資源の埋蔵量が少なく偏在しているニッケル・クロム・コバルト・リチウム等のレアメタル，金・銀・白金といった貴金属に大別される。ベースメタルは電線，ケーブル，メッキなどに広く利用されている。レアメタルや貴金属は，それぞれの特性に応じて，自動車・住宅，電気・電子，航空・宇宙といった幅広い分野で使われている。わかりやすい例としては，鉛バッテリー，ニッケル水素電池，リチウムイオン電池がある。

> * 鉱物資源には，エネルギー資源，金属資源以外にも，ソーダ灰やナトリウム化合物などの工業用資源，アスベストなどの建設用資源がある。

　現在の日本では，これらの鉱物資源の大部分は，海外での開発や輸入によって調達され，国内で精錬され様々な産業に供給されている。しかし，1970年代初め頃までは，国内の別子銅山，足尾銅山，日立鉱山，神岡鉱山など多数の鉱山で，石炭や銅・銀などが産出されていた。それらの鉱山は，資源枯渇，円高，高い人件費という点で採算性が悪化し，次第に閉山されていった。現在の日本で操業中の鉱山は，鹿児島県の菱刈金山のみである。

　鉱物資源の開発・採取に関する産業公害の代表的な事例として，日本の産業公害の原点と言われている**足尾銅山の鉱毒問題***がある。足尾銅山は，1973年に閉山されるまで400年近くも続いた銅山である。江戸時代には幕府直轄で運営され幕府の財政を支えるほどに発展した。幕末に一旦衰退したが，明治時代に，富国強兵・殖産興業政策の一環で公営鉱山の払い下げが行われた。足尾銅山は，後の古河財閥が払い下げを受け，大鉱脈発掘や技術導入によって国内一の産出量を誇る銅山となった。しかし，銅の採掘や精錬過程で大気汚染，土壌汚染，水質汚濁が発生した。さらに長年の鉱業によるばい煙のため山林が荒廃し，それによって森林の保全機能が喪失した。その結果，大雨の際には洪水が

多発し，汚染物質の流出被害を拡大させた。下流の農村でも，河川の汚染によって農作物の収穫や住民の健康に被害が発生し，問題が深刻化した。

 ＊ 鉱業の過程で排出される鉱毒による産業公害は「鉱害」と呼ばれている。

四大公害＊の１つである**イタイイタイ病**も，金属資源の精錬過程に関する問題であった。これは三井金属神岡鉱業所の排水中に含まれていたカドミウム汚染によるもので，1910年頃から富山県の神通川流域で発生していた。流域の住民は，食物や水を通して有害なカドミウムを摂取し，腎臓障害や骨軟化症といった深刻な健康被害を被った。発症した患者が，骨がポキポキ折れて「痛い，痛い」と泣くことから，1955年にその名がつけられた。

 ＊ 四大公害は，特に甚大な被害をもたらし社会問題となった日本の産業公害であり，水俣病，新潟水俣病，イタイイタイ病，四日市喘息の４つを指す。

現在，鉱物資源開発や汚染防止に関する技術は向上したが，鉱物資源を産出する途上国や新興国での規制が緩い場合や，コスト面などで汚染防止技術が採用されない場合も少なくはない。そのようなケースでは深刻な産業公害が発生している。鉱物資源の開発・採取過程における汚染だけではなく，違法採取の問題や，開発後の放棄による荒廃など，問題には多様な側面がある。また，鉱物資源の産出，精製加工，消費が異なる国々でなされるケースが多い。そのため，鉱物資源は広範囲の製品に使用されているにもかかわらず，その開発や採取の過程で起こっている環境破壊や健康被害などの問題が，消費国からは見えない問題となってしまっている。

最近「シェール革命」として注目され利用が進むシェールオイルやシェールガスの資源開発においても，産業公害のリスクがある。シェールガスやシェールオイルは，通常の石油や天然ガスが埋蔵されている層よりも深い層である「シェール（頁岩）層」に含まれる天然ガスや石油であり，水圧破砕（フラッキング）と呼ばれる技術で採取される。その際に大量の水と化学物質が使用され，排水による地下水汚染が発生し，化学物質のリスクによる周辺住民への健康被害も懸念されている。

②工場での生産活動における産業公害

　第2は，工場での生産活動による産業公害である。多様な生産設備や工程で様々な産業公害を発生させるが，大気汚染と水質汚濁を引き起こす活動の一部を以下で紹介しよう。

　工場では熱源装置としてボイラーが多く使用されており，ボイラーにおける燃料の燃焼によって硫黄酸化物や窒素酸化物が発生し，適切に処理しなければ大気中に排出される。塗料，印刷インキ，接着剤，洗浄剤，ガソリン，シンナー等には，トルエン，キシレン，酢酸エチルなどの揮発性有機化合物（Volatile Organic Compounds: VOC）が含まれており，使用の際に揮発する。VOCは光化学スモッグの一因でもある。プラスチックや樹脂などの製造では，様々な有機化合物が使用される。VOCに属さない物質を使用する場合でも，有機化合物の蒸気が大気中に漂うため，長期的な吸引による健康被害のリスクもある。

　様々な工業製品の製造には，化学反応や，蒸留，濾過，脱水，分離，洗浄など排水を伴う多様な工程がある。工場排水には，それらの工程に関係する化学物質，栄養分，金属などが含まれており，有害な物質も少なくはないため，適正に処理する必要がある。また，汚染された排水が土壌に染みこむ場合には，土壌汚染も発生させる恐れがある。土壌に染み込んだ物質が地下水に溶け込んでしまう場合には，地下水も汚染されてしまう。飲料製品の製造や，製造における洗浄や冷却では，大量の水を必要とするが，地下水を利用するケースも少なくはない。その際の過剰な使用は地盤沈下も引き起こす。

　日本では，1900年代前半から工業化による大気汚染や水質汚濁が発生していた。1930年頃には，工場が多く集まっていた大阪市では，「煙の都」と呼ばれるほど大気汚染が深刻になっていた。四大公害の1つである水俣病の原因企業であるチッソが，熊本県水俣湾沿岸の水俣工場でアセトアルデヒドの生産を開始したのも，1930年代であった。アセトアルデヒドは用途が広い化合物で，現在は白金触媒法等の有害ではない合成方法に代わっているが，当時は水銀触媒法によって製造されていた。製造工場からの排水中にメチル水銀化合物が含まれていたことが原因で，食物連鎖を通して人の中枢神経が侵される健康被害が発生した。しだいに水俣湾の周辺で猫の変死などが観察されるようになってい

たが，公式確認されたのは1956年春であった。**新潟水俣病**も，新潟県阿賀野川流域の昭和電工鹿瀬工場によるアセトアルデヒドの製造過程における同様の問題であった。新潟水俣病の被害の発生が明らかになったのは1965年であったが，後述するように，水俣病に対する環境政策導入や企業対応の遅れが，第二の水俣病を引き起こしてしまった。

　日本では，戦後の復興が実りつつあった1955年以降，軽工業から重化学工業に重点が置かれるようになった。石油精製や石油工業の大手企業を中心とする複数の工場を集積した石油化学コンビナートの形成が，国策として進められた。**四日市ぜんそく**は，三重県四日市市を中心とする地域で多発した気管支ぜんそくや呼吸器疾患などの健康被害であった。四日市石油化学コンビナートから排出された二酸化硫黄や二酸化窒素などの大気汚染物質が原因であった。

　日本では，1970年代から厳格な環境規制が導入され，工場での対策が進められてきた。そのため，工場での生産における産業公害は過去の問題であるというイメージがある。しかし，鉱物資源の開発・採取と同様に，現在，環境規制が十分でない中で工業化が急速に進んでいる新興国や途上国において，かつての日本と同様に，生産による産業公害が多発している。部品などの生産，加工や製品の製造，消費が異なる国の場合も多く，古典的な産業公害は，現在では一国の政策課題ではなくなっており，企業にとってもサプライチェーンを含めた課題となっている。

　③鉱物資源採取と生産の両者に関わる産業公害

　第3は，資源採取と生産の両者の過程で深刻な被害を引き起こす産業公害である。

　代表的な問題として**アスベスト**（石綿）がある。アスベストは，耐熱性・柔軟性・強度性・耐薬品性・絶縁性等で優れた性質を持つ鉱物資源で「奇跡の鉱物」と呼ばれ，安価で用途も広いことが特徴であった。そのため，長期間にわたり広い範囲で使用されてきた。しかし，アスベストを曝露することによって，中皮腫等を発症するリスクがある。中皮腫は影響を受けてから30〜40年後に発症し，診断を受けた時にはすでに症状が進行しており根治できないという特徴があり，非常に恐ろしい病気である。

47

日本では，国内鉱山で1974年までアスベストの採掘が行われていた。また2005年まで，多くはカナダやブラジルから，アスベストが輸入されていた。1970～90年にかけて年間約30万トンという大量のアスベストが輸入され，その大部分は建材として使用された。アスベストの用途は3000種と言われるほど多いが，石綿工業製品と建材製品に大別され，8割以上が建材製品である。広く使用されていた主な建材製品には以下のようなものがある。吹付けアスベストや吹付けロックウール，アスベスト保温材は，鉄骨建造物の耐火・断熱・防音材として用いられていた。石綿スレートなどのアスベスト成形板は建物の外壁や屋根などに，石綿セメント製パイプ状製品は煙突や排気管や上下水道用高圧管に，それぞれ使用されていた。その他のアスベスト製品では，断熱材用接着剤，建築物の外装や内装に使用される繊維強化セメント板，配電盤等に使用される耐熱・電気絶縁板，配管や機器のガスケットとして使用されるジョイントシート，機器の接続部分に漏洩防止として用いられるシール材，ブレーキといったものがある。

　日本では，これまでに3度，アスベスト問題が社会問題化した。まず，1973年に，アスベストに関係する仕事に従事していた労働者が初めて労災認定を受けた。この事件をきっかけに，アスベスト汚染の健康被害が表面化した。1987年には，全国の小中学校で吹付けアスベストが次々と見つかり，新聞やTVでも大きく報じられ，社会が騒然となった。そして，2005年に，アスベストの製造を行っていたクボタが，尼崎市の旧神崎工場の従業員がアスベストに関連する病気で死亡していたこと，および，工場周辺でも中皮腫を発症した住民がいたことと，それらへの対応について公表した。この出来事は「**クボタショック**」と呼ばれ，アスベスト問題の深刻さを浮き彫りにした。

　現在の日本では，規制により，アスベストの輸入が禁止され，一部を除き製造もされなくなった。しかし，カナダやブラジル，ジンバブエなどのアスベスト産出国では産出を続けており，鉱山周辺ではアスベストの被害が続いている。後述のように日本ではアスベストの規制が遅れたが，新興国や途上国では現在でも規制がない場合も少なくはなく，建築物等に使用され続けており，今後の健康被害の拡大が懸念される。また，日本においても，これまでアスベストが

広く使用されてきた建築物が、老朽化のため解体され始めている。今後、解体によるアスベストの曝露によって工事関係者や周辺住民等に健康被害が発生するリスクが高まる可能性もある。

④工場跡地の土壌汚染

第4は、工場跡地の土壌汚染で、企業が保有する土地の売却にも関わる問題である。規制が導入される前は、土地が売却された後、時間を経て土壌汚染が判明するという出来事が発生していた。

代表例としては、米国で起きた**ラブカナル事件**がある。1890年頃に、事業家が水力発電事業のために運河の大規模掘削を行ったが、発電所事業には至らず放置された。1940年代になってフッカー社がその土地に産業廃棄物を投棄した。1950年代になり、教育委員会が学校用地としてフッカー社から、その土地を買い取った。フッカー社は土地の危険性を警告し当初は売却を拒否したが、小学校は建設された。ところが、1976年頃に、土地の汚染が明らかになり、住民は退避することになった。

日本では、2000年以後に、王子製紙が売却した土地や、築地市場の移転先の東京ガス豊洲工場跡地などで、土壌汚染の問題が明らかになった。

2　日本の産業公害に対する環境政策の特徴

1　環境政策の開始の経緯

前節で述べたように、日本では、1900年以降、産業公害問題が発生していたが、被害が表面化し社会問題化した1950年以降、次々と法規制が制定されるようになった。鉱害に対して1950年に鉱業法が、地下水の利用による地盤沈下に対して1956年に工業用水法、1962年にビル用水法（建築物用地下水の採取の規制に関する法律）が、水質汚濁に対して1958年に水質保全法（公共用水域の水質の保全に関する法律）・工場排水規制法（工場排水等の規制に関する法律）*が、アスベストによる健康被害に対して1960年にじん肺法が、大気汚染に対して、1962年にばい煙規制法（ばい煙の排出の規制等に関する法律）が、それぞれ制定された。

　*　水質保全法・工場排水規制法は「水質二法」と呼ばれる。

しかしながら，当時は経済成長優先の風潮があり，これらの法律の効力はさほど大きくはなかった。水俣病のケースで見てみよう。水俣病が公式確認された1956年の8月に，熊本大学医学部研究班が原因究明を開始し「化学物質に汚染された魚介類の摂取による発症」と原因を絞り，1959年には「水俣病の原因は有機水銀中毒」とする説を発表した。しかし，チッソはこれに反論し，工場排水停止と立ち入り検査を要請する水産庁にも応じなかった。1958年の水質二法に基づき，当時の通産省はチッソに排水処理設備の指導を行ったが，抜本的な解決策には至らなかった。1960年に開催された政府の水俣病総合調査研究連絡協議会では有機水銀説への反論も提示され，1961年以降は協議会が開催されず，政府による原因究明がなされなかった。

　企業の情報隠蔽も政策導入の遅れを助長した。1961年には，チッソ水俣工場の技術師がアセトアルデヒド製造工程とメチル水銀の関係を発見したが，外部に公表されることはなかった。熊本大学医学部研究班は苦労の末，1963年にアセトアルデヒドの製造工程から有機水銀を検出し国に報告するに至った。1961年には「胎児性水俣病」が発見されており，問題が深刻化していることが明らかになった。政府が有効な手立てを取らない中で，1965年に新潟で第二の水俣病が発生した。これを受けてようやく，当時の厚生省が全国の水銀を扱う工場に対して基礎的調査を行い，当時の経済企画庁に規制実施を求めるに至った。1968年に政府の統一見解として水俣病の原因と発生源が確定された。患者の公式確認から12年も経っていた。同年から，国内における水銀を触媒としたアセトアルデヒド製造は行われなくなった。

　1960年代後半に水俣病などの四大公害の甚大な健康被害が社会問題化し，政府は1967年に**公害対策基本法**を制定した。ただし，公害対策基本法には，「調和条項」と呼ばれる経済優先の考え方が盛り込まれていた。公害訴訟や公害反対運動など世論の高まりを受けて，1970年末の「**公害国会**」で，調和条項の削除や，大気汚染防止法強化や水質汚濁防止法制定などが決められた。1971年には**環境庁**が設置され，環境政策が推し進められることになった。

　このように，日本の産業公害に対する政策においては，経済優先のため政策の導入や強化が遅れ，問題が深刻化し，社会的圧力の高まりを受けて事後的な

対応に至った。政府の対応の遅れや企業の情報隠蔽による被害拡大といった問題は、環境政策に特有な問題ではなく、例えば、薬害エイズや原発事故の問題でも類似の構造があった。また、環境政策の導入が遅れることは、現在の途上国や新興国でも発生しており、日本の経験を生かすことも求められている。

２ 厳格な規制的手法と補助金

1970年の公害対策基本法や公害関連法の改正後、大気汚染と水質汚濁を中心として、厳格な規制が企業に課され、現在に至っている。ここでは、現在の規制の要点を概説しよう。厳格な規制によって、前掲の図３−１から図３−３で示したように、大気汚染や水質汚濁が改善してきたのである。

①厳しい排出基準と直罰

公害に対する環境政策の目標として、大気汚染、水質汚濁、土壌汚染、騒音の分野で、**環境基準**が定められている。環境基準は、「人の健康の保護および生活環境の保全の上で維持されることが望ましい基準」で、行政上の政策目標である。つまり、汚染水準や騒音について「どの程度に保つことを目標とするか」を示している。

水質汚濁は、**健康項目**と**生活環境項目**に分類される。健康項目は、人の健康保護に関する環境基準で、カドミウム、全シアン、鉛、砒素、総水銀など27物質があり、濃度（１リットル中の汚染物質量）の上限値が定められている。健康項目はすべての公共用水域が対象で、いずれも全国一律の値である。生活環境項目は、生活環境保全のための環境基準で、水素イオン濃度、化学的酸素要求量（COD）、浮遊物質量（SS）、溶存酸素量（DO）、大腸菌群数などについて、一定量中の上限値が定められている。生活環境項目は、海域・河川・湖沼といった水域や、各水域で定められた類型によって、基準値は異なる。

大気汚染では、二酸化硫黄、一酸化炭素、浮遊粒子状物質、光化学オキシダント、二酸化窒素、ベンゼン、トリクロロエチレン、テトラクロロエチレン、ジクロロメタン、ダイオキシン類、微小粒子状物質について、濃度（$1m^3$ 中に含まれる汚染物質量）の上限が定められている。土壌汚染では、カドミウム、全シアン、有機リンなど27種類について、土壌中の含有量の上限などが定められ

ている。騒音では，地域の類型，および，昼間と夜間で分類されて，騒音の最大値が定められている。

上記のそれぞれについて，環境基準を達成できるように，**排出基準***が定められている。環境基準は行政目標であるのに対し，規制対象事業者は排出基準の遵守を義務づけられている。義務づけの対象となるのは，主として，該当の公害を排出する施設を有する事業者である。都道府県は，条例によって，国の排出基準より厳しい**上乗せ排出基準**を定めることが認められており，対象となる事業者は工場等が立地する自治体の上乗せ排出基準を遵守しなければならない。

> * 水質汚濁については排水基準と呼ばれるが，本書では「排出基準」と統一して表記する。

日本の排出基準の特徴は，硫黄酸化物や窒素酸化物などの特定の汚染物質を対象として，欧米に比べて厳しい基準が設定されたことである。特に，二酸化硫黄の排出基準は，1970年代には世界一厳しい基準であった。1975年の二酸化硫黄の基準濃度は，米国が 0.14 ppm，当時の西ドイツが 0.06 ppm に対し，日本は 0.04 ppm であった。二酸化窒素については，米国が 0.13 ppm，西ドイツが 0.15 ppm に対し，日本は 0.04 ppm であった。

排出基準に適合しない汚染を排出した事業者に対しては，故意・過失を問わず，直ちに罰則が課される。行政処分を経ずに課される**直罰制**という点も，厳しい規制であると言える。

②集積地での総量規制

大気汚染や水質汚濁の排出基準は，主として**濃度基準**である。つまり，一定量中の汚染物質量である。これは，工場や事業所から排出する汚染物質の量そのものを規制しているわけではない。仮に排出量が増えた場合，希釈して排出し，適合する濃度にすればよいことになる。工場が集積する地域では，各工場が濃度で定められた排出基準を遵守していても，工場集積地全体では一定量中に含まれる汚染物質の含有量が大きくなる場合ができてしまう。

このような事態を避けるために，濃度規制より厳しい**総量規制**も導入されて

いる。大規模工場や工場集積の地域では，大気汚染物質の硫黄酸化物と窒素酸化物について，工場ごとに総量規制基準が定められている。また，東京湾，伊勢湾，瀬戸内海など，人口や産業の集積地からの排水が流れこむ閉鎖性海域についても，濃度規制では富栄養化問題の解決が難しいので総量規制基準も定められている。該当の事業者はこれらも遵守しなければならない。

③公害防止管理者制度

事業者に規制を確実に遵守させるため，専門知識や技能を有する人材を配置することも義務づけられている。大気汚染や水質汚濁など公害を排出する工場や事業所では，公害防止統括者，公害防止主任管理者，**公害防止管理者**を選任し，所属する自治体に届けなければならない。これらのうち，公害防止管理者および公害防止主任管理者については国家資格があり，それを有する者を選任する必要がある。

④モニタリング（常時監視）

大気汚染や水質汚濁の状況は，**モニタリングポスト**が設定されて，排出口で24時間連続監視され，オンラインで行政に情報が転送されている。モニタリングの結果は，環境省のホームページ等で公表されている。前掲の図3-1から図3-3はモニタリングのデータをもとに作成したものである。モニタリングは，厳しい排出基準に対して，行政と企業が違反状況の情報を共有するために不可欠である。

⑤産業振興との組合せ

厳しい規制を遵守させるために，煤煙・粉じん・騒音等を防止する施設や汚水処理施設に企業が投資を行う際には，1970年代より，産業政策の一環として**経済的助成**措置が導入されてきたことも特徴的である。経済的助成は，環境関連施設への投資を誘発し，環境関連産業を振興することにもつながった。1970年代当時から産業界の影響力は大きく，政府が厳しい規制を導入することは困難な状況であった。そのため，厳格な規制的手法に加えて，企業の汚染防止の経済的負担に対する軽減策も導入されたという側面がある。

経済的助成措置として，具体的には，低利融資と利子補給がある。例えば，中小企業向けでは中小企業金融公庫・中小企業事業団・公害防止事業団などが，

大企業向けでは日本開発銀行などが，公害防止投資に対して長期で低利の融資を行った。それによって，企業の公害防止投資は進んだ。企業の全投資額に占める公害防止投資の割合は，ピーク時の1975年には17.7%と高い割合であった。今日でも，規制的手法と経済的助成の組合せは用いられている。

⑥被害者救済と自然回復の汚染者負担

1973年に，**公害健康被害補償法**（公害健康被害の補償等に関する法律）が制定された。この法律では，公害による健康被害に関係する損害を補うために，公害認定患者に医療費や補償金を支給することを定めている。被害者の救済や補償費用に加えて，健康や自然回復など関連する福祉事業実施の費用についても，汚染物質を排出した企業から，その汚染排出割合に応じて徴収された。これは，**汚染者負担原則**に基づく措置である。

汚染者の費用負担制度によって，深刻な被害を引き起こした企業は莫大な累積債務を抱えることになった。例えば，水俣病の原因企業であるチッソ*は，2010年3月期末で807億円もの債務超過の状況であった。チッソの経常利益は40億円を超える程度であったので，通常ならば，経営破綻してもおかしくはない。しかし，政府は，あくまでも汚染者負担のスキームで，長期にわたり公的融資を行いながら，それを返済させる形で負担させてきた。

> * 2004年の水俣病の関西訴訟で，最高裁は，被害拡大について国と熊本県の責任を認めた。この判決を受けて，2009年に特別措置法が制定され，未認定患者の救済が行われることになった。この措置法でチッソの分社化も認められたため，液晶事業で世界的にも大きなシェアを持つチッソは，100%出資の子会社JNCに事業譲渡を行った。新チッソは持ち株会社となり，JNCからの配当を補償や返済に充てている。将来は，JNCの株式を上場し株式の売却を行い，売却益で賠償基金を設立し，その基金から患者の救済を継続する方針である。

3 自主的な取り組みの促進

①公害防止協定

公害防止協定は，企業と地方自治体の間で，企業が行うべき公害防止対策について約束事を決めて協定を締結することである。1960年代に公害に対する住

民からの苦情が増え，住民運動も活発化したため，自治体が国に先行して対策に乗り出して始まった。国際的にも，「自治体発」のユニークな制度として評価されている。1964年の横浜市と電源開発による協定が最初で，1968年に東京都と東京電力で公害防止協定が締結された後は，全国に普及した。現在でも多数の公害防止協定がある。近年は，省エネや環境負荷の少ない原材料利用など，産業公害以外の対策も含めた環境管理協定・環境保全協定も数多くある。公害防止協定は，実際には，工場の立地や拡張の許可権限と組み合わせることで，実質的に企業に協定を守る動機づけを与えていた。

②公害防止ガイドライン

1970年に公害に対する政策が強化された後，企業の対応が進んできたが，21世紀の現在でも，「排出基準に適合しない排水を行っていた」「値を虚偽報告した」といった違反が発生している。そこで，2007年に，経済産業省と環境省が共同で「**公害防止ガイドライン**」をとりまとめ公表した。

ガイドラインでは，「**全社的環境管理コンプライアンス**」の考え方とそのための行動指針等が提示されている。公害防止の装置の導入や公害防止管理者の設置によって「自動的に」法令が遵守できるわけではない。全社的コンプライアンスは，経営者と組織メンバーがコンプライアンスへの意識を高め，教育を行い，体制を構築し，PDCAによる管理を徹底することである。つまり，企業は，環境マネジメントシステムに汚染防止対策を組み込み確実に実行し続けることが求められている（環境マネジメントシステムについては⇨第2章）。

4 産業公害に対する近年の課題

日本では，産業公害のうち，特に大気汚染と水質汚濁に焦点を当てて政策が推進されてきた経緯があり，欧米で規制が導入されていたにもかかわらず，政策の導入が遅れた問題もある。現在は，これらの問題について，政策が強化されてきている。代表的な問題として，アスベストと土壌汚染がある。

①アスベスト問題に対する環境政策

アスベストについては，1973年にアスベスト汚染による労災が認められた後に，1972年制定の特定化学物質障害予防規則が1975年に改正され，アスベスト

の吹付け作業の禁止が盛り込まれた。アスベスト問題はドイツや米国などでも知られており，1986年には，国際労働機関（International Labour Organization: ILO）で石綿条約（石綿の使用における安全に関する条約）が採択され，毒性の強い一部のアスベスト（青石綿）の使用や吹付け作業の禁止が指導されることになった。

これを受けて，1987年には日本でも学校や住宅などに使用されている吹付けアスベストが社会問題化し，当時の通産省が建築物等の調査について自治体に通達を出した。石綿条約採択後，1986年にドイツが，1989年に米国が，青石綿を使用禁止にした。その後，1990年にオーストリア，1992年にイタリア，1993年にドイツ，1997年にフランス，1998年にベルギーと英国において，すべてのアスベストの製造や使用が原則として禁止された。日本でも1995年に使用禁止対象の強化が行われ，2004年には全石綿が原則使用禁止となったが，代替品のない製品は対象外とされた。全面禁止となったのは，先に述べたクボタショックの頃で，2006年であった。

現在では，このように，アスベストは製造・使用が全面禁止されており，大気汚染防止法において特定粉じんとして指定され，飛散などを防止するための規制も実施されている。しかし，前述のように，アスベストの健康被害のリスクは，製造・使用の禁止で終了するわけではなく，過去の建築物が解体される今後も続く課題である。また，全面禁止の導入が遅れたことや，アスベストの健康被害が30～40年という時を経て現れることから，問題解決まで長期化することが予測される。

②土壌汚染に対する環境政策

先述のラブカナル事件後，米国では1980年にスーパーファンド法（包括的環境対処・補償・責任法）が制定された。この法律は，過去の合法的行為に起因する汚染に関しても，行為者が浄化の責任を負うというものある。特徴は，浄化責任を有する者の範囲を，汚染時点の土地所有者・管理者だけでなく，現時点での所有者・管理者も含め，広く規定していることである。この法律によって，企業は，土地購入に際して土地が有害物質で汚染されていないことを調査する必要が生じた。また，金融機関にとっても，担保物件に関するリスク調査が必

要になった。

　日本では，2002年に**土壌汚染対策法**が制定された。この法律は，工場跡地などの土壌汚染による健康被害の防止を目的とするもので，土地所有者に土壌の調査と汚染が見つかった場合の浄化などを求めている。2002年の法律では，有害物質を使用していた特定の施設があった土地を対象としていたが，企業の自主的調査により，それ以外の土地においても土壌汚染が相次いで報告された。また，土壌汚染の対策や処理が不適切である場合も多かったため，2011年に法改正が行われた。工場や事業所で行う土壌汚染状況調査で調査対象となる特定有害物質について，「特定施設の設置場所で，廃止時に使用していた物質」から，「使用されていた施設や場所に関係なく，操業開始時から調査時点に至るまで，工場・事業場で使用履歴のある全ての有害物質」へと変更された。それによって操業開始時からの有害物質の使用履歴の調査が必要となった。

　また，2010年に，企業会計において国際標準を踏まえた新会計基準が導入され，企業が保有する土地について，将来必要となる汚染対策費用や調査費用を**環境債務**として，資産除去債務に組み入れて前倒しで計上することが求められるようになった。新会計基準は2010年度決算から適用されている。

　土壌汚染に対する環境リスクの問題も時間を経て見つかる問題であり，また，法律を受けて企業の対策も始まったばかりであり，今後も政策の整備などが必要になると予測される。

3　企業の産業公害に関するマネジメントとビジネス

1　環境マネジメントシステムによる公害防止

　現在では，多くの企業は，公害防止を環境マネジメントシステムに組み込み，工場や全社の体制を構築し，取り組んでいる。

　先に述べたように，公害に対して企業に厳しい対応を求める政策が実施されている。企業は，まずそれらの法令から自社に該当するものを洗い出し，その法令が要求する内容を把握する。条例もチェックし上乗せ基準等についても把握する必要がある。特に製造業の企業では，製造過程での汚染に関して該当す

表3-1 公害防止に関する環境ビジネス

①汚染防止装置（関連資材等）の製造	・大気汚染防止用：化学処理装置，集塵装置，分離装置，焼却装置，スクラバー（焼却ガスを水などで洗浄する装置），脱臭装置，触媒反応器 等 ・排水処理用：曝気システム（水中の微生物が有機物を分解するのに必要な酸素を供給），化学処理装置，生物処理装置，沈殿槽，油水分離装置，膜，ストレーナ，下水処理装置，再生水製造装置 等 ・土壌・水質浄化（地下水を含む）：浄化装置，水処理装置，吸着剤 等 ・騒音・振動防止用：防振装置，高速道路防音壁，マフラー，吸音材 等 ・環境測定，分析，アセスメント用：測定モニタリング装置，サンプリング装置，制御装置，データ収集装置 等
②サービスの提供	・大気汚染防止：排出モニタリング，アセスメント／評価／計画策定 ・排水処理：下水処理，処理水供給，配管施工 ・土壌・水質浄化（地下水を含む）：浄化，水処理施設の運転，施設やタンクの清掃 ・騒音・振動防止：アセスメント，モニタリング ・環境に関する研究開発：環境負荷の低い工程，排出された負荷の低減 ・環境に関するエンジニアリング：設計／プロジェクト管理，リスク・ハザード評価，法務サービス ・分析，データ収集，測定，アセスメント：測定とモニタリング，試料採取，試料の処理，データ収集
③設備の建設	・大気汚染防止設備，排水処理設備などのプラント建設，設備の据付 等

(出所) 環境省の公表資料「OECDによる環境ビジネスの分類」をもとに筆者作成。

る事項は多く、すべてを把握し確実に実行することは大変な労力を要する。先にも述べたように、現在でも、見落とし等で法令違反になるケースも発生している。しかし、多くの製造業の企業では、法令や条例の排出基準より厳しい自主基準を設定し、その遵守により不適合を回避している。

企業は、汚染排出について監視・計測を行い記録をとり、汚染水準に適合しない事態を、より早く見つけ対応をとっている。最近では、24時間連続モニタリングを導入している企業も少なくない。対応に関する情報公開も進んできている。

2　公害防止に関する環境ビジネス

公害対策に関する環境ビジネスは幅広い。表3-1は、OECDの環境ビジネス分類から公害に関するものをピックアップしたものである。

本業としてこれらの環境ビジネスを手がける企業は非常に多い。それ以外に

も，企業が公害への対策を進める過程で得たノウハウを生かして技術開発や事業化に至るケースも少なくはない。例えば，1970年代の公害対策時代において排煙脱硫装置や汚染の計測機器といった事例があった。1990年代後半に企業が積極的に環境マネジメントシステムを導入してからも，組織の環境影響評価のパソコンソフト化，排水リサイクル技術，汚染の自動計測システムなどを開発・事業化した企業の事例などがある。最近は，排水リサイクルなど水ビジネスが活発化している（水ビジネスについては，⇨第4章第4節 2 ）。

4　まとめ

本章では以下の6つを学習した。本章を通して，産業公害に対して，望ましい環境政策や企業の対応の在り方について考えてみよう。

(1) 公害とは，大気汚染・水質汚濁・土壌汚染・騒音・悪臭・振動・地盤沈下であり，産業公害とは公害のうち事業活動に伴うものである。
(2) 産業公害は，企業活動のプロセスという観点では，鉱物資源の開発・採取における問題，工場での生産活動において排出される汚染，鉱物資源の採取と生産の両者に関わる汚染，工場跡地の土壌汚染の4つに分類できる。
(3) 産業公害に対して政府や企業の対応の遅れが汚染を拡大させ被害を深刻化させた。1970年代から産業公害に対する政策が本格化し，厳しい規制的手法が導入された。また，汚染回復や被害者救済の費用負担を汚染者である企業に課すという汚染者負担原則が適用された。
(4) 産業公害に対する政策では，厳格な規制的手法に加えて，公害防止協定のように自主的アプローチも活用されている。
(5) アスベストや土壌汚染への対策は，2000年代以降に本格的な政策が導入されたばかりであり，今後の課題として残されている。
(6) 企業は，法律や条例より厳しい自主基準を設定し汚染回避の対策を環境マネジメントに組み込み実施している。また，これまでの公害防止の対策技術を生かした環境ビジネスが展開されている。鉱物資源に関してはマテリ

▶▶ *Column* ◀◀

マテリアル・スチュワードシップ

　本章で述べたように，鉱物資源は，産業公害に関する規制が緩い途上国や新興国において開発・採取されているため，環境破壊や健康被害が深刻化するケースは少なくない。近年は，鉱物資源を輸出していた新興国においても経済発展により自国需要が増加しており，国際的な資源争奪が激しくなり，それにともない産業公害問題の深刻化も加速している。このような状況に対して，国連環境計画（United Nations Environment Programme: UNEP），採取産業透明性イニシャティブ（Extractive Industries Transparency Initiative: EITI），国際金融公社（International Finance Corporation: IFC）などが，調査の実施やガイドラインの制定など，国際的な枠組みでの取り組みを進めている。また，APEC や ASEAN においても，鉱物大臣会合やタスクフォースが設置され，鉱物資源のライフサイクルにおいて責任を持つという観点から，**鉱物政策の協調（ライフサイクル・パートナーシップ）**が進められつつある。

　鉱物資源による自然破壊や健康被害などに対して，批判的活動を行っている海外の NGO もある。例えば，米国の Earthworks と Oxfam という NGO では，宝飾業界に対して，途上国の金採掘が引き起こす環境破壊や人権侵害に抗議して，「No Dirty Gold」キャンペーンを展開している。これらの NGO は，「責任ある金のための原則（Golden Rules）」を作成し，関連企業にコミットメントを求めている。

　鉱業界自身も取り組みを進めている。国際金属鉱業評議会（The International Council on Mining and Metals: ICMM）は，「マテリアル・スチュワードシップ（Material Stewardship）」の概念を提示した。これは，簡単に言うと，グローバルな観点で「ゆりかごからゆりかごまで（Cradle to Cradle）」という**クローズドループ**によって，質を劣化させることなく鉱物資源を繰り返し利用するという考え方である。具体的には，鉱物資源の採取・精製における汚染管理，使用済み製品からの鉱物資源リサイクル，製品設計の見直し等が含まれる。オーストラリアでは政府と鉱業界，特に鉱物資源メジャーの1つである BHP Billiton が中心となって，鉛バッテリーに関するマテリアル・スチュワードシップとして「Green Lead Initiative」を進めている（マテリアル・スチュワードシップという概念は廃棄物・リサイクル［⇨第5章］，有害化学物質［⇨第6章］とも関連がある）。　　　　　　（在間敬子）

アル・スチュワードシップという概念に基づく取り組みが進められている。

引用参考文献

淡路剛久ほか編（2005）『リーディングス環境　第1巻　自然と人間』有斐閣。

大島秀利（2011）『アスベスト　広がる被害』岩波新書。

橋本道夫編（2000）『水俣病の悲劇を繰り返さないために――水俣病の経験から学ぶもの』中央法規出版。

李　秀澈（2004）『環境補助金の理論と実際――日韓の制度分析を中心に』名古屋大学出版会。

ICMM（2007）*Materials Stewardship, Eco-efficiency and Product Policy.*

UNEP（2000）"Mining and sustainable development II: Challenges and perspectives," *UNEP Industry and Environment,* Vol. 23（Special issue 2000）.

さらなる学習のための文献

倉阪秀史（2008）『環境政策論――環境政策の歴史及び原則と手法　第2版』信山社。

森　晶寿編（2012）『東アジアの環境政策』昭和堂。

諸富　徹編著（2009）『環境政策のポリシー・ミックス』ミネルヴァ書房。

（在間敬子）

第4章
水資源の利用政策を考える

1　水資源とは

　水は，人間や生物が生きていくために必要不可欠である。私たちは，飲むだけではなく，洗濯や炊事といった暮らしの中で，さらに，農産物の栽培や工業製品の生産活動など様々な用途で，水を利用している。もしも，地球上のあらゆる生命や活動にとって必要な量の水があれば，さらに質の面でも衛生的で安全であれば，私たちが水を問題視することは起こらないであろう。ところが，後述するように，地球上では水の量や質の確保が困難な事態が生じており，水の利用をめぐる争いさえも発生している。水は，私たちの生命の維持に加えて，生活や経済活動に不可欠な資源なのである。

　地球の表面の3分の2は水で覆われており，その量は約14億 km^3 である。その内訳は，約97.5％が海水で，残りの約2.5％が淡水である。飲料水や農業用水に適するのは淡水であるし，工業利用面でも塩など様々な成分を含む海水では使用できない場合が多い。古くから，海水を淡水に転換する技術の研究開発がなされているが，技術やコスト等の理由により，一般に私たちが容易に利用できる実用化段階までには至っていない。そのため，地球上の大部分を占める海水は，人間の活動に利用できる資源としての水の候補ではないのである。

　さらに，地球上の約2.5％の淡水すべてが，利用しやすい形で存在しているわけではない。淡水のうち約69.7％が，主として南極や北極地域などに偏在する氷河や，永久凍土の氷として存在している。また，淡水の約30％を占めるのは地下水であり，汲み上げのための開発や設備が必要であり，特に地中深い場所に存在する場合には，容易に利用できない。私たちが利用しやすい河川や湖

沼の水は，合わせても淡水のうち約0.3%，地球上の水全体の内訳では約0.01%強を占めているにすぎない。

ただし，私たちが利用可能な淡水が地球上の水全体から見て小さい割合であることが，直ちに水資源の問題を引き起こしているわけではない。水は，自然界で循環され再生される資源なのである。地球上のあらゆる海，河川，湖沼などから常に水が蒸発している。水蒸気は雲になり，雨や雪となって地上に降り注ぐ。その水は，一部は直接河川などの水となるが，ほとんどは，土壌に染みこみ時間をかけて地下水，河川や湖沼の水となる。河川の水は海に流入する。そして，再び，海，河川，湖沼に注がれた水は蒸発し，「**水の循環**」は続くのである。

水資源の問題は，水不足や偏在の問題，洪水や渇水といった災害の問題，用途や境界など配分に関する問題，衛生や汚染に関する問題，水の間接利用に関する問題など多様である。本章では，それらを「量」「質」「配分」の問題に大別して概説する。

2　水資源をめぐる諸問題

1　水資源の「量」に関する問題

①水資源の需要と供給の問題

地球上の誰もがどこにある水資源にでもアクセスできるのであれば，水の循環の恩恵もあるため，地球全体の約0.01%の淡水で，飲料水や農業などで人間が必要とする需要は十分まかなえると言われている。しかし，水は偏在しており，欲しい人が欲しい場所で欲しい分量だけの水資源が供給されているわけではない。

表4‐1は，世界の各地域における「世界全体に占める水資源賦存量と人口の割合」を示したものである。**水資源賦存量**とは「水資源として，理論上，人間が最大限利用可能な水の量」と定義され，降水量から蒸発散によって失われる量を引いて計算される。世界各国や日本の各地の水資源賦存量等は，国土交通省が毎年公表する『日本の水資源』の参考資料にも掲載されている。

表 4-1 世界全体に占める水資源賦存量と人口の割合

	地域	世界全体に占める人口の割合（％）	世界全体に占める水資源賦存量の割合（％）
人口に対して水資源の割合が小さい地域	アジア アフリカ 欧州	60 13 13	36 11 8
人口に対して水資源の割合が大きい地域	北中米 南米 オセアニア	8 6 1以下	15 26 5

（出所）UNESCO-WWAP（2003）をもとに筆者作成。

表4-1から，人口の割合に対して水資源賦存量の割合が大きい地域と，小さい地域が存在することがわかる。近年の人口増加や経済発展は，アジアやアフリカの途上国や新興国で起こっている。アジアやアフリカは，世界全体に占める人口の割合に対して，現在でも水資源賦存量の割合が小さい地域である。そのため，今後，人口増加や経済発展による水資源の需要増加に見合う供給が確保できるかどうかが懸念されている。

潜在的な水不足の可能性を示す指標として「人口1人当たりの水資源賦存量」がある。この指標では，農業・工業・発電・生活に要する水資源量が年間1人当たり1700 m^3 を下回る場合を「水ストレス」下にある状態，1000 m^3 を下回る場合を「水不足」の状態，500 m^3 を下回る場合を「絶対的な水不足」の状態を表すと定義されている。2025年には人口は80億人を超えることが予測されているが，国連食糧農業機関（Food and Agriculture Organization of the United Nations: FAO）によれば，このうち18億人が「絶対的な水不足」に，さらに，全体の約3分の2が水不足にさらされることを予測している*。

　＊ FAOは，水資源に関する各国の統計のデータをまとめて公表している。

②水資源開発に関する問題

水資源の需要が増加するにつれて，新たな水資源として，地下水やダムの開発が行われてきた。しかし同時に，**水源開発に伴う問題**も顕在化してきた。この点について，日本の水源開発の歴史から概説しよう。

日本では，古代から江戸時代にかけて，水資源の主たる用途は農業用水であったが，水田の水利用は，自然に任せた天水からため池へ，さらに小河川，中河川が利用されるようになり，江戸時代頃から大河川が利用されるようになった。江戸末期頃には，主要な沖積平野の大部分の河川はほぼ開発され，水運利用以外では，ほぼ農業用水として利用されていた。明治時代に入ると，工業用水，生活用水，発電用水といった農業用水以外の新たな用途が増加し，従来の農業用水利用との間で，河川の水資源利用に関する調整が必要になった。

　日本では古くから地下水を利用していたが，大正時代頃，深井戸掘削技術が開発され，地下水の大量採取が可能となった。第二次世界大戦後，高度経済成長の過程では，主に工業用水での地下水の採取量が増加した。また，東京や大阪等の大都市圏では，人口が急激に増え，生活水準が向上したこともあり，水需要も激的に増加し地下水の採取量を増大させた。ところが，地下水の過剰な汲み上げによって，地盤沈下や地下水の塩水化，水質の悪化が引き起こされ，その対策が必要になった。そのためダム等の整備による水資源開発も進められた。その結果，上水取水に占める水源別比率は，1965年では，自流（河川の水を引き込む方式）が約5割強，ダムが約1割，地下水が約3割であったが，2009年には自流が約3割弱，ダムが約5割，地下水が約2割となった。

　ダムは，治水ダム，利水ダム，多目的ダムに分類される。治水ダムは，大雨等の際，ダムに入ってくる水の一部を一時的にダムに貯め込んで下流に流れる量を減らし，洪水による被害を抑えるダムのことである。利水ダムは，川の水をダムに貯めてその水を生活用水，工業用水，農業用水，水力発電に利用するためのダムである。多目的ダムは，治水ダムと利水ダムの2つの役割を兼ね備えたダムである。日本では，2013年現在，約2700のダムがあり，そのうち約120カ所は2012年に新設された。

　ダムは洪水や渇水の時でも水量を安定化させるなどで有効であるが，大規模なダム建設の場合，開発地に住んでいる住民の立退きが必要になり，住民の暮らしに影響を与えるケースもある。山林を切り開くことによって自然が破壊され，生態系にダメージを与えてしまう。山林の保水機能が失われて洪水などの災害が多発するといった問題も発生する。大規模なダム建設では，計画から着

工までに数十年も要する場合もあり，その間に水需要が変化することもあり，本当に必要な開発かという議論も起こるケースもある。例えば，長良川の徳山ダム建設や，利根川の支流の吾妻川の八ッ場ダム建設では，ダム建設の是非が問われた。

日本だけではなく，米国，中国，インド，中東など，世界の多くの農業地帯や工業地帯などで地下水の採取の増大による渇水や汚染，ダム建設による自然破壊や住民の反対運動が起こっている。例えば，ブラジルでは，アマゾン川流域における大規模ダム建設による自然への影響が懸念されている。また，インドでは，農家の地下水の過剰な汲み上げで枯渇が深刻化している。

2 水資源の「質」に関する問題

たとえ十分な水資源の量が存在する場合でも，最低限の質が確保されなければ利用することはできない。また，人間の生活や経済活動が水質を悪化させる要因になる場合もある。

①生活排水による水質汚濁

生活排水とは，台所，トイレ，風呂，洗濯など，人の生活にともなって，河川や湖沼などの公共用水域やそれに接続する公共用水路に排出される水のことである。日本では，1人1日当たり約250リットルの水を使用し，その多くを排水している。排水量の内訳は，トイレが約25％，洗濯が約23％，台所が20％，風呂が約19％，洗面・手洗い等が約13％と推計されている。

炊事では，米とぎ，使用後のまな板や鍋等の洗浄，調理の油や肉や魚に含まれる油脂，食べ残しの汁物の廃棄等によって水が汚れる。風呂や洗濯では，石鹸や洗剤，皮脂などが排水中に混じっている。排水中の汚物は，微生物によって分解されるが，その際に酸素を必要とする。水が汚れているほど，微生物が分解に必要とする酸素の量は多くなり，水中の酸素量は減少してしまう。その結果，魚などの水中の生物が死んだり，悪臭が発生したりすることになってしまう。生物化学的酸素要求量（Biochemical Oxygen Demand: BOD）は，水中の汚物を分解するために微生物が必要とする酸素の量で，水質汚濁に関する指標の1つである。BODの値が大きいほど，水質汚濁は著しいことを意味する。

1人1日当たりの排水中のBODの量は約43gであり，その内訳は，トイレからが約30％で13g，台所からが40％で17g，風呂からが20％で9g，洗濯その他が10％で4gとなっている。

②産業活動における排水による水質汚濁

鉱物資源採取や生産活動では，**工場排水**に含まれる有機物や有害物質等が問題となる（⇨第3章第1節）。スーパー，ホテル，飲食店などサービス産業，その他のオフィスや店舗など民生部門からの排水では，生活排水と同様の問題がある。農業では，農薬散布や化学肥料の使用によって，化学物質が土壌から地下水に染み込んだり，用水路に混入するなどで，環境や健康に影響を及ぼしうる（⇨第13章）。

3 水資源の配分問題

①地域間・用途間での配分問題

農業では水が不可欠であり，農作物の生産性向上の要因として，河川への取水口の設置や用水路の有無が関係している。江戸時代には，村や百姓が勝手に自分の水田に河川から水を引いてしまい（我田引水），しばしばトラブルが発生していた。そのため，次第に用水路の整備や利水に関するルールが定められるようになった。明治時代以降，殖産興業で工業化が促進され，電力需要も増加したため水力発電として電源開発も活発化した。また，東京や大阪等の都市部に多くの人々が流入し，都市部での生活用水の利用も増加した。このようなことから，農業用水・工業用水・発電利用，農村と都市部といった異なる主体の間での配分が問題となった。現在でも，例えば，再生可能エネルギーの1つである中小水力発電を目的に，河川に水力発電機を設置しようとする場合，取水に関する許可，下流の漁業組合の許可などが必要であるなど，水利用の配分も問題となる。

このような水資源利用の際に発生する配分の問題は，日本だけではなく，世界各国・地域で発生している。世界には，国境をまたがる河川が多く存在する。そのような河川では，上流のダム建設や過剰利用のため，下流では河川の水量が減少し農業などに支障をきたすことが増えている。ダム建設や水の配分，水

の所有権などをめぐって，国家間の紛争に至るケースもある。例えば，インダス川の水の所有権をめぐるインドとパキスタンの紛争や，コロラド川をめぐる米国とメキシコの紛争などがある。

②間接利用に関する配分問題

近年，水資源の直接利用だけでなく，間接利用にも目が向けられている。私たちは，貿易によって農産物・水産物や工業製品を輸出入している。これらの生産では水を必要とする。例えば，東京大学生産技術研究所沖研究室によると，生鮮牛肉 1 kg の生産には 20.7 m^3，小麦 1 kg の生産には 2 m^3 の水を必要とする。容量を，それぞれ 500 ml（0.0005 m^3）のペットボトルで換算すると，生鮮牛肉では約 4 万本，穀物では4000本にもなる。日本は牛肉や小麦など農産物の輸入が多い。その生産には多量の水が必要であり，農産物を輸入することは，生産国の水資源を間接的に利用することになる。工業製品の製造でも洗浄や精製などの過程で大量の水を利用しているので，工業製品の輸出によって，国内の水資源も間接的に輸出していると言える。

輸入している製品一定量を自国で生産すると仮定した場合に必要となる水資源量は，「**仮想水（バーチャル・ウォーター）**」または「間接水」と呼ばれる。この概念は，主として農産物・食品について用いられる。仮想水の数値の大小が，ただちに問題となるわけではない。例えば，中東諸国では，水資源が少なく，農産物の多くを輸入に依存している。そのため，間接水の値は大きくなる。しかし，自国の豊富な石油資源を売って，不足する水資源を間接水という形で購入することは，合理的な国際貿易と言える。

仮想水の考え方が重要になるのは，生産国において，輸出増加が，農産物の生産の増大，地下水の汲み上げによる水資源の枯渇，土壌劣化といった一連の問題を加速化してしまう場合である。例えば，1990年代には「ハンバーガー・コネクション」と呼ばれる問題がクローズアップされた。これは，米国等のファストフード企業が，南米等の熱帯林を切り開いて過剰な放牧を加速し土地が荒廃した問題を指す。牛肉を生産するためには，牛の飲み水だけでなく，牧草の生育や牛の解体などで大量の水が消費される。輸入肉でのハンバーガー生産は，生産国の水資源の間接利用により，土地の荒廃に加担していることになる。

3　水資源の利用に関する政策

　前節では，水資源の問題を，「量」「質」「配分」の問題に分類して紹介した。水資源の利用に関する政策目標は，大別して2つである。第1は，どの用途に対しても十分な「配分」ができるような安定的な利用を保証するために，必要な「量」を確保することである。第2は，安全な「質」の水を確保することである。水資源に関する政策は，水資源賦存量や産業構造などにより国・地域で異なるため，主として日本の政策について述べるが，最後に国際的な枠組みでの取り組みについても触れる*。

> * ダム開発とその影響に対する政策については，紙面制約等のため本章では扱わない。また，気候変動による洪水や渇水といった水資源の量への影響の問題も発生しており，その適応政策も重要ではあるが，本章では扱わない。

1　地下水利用と地盤沈下に対する政策

　図4-1の2010年における日本の水収支に示すように，日本の年降水量は約6400億 m^3 で，蒸発散を除いた約4100億 m^3 が水資源賦存量である。私たちは，このうちの約20％の水資源を使用している。用途の内訳では，農業用水が7割弱と最も多い。取水源については，約88.5％の721億 m^3 は河川・湖沼水で，残りの約11.5％は地下水である。図4-1には示していないが，水資源の使用量は，統計が公表されている1975年が約850億 m^3 で，その後増加し，1990～95年に約890億 m^3 でピークとなり，以後，減少している。

　水資源使用率が約2割程度なので，十分足りているように見えるが，必ずしもそうではない。水資源賦存量は，理論上の最大限利用可能な量である。水資源を利用するための設備，取水源へのアクセスなどの条件を満たさなくては利用できない。地域での水資源の需給のギャップもあり，戦後は都市部で需要が増加してきた。そのため，地下水やダムという水資源開発*を行い，現在の使用量を確保しているのである。

> * 水資源開発に関する政策は国土交通省が担っている。

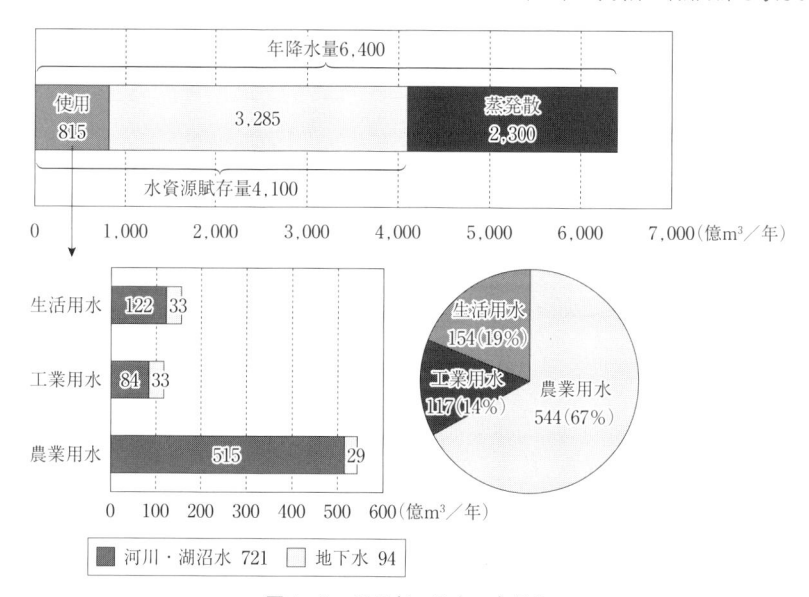

第4章 水資源の利用政策を考える

図4-1 2010年の日本の水収支
(出所) 国土交通省土地・水資源局水資源部 (2013) をもとに筆者作成。

　東京や大阪では，第二次世界大戦後に水需要が増加し，地下水の摂取量が急激に増大した。そのため，地盤沈下や塩水化による水質汚濁が起こった。地盤沈下を防止するために，1956年に工業用水法や1962年に建築物用地下水の採取の規制に関する法律（ビル用水法）が制定され，工業用の井戸やビル用の揚水設備といった地下水の採取や利用に関する規制が行われるようになった。また，全国で約250の自治体が，条例を制定し地下水の取水規制を行っている。地下水の水質汚濁に関しても，1989年から水質汚濁防止法のモニタリング（常時監視）の対象となり，データも公表されている。これらの政策により，地下水の過剰汲み上げによる地盤沈下や汚染は減少してきている。

2　雨水や排水の有効利用に関する政策

　雨水を容器に溜めて植物の水やりなどに使うことは，昔からよく行われていた。雨水の有効利用だけではなく，1970年代から，工場排水を回収し，ある程度浄化し再利用することも行われてきた。図4-2に工業用水の使用量の内訳

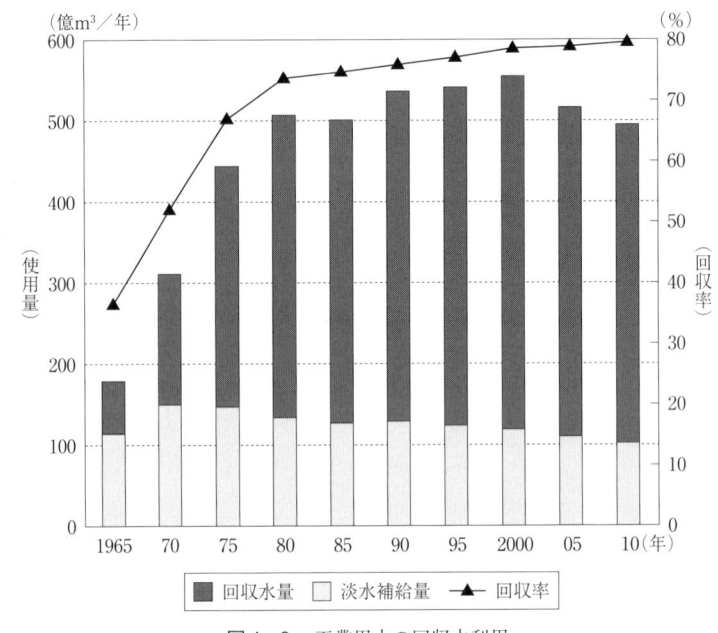

図4-2 工業用水の回収水利用

（出所）図4-1に同じ。

（河川・地下水などの淡水利用量，回収水利用量）と，回収率を示す。

図4-1に示したように，新たに河川や地下水等から利用する水資源使用量では，工業用水の割合が小さいが，これは，図4-2に示すように回収利用が進んできているからである。現在では水資源利用の8割について，**回収水**が使われている。

最近は，水質浄化の技術が進み，**排水リサイクル**の実施が増えただけではなく，水ビジネスの重要な分野としても着目されている。雨水や工場排水を再生処理した水は，上水と下水の中間に位置するという意味で，「**中水**」と呼ばれている。中水は，洗浄や冷却などの工業用水，トイレ洗浄水，用水路，庭への散水などの雑用途で再利用される。排水の再生利用によって，水資源の節約だけでなく，利用者にとって上水利用の水道代というコストが削減されることになる。国土交通省の試算によると，東京都で1カ月当たり$1000\,\mathrm{m}^3$の水を使

用する事業者の場合，通常の水道水利用の料金は35万円から40万円程度を要するが，すべてを再生処理水にした場合，20万円弱から27万円程度になる。実際には，水道水を使用した排水をリサイクルするので，すべてを再生処理水で賄うことはできないが，洗浄や冷却などの工業用水やトイレなどの雑用水の費用は大幅に削減される。

排水や雨水を再利用するシステムの水質，構造，施工および維持管理について，国が技術基準を定めている。香川県や千葉県，さいたま市，福岡市などの自治体では，排水の再利用に関する条例や要綱を定めている。雨水や排水の貯水槽や浄化設備に対して，これまで補助金制度を実施した自治体は，100を超えている。

3　工場排水・生活排水の処理に関する政策

生活や工場から排水される汚水は，汚水処理施設により処理され，下水道または河川などの公共用水域に排出される。汚水処理施設は，3つに大別される。第1は**下水道**で，都市部や地方の中心市街地など人口の多い地域で整備されている。第2は**農業集落排水施設**で，農村部の集落で設置されている。第3は**合併浄化槽**や**コミュニティプラント**で，人家がまばらな地域が対象となる。処理対象は，下水道と農業集落排水施設では汚水と雨水，合併浄化槽・コミュニティプラントでは汚水である。汚水は，生活雑排水・し尿，および，工場排水に大別される。生活排水・し尿は，いずれの汚水処理施設でも処理対象であるが，工場排水は下水道でのみ対象となっている。

工場排水は，下水道が整備されている下水処理区域では下水道への排水が義務づけられており，下水処理区域以外では河川などの公共用水域に排水される。前者の場合は下水道法により国土交通省の管轄で規制されており，後者の場合は水質汚濁防止法（⇨第3章）により環境省の管轄で規制されている。

下水道法では，水質汚濁防止法と同様に，健康項目と生活環境項目それぞれの規制対象汚染物質とその排水濃度の基準が，法律や条例で定められている。水質汚濁防止法で定められる特定工場については，下水道法でも項目や水準等が細かく規定されている。工場排水を下水道に排出*する場合には，排水処理

設備の設置等で処理し，基準以下の水質にすることが義務づけられている。基準を超えた下水を出した場合には，下水道法や条例に基づき，排水の一時停止命令等の行政処分が適用される。

　＊　下水道法では「排除」と呼ばれる。

　下水処理区域において工場排水を下水道に排水する場合には，企業は下水道に接続するための設備を設置しなければならないため，接続や管理の費用も必要となる。工場排水，生活排水を問わず，下水道に排水する場合には，下水道利用料金が必要になる。大阪市や名古屋市では，汚水の排出量に応じた一般汚水使用料に加えて，水質の汚れの程度に応じた水質使用料も課されている。個々の企業が下水道法の規制濃度水準を超えない排水を行っていても，下水道処理施設では大量に集まるため処理が必要であり，行政にはその費用がかかる。そのため，大量の排水を行う排出者に受益者負担を求める意味での料金が設定されているのである。このことは，企業にとって，下水処理への支払いを抑制するために自社内で排水処理を施すインセンティブとなっている。

　生活排水については，上述のように都市部や地方中心部では下水道で処理され，人口密度の小さい地域では，合併浄化槽やコミュニティプラントで処理される。下水道の設置や管理には大きな費用を要するため，人家がまばらな地域では費用効率の点で，下水道を整備することが難しい。そこで，個々の家庭に設置する合併浄化槽の普及や，小さな集落で処理するコミュニティプラントの設置が政策として進められているのである。

4 工業用水・飲料用水の供給に関する政策

　工業用水とは，製造業・電気供給業・ガス供給業・熱供給業の事業活動のために供する水のことである。工業用水には水力発電用や飲用は含まれない。工業用水は経済産業省の管轄で，工業用水法と工業用水道事業法に基づき，整備や管理がなされている。工業用水道は導管によって工業用水を供給する施設のことで，工場などでは，工業用水道に給水管を接続して工業用水の供給を受けるが，工事は水道局などの行政が行う一方，費用は企業が負担する。

工業用水の利用量は，これまでは，実際の使用水量ではなく契約時の要望水量で決められていた。これは**責任水量制**と呼ばれる。しかし，先にも述べたように，企業の回収水の利用などが進み，契約水量と実給水量が大きく解離するようになった。経済産業省資料では，2010年の実給水率が71％であったと公表されている。このようなことから，実際の使用水量を反映した料金体系を組み込むことも検討・実施されてきている。工業用水の利用が多い業種は，化学工業，鉄鋼業，パルプ・紙・紙加工品製造業である。なお，このうち鉄鋼業では回収水の利用率が非常に高く9割を超えている。

　飲料用水や生活用水については，厚生労働省の管轄で，水道法に基づき水道施設の整備・管理や水質管理が実施されている。水道には，**水道事業**，**水道用水供給事業**，**専用水道**の3つがある。水道事業には，5001人以上の人口に給水を行う上水道事業，および，101人以上5000人以下を対象とする簡易水道事業がある。水道用水供給事業とは水道事業者への供給である。また，専用水道は，寄宿舎や社宅等の一定規模以上の居住者や使用水量がある施設に自家用水道として供給するものである。これらの水道事業の普及率は，1950年に25.2％だったものが，1960年に53.4％，1980年に80.8％に達した。現在は97.5％程度で推移している。なお，人口が100人以下の地域への供給は，水道法の対象ではなく，行政が設備の設置や回収等に補助金支給等を行っている。近年は，これまで水道事業により水供給が行われていたが人口が急激に減少した地域について，運営等の費用効率性等の面から，水道事業の供給のあり方を検討することも必要になっている。

　水道水は水質基準に適合するものでなければならず，水道法で水道事業を行う行政等に検査義務が課されている。水質基準以外にも，水質管理上留意すべき項目として水質管理目標設定項目，毒性評価が定まらない物質や水道水中での検出実態が明らかでない項目を要検討項目として，目標水準を定めている。水道水は，浄水処理場でろ過や消毒，地域によってはオゾン処理・生物処理・活性炭処理といった**高度浄水処理**を通して水質が確保され，飲料水として供給されている。水道料金は，基本料金と，使用量に応じた**従量料金**から構成され，利用者が負担している。

75

5 水資源に関する国際的な政策

　日本では，上述のように，国の水道事業政策によって安全で衛生的な飲料水を利用することができ，下水道政策により排水処理がなされている。水質に関しても，下水道法や水質汚濁防止法，上水道法により規制されている。しかし，世界全体で見ると，上水道や井戸がなく安全な水にアクセスできない地域や，下水道が整備されておらず衛生面に問題がある地域は少なくない。

　2001年に国連は事務総長報告として「ミレニアム開発目標（Millennium Development Goals: MDGs）」を発表した。その中で，水資源の状況を踏まえて，「安全な飲料水および基本的な衛生施設を継続的に利用できない人の割合を2015年までに半減する」という目標も掲げられた。また，2004年には，「国連水と衛生に関する諮問委員会（United Nations Secretary-Generals' Advisory Board on Water and Sanitation: UNSGAB）」が，水と衛生問題に関するグローバルアクションの活性化を推進するために設立された。さらに，2005年から2015年の10年間を「『命のための水』国際行動の10年」と位置づけて活動を促進してきた。

　世界保健機関（WHO）と国連児童基金（United Nations Children's Fund: UNICEF）が共同で2012年に発表した報告書によると，「安全な飲料水を継続して利用できない人口の割合を半減する」という目標は2010年に達成された。1990年から2010年の20年間に，約20億人が，以前より良質な水源にアクセスできるようになり，約18億人が，より良い衛生施設を利用できるようになった。しかし，依然として世界全体で約7億8000万人の人々が井戸や上水道がないため安全な飲料水を継続的に利用できない状態にある。また，基礎的な衛生施設を継続して利用できない人口の割合は，世界全体で1990年の51％から，2010年には37％へと改善したものの，下水道などの基本的な衛生施設にアクセスできない人口は約25億人も存在する。そのため，引き続き政策を実行することが不可欠である。

　政策推進の基本的概念は，1993年に提示された**統合的水資源管理**（Integrated Water Resources Management: IWRM）である。統合的水資源管理とは，「水量と水質，地表水と地下水など，自然界での水循環における水のあらゆる形態，段階を総合的に考慮する視点，水資源のより効率的な使用のため，上下水道，

農業用水，工業用水，環境のための水など水に関連する様々な部門を総合的に考慮する視点，中央政府，地方政府，民間，NGO，住民などあらゆるレベルでの関与を図る視点で，水資源管理を行って行くこと」である。つまり，これは，個別の政策から統合的な水資源として政策を検討することであり，民間の参加や，関係するステイクホルダーの合意形成を重視する概念である。この考え方は世界各国で受け入れられてきている。

　途上国水資源の配分に関する紛争が起こっている地域について，統合的水資源管理の考え方により，関係するステイクホルダーが政策決定に参加するプロセスを組み込み，解決策が検討されている。例えば，イエメンでは，農村と都市の配分で紛争があったタイズ地区で，統合的水資源管理の構想に基づき，3年がかりで議論を重ね，農村から都市の共同体への**水融通システム**の構築に対して合意が形成された。統合的水資源管理は日本の水資源政策でも基本的概念となっている。

4　企業の水資源利用のマネジメントとビジネス

1　水資源の利用に関するマネジメント

①工場排水のマネジメント

　第3章で述べたように，産業公害の深刻化と規制強化を経て，製造業の企業では，水質汚濁防止法や下水道法に基づく排水規制への対策に取り組んできた。そして，近年では多くの企業が，環境マネジメントシステムの活動の一環として，法律や条例より厳しい自主基準の遵守を組み込んでいる。水質浄化に関する新たな技術開発とその導入に取り組む企業も少なくない。例えば，栗田工業では，微生物を活性化する新技術により，微生物で窒素分を含んだ排水を分解するプラントを開発した。これは，より水質浄化になる技術であるが，シャープの福山工場では，この技術を用いた廃液処理施設を導入し，2007年には水の使用量を，それ以前の10分の1に低減した。

　先に述べたように，企業はコスト等でのメリットから回収水を利用している場合が多い。例えば，キヤノンの宇都宮工場では，1977年から製造工程の排水

を処理してトイレ用水等に循環利用していた。近年は，有機膜を使ったろ過装置を新たに導入し，処理後の水を再びレンズの研磨工程に供給するようになった。この対策で，汚染発生量の削減だけでなく水資源の有効活用などによりコスト削減にもつながった。キヤノンでは，トナー製造拠点（大分キヤノンマテリアル）でも，生活系を含め，工場からの排水をすべて循環利用する「雨水以外の水は一滴も外に出さない」という「排水ゼロ工場」の取り組みを進めてきた。これらの事例のように，水資源の浄化やリサイクルにより，環境配慮とコスト削減を達成する企業は少なくない。

②地下水利用の削減

地下水は，工業用水を引く場合と比べて，より安価な設備で利用が可能であるため，多くの企業が利用してきた。しかし，上述のように，地下水の汲み上げによる地盤沈下も多発したため，多くの自治体で地下水の取水制限が導入された。そのため，企業は地下水利用の適正化が必要になっている。例えば，カルピスの群馬工場では，工場敷地内の井戸から湧く地下水を飲料や容器の洗浄水として利用してきた。2007年当時，揚水量は1日5000トンで，年間にすると業界平均の3倍近くの水資源の使用量であった。カルピスでは，自社敷地であっても水資源の保全と利用という観点から，約5億円を投資して排水リサイクル等の設備を導入し，製品当たりの水使用量を大幅に削減した。

③水資源の「量」の見える化：マテリアル・バランスとウォーター・フットプリント

近年，企業は，サプライチェーンを含めた「事業活動全体の環境負荷」の総量を測定・算定により把握し，**マテリアル・バランス**として公表している。その重要な環境情報の1つに，水資源の収支も含まれている。

マテリアル・バランスは，企業活動による環境負荷の総量を把握するのに対し，ライフサイクルアセスメント（LCA）（⇨第2章第2節 6 ）は，製品1単位当たりの，原材料採取から，原材料や部品の製造，製品の加工や製造，製品の消費や使用，廃棄やリサイクルというライフサイクル全体での環境負荷を算定する。水資源利用や排出のLCAを行い製品に表示することを**ウォーター・フットプリント**と呼ぶ。例えば，東芝では洗濯乾燥機や冷蔵庫について試算し公表している。

2 水資源に関するビジネス

①水処理膜

　水処理の技術は，物理化学的処理と生物化学的処理に大別される。前者には，凝集やろ過，活性炭による吸着，イオン交換，膜分離による方法などがある。後者は，微生物により水中の有機物を分解して沈殿させる方法で，好気性，嫌気性といった微生物のタイプでいくつかの種類がある。

　膜分離では逆浸透膜などがあり，水浄化，排水処理，水リサイクル，海水淡水化などの基幹技術となっている。逆浸透膜は，水を通すがイオンや塩類など水以外の不純物は透過しない性質を持つ膜である。**水処理膜**の分野では，日本企業の技術は高く，日東電工，東レ，三菱レイヨン，東洋紡，旭化成といった日本の大手メーカーで世界市場の4割を占めている。水処理膜の技術は，工場排水だけでなく，下水処理やバラスト水処理，海水淡水化にも使われている。

②工場の排水リサイクル設備・ITによる水管理システム

　水処理膜や微生物による高い処理技術を用いた工場排水のリサイクル設備やプラントは，国内の電子電気機器関連の製造工場等で多く導入されてきた。最近は日本だけではなく，中国やシンガポールなどの海外でも需要が増えており，日本の水処理大手の栗田工業やオルガノといった企業も参入している。

　水資源の汚染や浄化の程度，使用量などをITにより管理するシステムも構築されており，需要が国内外に広がっている。例えば，富士通では，サウジアラビアの工業団地で水質や大気の汚染を監視する事業を手がけている。

③上下水道インフラの技術移転

　日本では上下水道は公営であるが，政府が担えないため民間企業の参入が必要な国・地域も少なくない。特に，新興国では，上水道インフラ構築への需要が増加している。丸紅や三井物産など日本の大手商社も，海外の水道事業会社を買収して，フィリピンや中国などで事業を始めている。日本の水道の漏水率は全国平均が7％で，東京都は3％であり，世界で最も優れた水準であると言われている。東京都などの自治体が**官民パートナーシップ**（Public Private Partnership: PPP）として，民間企業と連携して海外進出を狙うケースも増えている。

　高度な濾過膜処理により下水をリサイクルする技術の海外展開も増えている。

例えば，アラブ首長国連邦のドバイでは，地下水を工業用水に使い続けたことで地下水量が減少した。日立製作所はドバイ政府と共同で，下水を処理した水を再び地下に注入する研究を進めている。

途上国や新興国では，今後も上下水道のインフラに対する需要が増えると見込まれるが，インフラを整備するハード面だけではなく，運営のノウハウも含めた全体としてのビジネス化が求められている。フランスのヴェオリア，スエズ，イギリスのテムズ・ウォーターなどの**水メジャー**は，水資源開発から上下水道のインフラ設備や運営管理までを含む垂直統合型の水ビジネスを行っており，国も後押ししている。日本は，水処理膜等で高い技術を有するものの，官民パートナーシップによるパッケージ化ビジネスでは遅れをとっており課題となっている。

④海水淡水化の技術開発

海水から塩分を取り除いて，飲料水・生活用水・工業用水を造る**海水淡水化**の技術開発が昔から行われてきた。海水淡水化の技術は，蒸発法と膜法に大別される。前者は古くから用いられてきた方法で，現在は後者の膜法が主流である。

世界で最初の海水淡水化プラントは，1944年に英国で建設された。日本では，沖縄県や福岡県で渇水対策としてプラントが稼動している。中東やアフリカ，アジアなど，水不足が深刻な地域で，海水淡水化の必要性が高くなっている。日本の逆浸透膜やプラントの技術を活用して海外展開が積極的に進められている。

5　まとめ

本章では以下の5つを学習した。本章を通して，水資源利用に対して，国際的な枠組みでの取り組みや国内の政策，企業のマネジメントやビジネスの可能性について考えてみよう。

(1) 水資源に関する問題は，「量」「質」「配分」の問題に大別できる。量の問題には，需要と供給の問題，水資源開発にともなう問題がある。質の問題

第 4 章　水資源の利用政策を考える

> ▶▶ *Column* ◀◀
>
> **地域の水資源への配慮：ウォーター・ニュートラル**
>
> 　企業が自社の水質管理や水使用量削減に取り組むことは当たり前になってきたが，水不足の地域に生産拠点を持つグローバル企業では，その地域の水資源に関わるステイクホルダーとして，地域の水資源管理に目を向けることも必要になっている。
>
> 　米国のコカ・コーラ（The Cocc-Cola Company）は，インド南部の州にボトリング工場がある。2004，5年頃，その地域では，3年にわたって干ばつが続き，現地の住民は水不足に悩まされていた。コカ・コーラ工場は通常どおり生産を継続していたため，地域の人々は干ばつが工場の過剰利用によるものと考え抗議した。工場は地下深くの水を利用していたため，地表から浅い場所より取水する現地の利用には直接の影響を及ぼすわけではない。しかし，コカ・コーラでは，2002年頃から水の将来に関するプロジェクトを開始していたこともあり，この事件をきっかけに，地域全体の水資源と自社の生産との関わりに目を向け，水資源問題を全社的に優先課題に位置づけた。そして，世界各国の工場に対して水資源利用問題に関する調査を行い，「ウォーター・ニュートラル」という目標を掲げた。この目標に基づき，製品を製造する時の水使用量を削減し，製造時に使用した水をリサイクルして，最終的には製品自体に含まれる水と同量の安全な水を地域の環境に戻すという一連の活動に取り組み始めている。
>
> 　　　　　　　　　　　　　　　　　　　　　　　　　　　（在間敬子）

には，生活排水と工場排水の問題がある。配分の問題には，地域や用途間での配分問題，貿易による水資源の間接利用といった問題がある。

(2) 水資源の量に関する政策には，水資源開発に関する政策と，排水の有効利用に関する政策がある。地下水利用については，過剰利用による地盤沈下への対策も進められており，企業も適正な利用が求められている。

(3) 水資源の質に関する政策では，工場排水や生活排水を処理する下水道や，工業用水や生活用水を供給する水道事業といったインフラ整備がなされてきた。近年，工場排水の回収率の向上や，集落の人口減少などによって水資源の利用や排水処理の必要性が変化している。それらに応じた政策設計が今後の課題となっている。

(4) 企業は水質に関して，法律や条例より厳しい自主基準を課し，遵守してき

た。その際に，ITを用いた管理システムの開発なども進んできた。水処理膜など日本の技術を生かした水に関する環境ビジネスが海外に展開されている。今後は，世界の水メジャーに追いつくべく，官民パートナーシップによる水資源開発からインフラ管理までを担う総合的な水ビジネスに発展させることが期待されている。

(5) サプライチェーンを含めた企業活動全体の水収支の把握や，製品のライフサイクルにおける水資源量を表すウォーターフット・プリントが広まりつつある。また，製品製造時に使用した同量の水を浄化して自然界に戻すウォーター・ニュートラルの動きも登場している。

<ins>引用参考文献</ins>

環境省「生活排水読本」(http://www.env.go.jp/water/seikatsu/ 2014年6月22アクセス)。

国土交通省土地・水資源局水資源部 (2013)『日本の水資源 平成25年版』2013年8月。

UNESCO-WWAP (2003) "Executive Summary of the UN World Water Development Report, Water for People, Water for Life."(国連水アセスメント計画「世界水発展報告書 人類のための水，生命のための水」)

Unicef/WHO (2012) "Progress on Drinking Water and Sanitation."

<ins>さらなる学習のための文献</ins>

天野礼子 (2001)『ダムと日本』岩波新書。

沖 大幹 (2012)『水危機 ほんとうの話』新潮社。

中西準子 (1994)『水の環境戦略』岩波新書。

森 晶寿 (2009)『環境援助論——持続可能な発展目標実現の論理・戦略・評価』有斐閣。

(在間敬子)

第5章
廃棄物政策を考える

1　廃棄物政策の変遷

1　廃棄物とは

　日本では,「廃棄物の処理及び清掃に関する法律（廃棄物処理法）」(2012年最終改正) で，廃棄物とは，ごみ，粗大ごみ，燃え殻，汚泥，ふん尿，廃油，廃酸，廃アルカリ，動物の死体その他の汚物または不要物であって，固形状または液状のもの（放射性物質およびこれによって汚染された物を除く）と定義される。廃棄物は**一般廃棄物**と**産業廃棄物**に分類されている（図5-1）。「一般廃棄物」とは，産業廃棄物以外の廃棄物を言う。一般廃棄物のうち，爆発性，毒性，感染性その他の人の健康または生活環境に係る被害を生ずるおそれがある性状を有するものを「特別管理一般廃棄物」と定義している。また,「産業廃棄物」は，①事業活動にともなって生じた廃棄物のうち，燃え殻，汚泥，廃油，廃酸，廃アルカリ，廃プラスチック類その他政令で定める廃棄物および，②輸入された廃棄物（航行廃棄物，携帯廃棄物などを除く）を指す。産業廃棄物のうち，爆発性，毒性，感染性その他の人の健康または生活環境に係る被害を生ずるおそれがある性状を有するものを「特別管理産業廃棄物」と呼ぶ。一般廃棄物は，市町村が処理責任を持つ一方で，産業廃棄物の処理責任は，事業者にある。

2　廃棄物問題と政策の変遷

　日本の廃棄物問題は，江戸時代前期における人口の爆発的な増加より始まっている。明治に入った1877年，生活ごみの不適切な処理により腸チフスやコレラなどの伝染病が流行し，大きな社会問題となった。これに対して，**表5-1**

```
                              ┌─ 事業系一般廃棄物
                ┌─ 一般廃棄物 ─┼─ 家庭廃棄物
                │              └─ 特別管理一般廃棄物
    廃棄物 ─────┤
                │              ┌─ 事業活動にともなって生じた廃棄
                └─ 産業廃棄物 ─┤   物のうち法令で定められた20種類
                               └─ 特別管理産業廃棄物
```

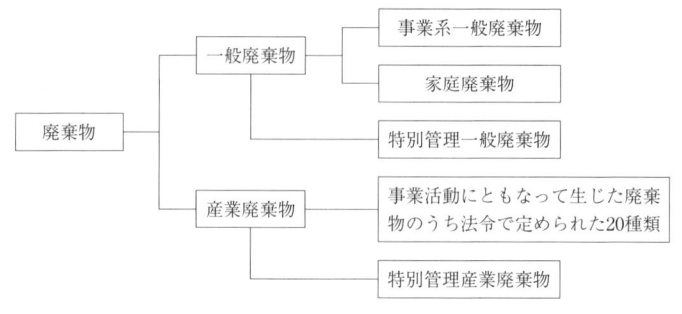

図 5-1　廃棄物の分類

(出所)　筆者作成。

のように，政府は，1879年に**伝染病の予防対策**を目的とし「市街地掃除規則及び厠構造並し尿汲み取り規則」を制定・施行した。また，工業化の進展と都市への人口集中による家庭ごみの増大に対応し，1900年には「汚物掃除法」を公布，生活環境を保持するために清掃を行い，地方自治体でごみ処理の管理をするよう法的に義務づけを行った。この法律において，政府は都市の衛生を維持するための対策として，ごみは極力焼却するという方針を打ち出した。

そして，戦後，産業・経済復興期において，都市の発展にともなってごみの増大と処理が大きな問題となり（⇨第12章第1節 2 ），1954年「汚物掃除法」が廃止され，「清掃法」が制定された。汚物の衛生的な処理・処分が推進され，主目的として**公衆衛生**の向上が図られた。清掃法の施行に当たって自治体のごみ処理に対する補助制度が導入された。

しかし，1955年頃からの高度経済成長にともなう大量生産・大量消費により，廃棄物の量が増加し，その質も大きく変化した。特に大都市圏からの産業廃棄物の量は家庭ごみを上回るほどに増加し，ごみ問題は衛生上の対策にとどまらず，**環境破壊**や**公害**という社会問題に発展していた。1970年，政府は「清掃法」を全面改正し，「廃棄物の処理及び清掃に関する法律（廃棄物処理法）」を制定，翌年施行した。この法律により，特に事業活動にともなって生じた廃棄物について，**事業者の自己処理責任**を明確に規定した。さらに，前述のように廃棄物を，**市町村が処理主体**となる一般廃棄物と，排出事業者の自己処理責任，ならびに地方公共団体による補完により処理される産業廃棄物に区別した。一

表 5-1　日本の廃棄物関連法の変遷

年	廃棄物関連法	内容
1879	「市街地掃除規則及び厠構造並し尿汲み取り規則」制定	・伝染病対策のために制定。
1900	「汚物掃除法」施行	・工業化の進展と都市への人口集中による家庭ごみの増大に対応し制定。汚物掃除が市町村の責務となる。
1930	「汚物掃除法」改正	・ごみの焼却処理の義務化。
1954	「清掃法」施行	・汚物を衛生的に処理し生活環境を清潔にすることで公衆衛生の向上を図るために制定。廃棄物処理への国庫補助を法的に裏付け。
1970	「廃棄物の処理及び清掃に関する法律（廃棄物処理法）」制定	・「清掃法」を全面改正。生活環境の保全の観点が盛り込まれた。高度経済成長にともなう廃棄物の増大と多様化に対応。初めて産業廃棄物の定義がなされ，事業者処理責任の原則を確立。一般廃棄物の収集・運搬・処分を市町村の責任と規定。
1976	「廃棄物処理法」改正	・産業廃棄物の適正処理を確保するための規制の強化を中心に改正。事業者の産業廃棄物の処理責任を明確化。前年に東京で起きた六価クロムの投棄事件を契機とする。
1991	「廃棄物処理法」改正	・国民による廃棄物の排出抑制・再生利用の責務を規定。廃棄物発生量の増大，その質の多様化と処理困難物の増大，不法投棄など不適正処理の問題に対応。
	「再生資源の利用の促進に関する法律（再生資源利用促進法）」制定	・リサイクル促進のために製品を分類し，それぞれ事業者が行うべき法的措置について規定。
2000	「循環型社会形成推進基本法」制定	・廃棄物問題をめぐる課題を体系的に対策。
	「容器包装に係る分別収集及び再商品化の促進等に関する法律（容器包装リサイクル法）」完全施行	・容器包装の製造・利用業者などに，分別収集された容器包装のリサイクルを義務づけ。
2001	「特定家庭用機器再商品化法（家電リサイクル法）」，「食品循環資源の再生利用等の促進に関する法律（食品リサイクル法）」，「国等による環境物品等の調達の推進等に関する法律（グリーン購入法）」完全施行	・一般家庭や事務所から排出された家電製品から，有用な部分をリサイクル。廃棄物の減量，資源の有効利用を図る。 ・食品廃棄物等の排出抑制，資源としての有効利用。 ・国等の公的機関が率先して環境物品の調達を推進。
2002	「建設工事に係る資材の再資源化等に関する法律（建設リサイクル法）」完全施行	・特定資材を用いる建築物を解体する際に廃棄物を現場で分別し，資材ごとに再利用することを解体業者に義務づける。
2005	「使用済自動車の再資源化等に関する法律（自動車リサイクル法）」本格施行	・自動車のリサイクルについて自動車の所有者，関連事業者，自動車メーカー・輸入業者の役割を定めた。

（出所）　筆者作成。

方で，清掃事業の整備，特に処理施設の建設は，ごみ量の急増や質の変化に追いつかず，1971年の焼却処理率は収集量の30％程度に過ぎなかった。さらに，清掃工場の建設計画における建設予定地に対する住民反対運動も発生した。このように，多くの自治体で，戦前・戦後そして高度成長期までの長年の間，一般家庭から排出された廃棄物は，主に**直接埋め立て**によって処理してきた。一方で，未焼却の生ごみが埋め立て処分場に持ち込まれるために起こる悪臭，害鳥・害獣による農作物への被害や，水質汚染が問題となった。これを克服するための抜本的な解決方法として**ごみの焼却処理**が全国的に推進されるようになった。

　1980年代以降，国民の生活が向上し，生活様式の変化等にともない廃棄物の排出量は増加の一途をたどった。焼却された廃棄物は最終的には埋め立てにより処分されるため，国土の狭い日本では**最終処分場の不足**が深刻な問題となった。またこの時期，ごみ焼却による**ダイオキシン問題**や**PCB（ポリ塩化ビフェニル）問題**が顕在化し，最終処分場建設への住民反対運動によって最終処分場不足の問題はさらに深刻化した。これとともに，産業廃棄物の**不法投棄**が絶えなくなった。そこで，廃棄物の焼却という対症療法ではなく，廃棄物の排出削減と再利用が注目されるようになった。1991年「廃棄物処理法」が改正された上で，「再生資源の利用の促進に関する法律」（再生資源利用促進）が新たに施行された。リサイクル促進のために製品を分類し，各々の事業者が行うべき法的措置について具体的に規定された。続いて1997年，資源の再利用，プラスチックの減量化，ごみ処分場の延命化を目的に「容器包装に係る分別収集及び再商品化の促進等に関する法律（容器包装リサイクル法）」（2000年完全施行）が施行された。

　2000年に**循環型社会**への移行の必要性が国民的な共通認識になってきたことを背景に，「循環型社会形成推進基本法」が施行され，**拡大生産者責任制度**の考え方を導入し，廃棄物問題をめぐる課題が体系的に対策されるようになってきた（図5-2）。「循環型社会形成推進基本法」の下で容器包装，家電，建設資材，食品残渣，自動車に関するリサイクル法が整備され，3R（Reduce, Reuse, Recycle）政策が具体化された。これらの体系的な対策の結果，ゴミの発生量が

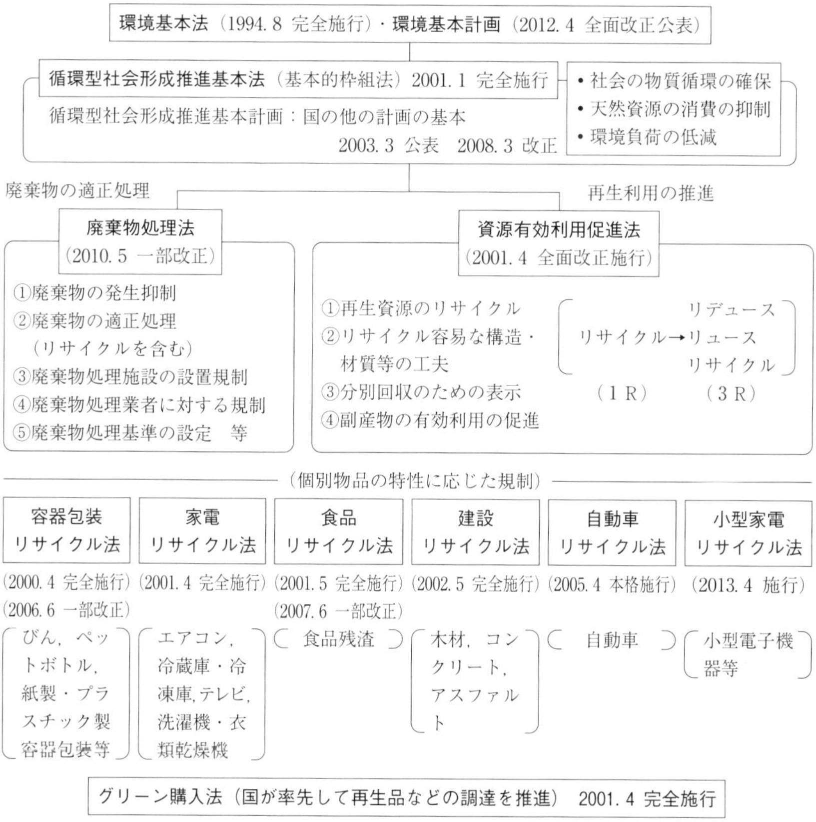

第 5 章 廃棄物政策を考える

```
環境基本法（1994.8 完全施行）・環境基本計画（2012.4 全面改正公表）
          │
  循環型社会形成推進基本法（基本的枠組法）2001.1 完全施行   ・社会の物質循環の確保
     循環型社会形成推進基本計画：国の他の計画の基本        ・天然資源の消費の抑制
                    2003.3 公表  2008.3 改正          ・環境負荷の低減
```

廃棄物の適正処理　　　　　　　　　　　　　　　再生利用の推進

廃棄物処理法 (2010.5 一部改正)	資源有効利用促進法 (2001.4 全面改正施行)
①廃棄物の発生抑制 ②廃棄物の適正処理 　（リサイクルを含む） ③廃棄物処理施設の設置規制 ④廃棄物処理業者に対する規制 ⑤廃棄物処理基準の設定　等	①再生資源のリサイクル　　　　　　　　リデュース ②リサイクル容易な構造・　リサイクル→リユース 　材質等の工夫　　　　　　　　　　　　リサイクル ③分別回収のための表示　　（１R）　　（３R） ④副産物の有効利用の促進

―――――――――――――（個別物品の特性に応じた規制）―――――――――――――

容器包装 リサイクル法	家電 リサイクル法	食品 リサイクル法	建設 リサイクル法	自動車 リサイクル法	小型家電 リサイクル法
(2000.4 完全施行) (2006.6 一部改正)	(2001.4 完全施行)	(2001.5 完全施行) (2007.6 一部改正)	(2002.5 完全施行)	(2005.4 本格施行)	(2013.4 施行)
びん、ペットボトル、紙製・プラスチック製容器包装等	エアコン、冷蔵庫・冷凍庫、テレビ、洗濯機・衣類乾燥機	食品残渣	木材、コンクリート、アスファルト	自動車	小型電子機器等

グリーン購入法（国が率先して再生品などの調達を推進）　2001.4 完全施行

図 5-2 日本の循環型社会の法体系

(出所) 環境省 HP（http://www.env.go.jp/recycle/circul/keikaku/gaiyo_3.pdf　2013年11月11日アクセス）をもとに筆者一部修正。

大幅に低減されてきたとともに，最終処分量の低減による埋立地の確保や新たな最終処理場の立地を巡る紛争の回避に大きな成果をあげた。さらに，政府の政策指標として，**資源生産性**や**環境効率**が活用されるようになっていて，資源不足といった地球環境問題や廃棄物処理をめぐる新たな環境ビジネスの発展にも貢献している。

2　循環型社会の構築

1　循環型社会形成の現状と課題

　日本では,「循環型社会形成推進基本法」を中心とした法体制の整備等や,エコタウン事業などを含めた3Rの取り組みの進展などにより,廃棄物の最終処分量の大幅な削減が実現され,循環型社会形成に向けた取り組みは着実に進展している。一方で,いくつかの課題も存在している。循環基本法における優先順位がリサイクルよりも高い2R（Reduce, Reuse）の取り組みが遅れているほか,廃棄物等から有用資源を回収する取り組みも十分に行われているとは言えず,それらを的確に把握する指標も十分に整備されていない。例えば,多くの貴金属,レアメタルが廃棄物として埋め立て処分されているのが現状である。また,東日本大震災,東京電力福島第一原子力発電所の事故にともなう国民の安全・安心に対する意識の向上により,今後いかに安全・安心を確保し,減量・再利用を中心とした循環型社会を形成するかが重要となる。さらに,途上国などの経済成長と人口増加にともない,世界で廃棄物発生量がさらに増加することが見込まれている。そのうち約4割はアジア地域で発生しており,2050年には,2010年の2倍以上となる見通しである。そこで,日本国内のみではなく,世界規模で廃棄物を発生させない循環型社会を形成することが重要となる。

2　循環型社会構築をめぐる政策の方向性

　2013年5月第三次循環型社会形成推進基本計画が閣議決定された。そのポイントは,最終処分量の削減など,廃棄物の量に着目した施策に加え,循環の質にも着目し,下記の取り組みを新たな政策の方向性とした。

(1) リサイクルに比べ取り組みが遅れている2R（Reduce, Reuse）の取り組みの強化。
(2) 小型家電リサイクル法の着実な施行など使用済製品からの有用金属の回収と水平リサイクル（品質の劣化をともなわず,同じものに再生できるリサイク

表 5-2 第三次循環型社会形成推進基本計画による目標

	2000年度	2010年度	2020年度目標
資源生産性（万円／トン）	25	37	46
循環利用率（％）	10	15	17
最終処分量（百万トン）	56	19	17

(注) 1：資源生産性＝GDP／天然資源等投入量
2：循環利用率＝循環利用量／（循環利用量＋天然資源等投入量）
(出所) 環境省（2013）をもとに筆者作成。

ル）等の高度なリサイクルの推進。
(3)アスベスト，PCB（ポリ塩化ビフェニル）等の有害物質の適正な管理・処理。
(4)東日本大震災の反省点を踏まえた新たな震災廃棄物対策指針の策定。
(5)エネルギー・環境問題への対応を踏まえた循環資源・バイオマス資源のエネルギー源への活用。
(6)低炭素・自然共生社会との統合的取り組みと**地域循環圏**（地域の特性や循環資源の性質に応じて，最適な規模の循環を形成すること）の高度化。

第三次循環型社会形成推進基本計画では，今後における循環型社会を示す**資源生産性**（より少ない資源の投入でより高い価値を生み出す）をはじめとする物質フロー目標の一層の向上を目指し，2020年に向けて**表5-2**のように数値目標を設定している。

3　拡大生産者責任（EPR）

日本における廃棄物の処理責任は，処理者責任→排出者責任→拡大生産者責任（生産者）という形で変遷してきた。以下では，日本におけるEPRの導入がどのようになっているのかについて見ていく。

1　EPRとは

拡大生産者責任とは，製品の生産者が，製品の**ライフサイクル全体**（生産，流通，消費，廃棄，リサイクル／処分）を通じて，その製品の環境への影響につい

て一定の責任を負うべきという考えである。これは，事業者に製品の廃棄後の回収・リサイクルについて一定の役割を担わせることで，廃棄物の発生抑制やリサイクルの推進，処理費用の最小化等が図られるという考え方に基づいている。EPRは，1990年代初期にスウェーデン・ランド大学トーマス・リンドクビスト（Thomas Lindhqvist）によって初めて提唱された。1991年にドイツで包装廃棄物に関する法律・政令という形式で具体化され，日本を含めて世界各国の廃棄物政策に大きな影響を与えた。1994年以降，経済協力開発機構（OECD）は，EPR政策について検討を行い，2001年には加盟国政府に向けて「**拡大生産者責任ガイダンス・マニュアル**」を策定した。日本では，「**循環型社会形成推進基本法**」において「**事業者の責務**」としてEPRの考え方が明示され，個別のリサイクル法においてその具体化が図られている。

EPRには次の2つの特徴がある。1つ目は，従来，地方自治体にあった使用済み製品の適正処理責任を生産者に移転することであり，2つ目は，そのことを通じて，製品設計時に環境に配慮するインセンティブを生産者に与えることである。つまり，これまで行政が負担していた使用済製品の処理（回収・廃棄やリサイクル等）にかかる費用を，その製品の生産者に負担させるようにするものである。そうすることで，処理にかかる社会的費用を低減させるとともに，生産者が使用済製品の処理にかかる費用をできるだけ下げようとすることがインセンティブとなって，結果的に環境的側面を配慮した製品の設計（リサイクルしやすい製品や廃棄処理の容易な製品等）に移行することを狙っている。

2　日本のEPR

EPRは，**直接規制・間接規制**を含めて多様な政策手段として具体化されている。具体的には，排出抑制を狙った廃棄物処理（引き取り）の有料化（排出課徴金），資源保護と再生品市場創出を目的とした製品課徴金，回収率向上のための預託金返戻方式，再生材料の市場創出と資源保護を兼ねたバージン原料に対する課税，その他一定のリサイクルコンテンツ率の義務づけ，売買可能排出権取引（リサイクルポイント制），政府によるグリーン購入，埋め立て処分場に対する課税，環境賠償責任の強化等，多く存在している。

第 5 章 廃棄物政策を考える

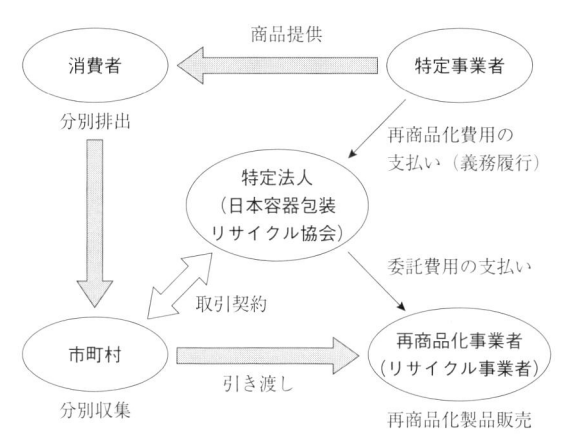

```
消費者 ←商品提供— 特定事業者
  │                    │
分別排出          再商品化費用の
  │              支払い（義務履行）
  │                    ↓
  │            特定法人
  │           （日本容器包装
  │            リサイクル協会）
  │          ↗        ↘
  │      取引契約    委託費用の支払い
  ↓    ↙                ↘
市町村 ——引き渡し——→ 再商品化事業者
                      （リサイクル事業者）
分別収集              再商品化製品販売
```

図 5-3 「容器包装リサイクル法」の仕組み
(出所) 筆者作成。

　日本においても「循環型社会形成推進基本法」が下となる廃棄物政策や，自治体独自の条例等において，責任原理の 1 つとして EPR が位置づけられている。しかし，「技術的及び経済的に可能な範囲で」などの条件がつけられているため，EPR の政策は限定的であると見られている。

3 「日本の容器包装リサイクル法」における EPR の展開

　ここでは，EPR の展開について「容器包装リサイクル法」を例にあげて見ていく。「容器包装リサイクル法」は，1995 年に制定され，2000 年より完全施行されるようになった（2006 年改正）。「容器包装リサイクル法」は，EPR の考え方を下に，製造業者の使用済み品の引き取りとリサイクルの責任を規定した日本で最初の法律である。それまで市町村が責任を負っていた容器包装廃棄物の処理について，消費者には分別排出，市町村には分別収集，事業者（容器の製造事業者・容器包装を用いて中身の商品を販売する事業者）には再商品化（リサイクル）という新たな役割分担を義務づけた（図 5-3）。「容器包装リサイクル法」における EPR の導入に関して，容器包装の一部について再商品化の責任を生産者に課す一方で，分別収集・選別補完の費用が自治体負担となっているなど，生産者の責任は限定的である。

一方で，容器包装は，商品寿命が短いので，EPR制度導入の効果が比較的早期に現れやすい特徴がある。日本の「容器包装リサイクル法」におけるEPR導入の最大の成果として，容器包装廃棄物の発生量の低減がある（植田・山川，2010，2-37頁）。例えば，2005年度における容器包装の総発生量（生産量や出荷量と廃棄物発生量は近似的に等しい）は，1996年度より6％も低減された。それは容器包装リサイクル法の下で，容器包装のデザインが軽量化へと変更された結果と見られている。ところが，消費者による発生抑制行動（消費者の商品選択）への影響が見られないという指摘も存在している。「容器包装リサイクル法」の消費者行動への影響は，主に生産者が容器包装の再商品化にかかる費用を商品に価格転嫁することで現れるものであるが，1997年以降の食品・日用品，飲料などの価格指数による分析では，この価格転嫁は行われなかったと言われている。今後，容器包装の発生抑制をさらに促進するために，消費者ではなく生産者にリサイクル費用を課すことや，消費者行動へインセンティブを付与することなどが手段として考えられる。

4　エコタウン事業

1　エコタウン事業とは

　「循環型社会形成推進基本法」を中心とした法体制の下で実施されている最も先進的な**資源循環パイロット事業**として，エコタウン事業があげられる。エコタウン事業とは，地域の産業蓄積を生かした環境産業の振興を通じた地域振興と，地域特性を踏まえた廃棄物の発生抑制・リサイクルの推進を通じた資源循環型社会の構築を目的に，1997年に創設されたモデル事業である。具体的には，都道府県または政令指定都市がそれぞれの地域の特性に応じて作成したエコタウンプラン（市町村が作成する場合は都道府県等と連名で作成）について，その基本構想，独創性，先駆性，モデル性が認められた場合，環境省と経済産業省から共同承認が受けられ，当該プランに基づき実施される事業について，地方公共団体および民間団体に対して多面的な財政支援が提供される。1997年から2006年の10年間において，全国計26カ所，62の先導的なリサイクル施設が認

表5-3　エコタウン事業の承認地域マップ

2011年3月現在・26地域

北海道【2000年6月30日承認】
- 家電製品リサイクル施設（経）
- 紙製容器包装リサイクル施設（経）

札幌市【1998年9月10日承認】
- 廃ペットボトルフレーク化施設（経）
- 廃ペットボトルシート化施設（経）
- 廃プラスチック油化施設（経）

青森県【2002年12月25日承認】
- 焼却灰・ホタテ貝殻リサイクル施設（経）
- 溶融飛灰リサイクル施設（経）

秋田県【1999年11月12日承認】
- 家電製品リサイクル施設（経）
- 非鉄金属回収施設（経）
- 廃プラスチック利用新建材製造施設（経）
- 石炭灰・廃プラスチックリサイクル施設（経）

岩手県釜石市【2004年8月13日承認】
- 水産加工廃棄物リサイクル施設（経）

宮城県鶯沢町（現・栗原市）【1999年11月12日承認】
- 家電製品リサイクル施設（経）

千葉県千葉市【1999年1月25日承認】
- エコセメント製造施設（経）
- 直接溶融施設（環―廃）
- メタン発酵ガス化施設（環）
- 廃木材・廃プラスチックリサイクル施設（経）
- 高純度メタル・プラスチックリサイクル施設（経）
- 貝殻リサイクル施設（経）
- 建設系廃内装材のマテリアルリサイクル施設（環）

東京都【2003年10月27日承認】
- 建設混合廃棄物の高度選別リサイクル施設（環）

川崎市【1997年7月10日承認】
- 廃プラスチック高炉還元施設（経）
- 家電リサイクル施設（経）
- 難再生古紙リサイクル施設（経）
- 廃プラスチック製コンクリート型枠用パネル製造施設（経）
- 廃プラスチックアンモニア原料化施設（経）
- ペットtoペットリサイクル施設（経）

長野県飯田市【1997年7月10日承認】
- ペットボトルリサイクル施設（経）
- 古紙リサイクル施設（経）

富山県富山市【2002年5月17日承認】
- ハイブリッド型廃プラスチックリサイクル施設（経）
- 木質系廃棄物リサイクル施設（環）
- 難処理繊維および混合廃プラスチックリサイクル施設（経）

岐阜県【1997年7月10日承認】
- 廃プラスチックリサイクル（ペレット化）施設（経）
- 廃プラスチックリサイクル（製品製造）施設（経）

愛知県【2004年9月28日承認】
- ニッケルリサイクル施設（経）
- 低環境負荷・高付加価値マット製造施設（経）
- 原料廃ゴム（未加硫廃ゴム）マテリアルリサイクル施設（経）

三重県四日市市【2005年9月16日承認】
- 廃プラスチック高度利用・リサイクル施設（経）

三重県鈴鹿市【2004年10月29日承認】
- 塗装汚泥堆肥化施設（経）

大阪府【2005年7月28日承認】
- 亜臨界水反応を用いた廃棄物再資源化施設（環）

兵庫県【2003年4月25日承認】
- 廃タイヤガス化リサイクル施設（環）

岡山県【2004年3月29日承認】
- 木質系廃棄物炭化リサイクル施設（経）

広島県【2000年12月13日承認】
- RDF発電，灰溶融施設（経―新エネ，環―廃）
- ポリエステル混紡衣料品リサイクル施設（経）

山口県【2001年5月29日承認】
- ごみ焼却灰のセメント原料化施設（経）

香川県直島町【2002年3月28日承認】
- 溶融飛灰再資源化施設（経）
- 有価金属リサイクル施設（経―新エネ）

愛媛県【2006年1月20日承認】
- 製紙スラッジ有効活用施設（経）

高知県高知市【2000年12月13日承認】
- 発泡スチロールリサイクル施設（経）

北九州【1997年7月10日承認】
- ペットボトルリサイクル施設（経）

・家電製品リサイクル施設（経） ・OA 機器リサイクル施設（経） ・自動車リサイクル施設（経） ・蛍光管リサイクル施設（経） ・廃木材・廃プラスチック製建築資材製造施設（経） ・製鉄用フォーミング抑制剤製造施設（経）	福岡県大牟田市【1998年7月3日承認】 ・RDF 発電施設（経―新エネ，環―廃） ・使用済紙おむつリサイクル施設（経） 熊本県水俣市【2001年2月6日承認】 ・びんのリユース，リサイクル施設（経） ・廃プラスチック複合再生樹脂リサイクル施設（経）

(注)　経：経済産業省エコタウン補助金，経―新エネ：経済産業省新エネ補助金，環：環境省エコタウン補助金，
　　　環―廃：環境省廃棄物処理施設整備費補助金.
(出所)　環境省 HP (http://www.env.go.jp/recycle/ecotown/map.pdf　2013年11月11日アクセス) をもとに筆者作成.

定された (表5-3)。エコタウン事業では，その所在地域の特性により多様な取り組みが見られるものの，副産物の循環利用事業，リサイクル事業，およびそれらをめぐる研究開発や情報化などの取り組みが中心に行われている。

　エコタウン事業の核心となる考え方は，ゼロ・エミッションである。ゼロ・エミッションは，国連大学が1994年にゼロ・エミッション研究構想として提唱したものである。その基本的な考え方は，あらゆる廃棄物をほかの産業分野の原料として活用し，最終的に廃棄物をゼロにすることにある。具体的には，A社から排出された廃棄物をB社が原材料として使用し，B社から排出された廃棄物をC社が原材料として利用するというように，廃棄物の資源化を可能にする新しい産業連鎖システムとして創設し，廃棄物を限りなくゼロに近づけていこうとすることである。日本では，ゼロ・エミッションを目指したエコタウン事業を推進することで，新しい資源循環型の産業社会を形成しようとしている。

2　川崎エコタウン事業

　川崎エコタウン事業は，全国26カ所のエコタウン事業の中で，最も初期に取り組み始めた事業の1つである。その特徴となる先進的な環境技術を生かしたリサイクル施設は，国内だけではなく，世界的に見ても先駆的な事例である。

①概　要

　川崎エコタウンでは，1997年に川崎臨海部全体（約2800ha）を対象に，環境と産業の調和したまちづくりを目指す「川崎エコタウンプラン」を策定し，当時の通産省から国内初のエコタウン地域として認定を受けた。川崎エコタウン

では，川崎臨海地区を構成する企業が主体となり，地域への環境負荷を削減するとともに，新しいビジネスチャンスの創出による産業振興を目指している。その背景として，大企業の生産拠点の海外移転や，バブル経済崩壊後の不況などによる遊休地の発生があげられる。そこで，企業がこれまで蓄積してきた環境技術を生かすことで，新しい環境産業を育成しながら，廃棄物などの環境問題を対策とし，持続可能な地域づくりを実現しようとしている（孫ほか，2011,79-84頁）。

川崎エコタウンの対象エリアに臨海工業地帯が選ばれた理由は，事業の対象となる川崎市川崎区の産業道路以南の工業地帯は，首都圏に近く，資源循環産業に必要となる港湾，鉄道，運河を含めた物流インフラ，エネルギー施設が集まっていること，また，日本有数の大企業，資源循環分野で競争力のある多数の中小企業，さらに各種の環境関連施設も備えていることにある。こうした様々なインフラや施設の機能を有機的に連携させることによって，高い競争力のある**資源循環型産業システム**が構築できると期待されている。

川崎エコタウンの特徴は，エコタウンプランの中核的な**リサイクル施設**が半径約1.5km以内に数多く立地している点である。施設間の近接性のメリットを活用し，リサイクル施設などの静脈企業と既存の動脈企業間において，排出物や副生物の原料の相互利用・有効利用が進められている。

リサイクル拠点としては以下の施設が稼動している。

(1)廃プラスチック高炉還元施設
(2)家電リサイクル施設
(3)廃プラスチック製コンクリート型枠用パネル製造施設
(4)難再生古紙リサイクル施設
(5)廃プラスチックアンモニア原料化施設
(6)ペットtoペットリサイクル施設

②ゼロ・エミッション工業団地
川崎ゼロ・エミッション工業団地は，川崎市のエコタウン構想のモデル施設

としてエコタウン地区内の川崎市川崎区水江町に形成されている（2002年11月操業開始）。敷地面積は7万7464 m^{3}で，現在の入居企業は16社である。

　ここでは，個々の企業が事業活動から発生する排出物や副産物を可能な限り抑制するとともに，企業間の連携により，廃棄物等の再資源化やエネルギーの循環活用等を図り，環境負荷の最小化に取り組んでいる。さらに，川崎ゼロ・エミッション工業団地での循環型システムの稼動を契機に，その輪を広げ，地域全体でのゼロ・エミッション化を進めることを目指している。当該団地は，2005年3月にISO14001認証を取得している。

　川崎ゼロ・エミッション工業団地での具体的な取り組みとして，下記の内容があげられる。

(1)企業内で発生する廃棄物を，目標を定めて積極的に抑制。
(2)企業内で発生する紙類廃棄物は，組合で収集し，団地内企業で再生。
(3)焼却施設の廃熱エネルギーの再利用。
(4)下水道高度処理水および工場内処理水を工業用水の代替として再使用。
(5)焼却灰を近隣工場でセメント原料として再利用。
(6)企業内で発生する生ごみをコンポスト化し，団地の共同緑地内で肥料として再利用。
(7)雨水を団地内防水用水や植栽への灌水として利用。
(8)近隣企業との共同受電による共同受電者間の自家発電力の有効利用。

　川崎ゼロ・エミッション工業団地内の個別企業による主な取り組みとして，下記があげられる。

(1)天然ガス自動車の使用。
(2)工場内での水力発電設備の使用。
(3)工業薬品と水の循環使用。
(4)難再生古紙（色物，ラミネート紙など）のリサイクル。
(5)メッキ廃液を工場外に排出しない循環型クローズドメッキシステム。

③川崎エコタウン事業の成果と課題

　川崎エコタウン事業の成果に関して，経済産業省の「**エコタウン事業に関する事後評価書**」では，補助金を含め投入した費用の総額に対して，社会全体が得られた便益の比率（費用便益比率）は1.4であり，投入した費用を上回る効果があったと試算されている。また，経済面だけではなく，環境面においても，廃棄物の再利用や減量化，地球温暖化対策など多くの領域において，成果を収めている。具体例として，廃棄物の再利用やリサイクルによる環境改善について，産業全体の廃棄物最終処分量の環境効率（付加価値と環境影響の比）が，全国水準より大きく上回っていることがあげられる（孫ほか，2011，79-84頁）。また，廃プラスチック，汚泥などの副産物の交換やリサイクルによる環境負荷量の削減に関して，CO_2の排出削減量で示すと，年間約60万トンもの削減が実現されている（藤田ほか，2007，89-100頁）。川崎エコタウン事業は2007年の終了後も，自治体や企業の努力により継続されている。近年，川崎エコタウンの取り組みが，海外からも大きく注目され，各国の政府や企業の視察団が後を絶たない状況である。現在，先進的なリサイクル技術を生かした新たなビジネスチャンスの創出や中国などアジア諸国の環境問題の解決に向けて，技術の移転や海外へのリサイクル工場の進出も検討されている。

　一方で，川崎エコタウンにおける取り組みには課題も見られている。まず，リサイクル工場の稼働能力に合ったリサイクル資源が必ずしも集まらないことである。例えば，日本では，ペットボトルは入札により入手先が決まるので，必ずしもエコタウンのリサイクル工場には集まらないことや，買い取り価格の高い中国に流出することがあり，リサイクル工場は高い環境技術や処理能力を持っていても必ずしも利益に直結しない。次に，企業間の連携による資源廃棄物の利用が代表的な取り組みとして推進されているものの，実際，鉄くずなどに関しては収集業者に渡され，産業廃棄物となっていることが多くある。企業間の連携による副産物や廃棄物の再利用は一部の取り組みにとどまっている。今後，**資源廃棄物の確保や企業間連携の促進**が課題となる。

5 企業の新しい取り組み

　これまで日本の循環型社会の構築は，エコタウン事業に代表されるように，リサイクルに重点を置きながら進められてきた。一方，新興国の急成長にともなう資源確保の問題，コストやエネルギー消費にともなうリサイクルの問題への対応の要請が高まる中，企業は，使用済み自社商品を資源として再利用する「**クローズドループ・リサイクルシステム**（自社内循環利用）」の構築という新たな動きを見せ始めている。この取り組みは，従来のように生産過程で発生した廃棄物を工場内で再利用するだけではなく，商品としていったん市場に出回り，使われたものを再び自社製品の原料として再利用するところが注目されている。その背景の1つには，廃棄物関連の法規制やその理念となるEPRへの対策要請があげられる。近年，日本の基幹産業である家電などの電気機器メーカーや自動車メーカーなど，クローズドループ・リサイクルシステムに取り組む業界がますます拡大してきている。例えば，キヤノンではトナーカートリッジ，富士フィルムではオフセット印刷用刷版材料「CTP版／PS版」の生産時の端材アルミニウム，日産自動車では使用済み自動車のアルミロードホイールや使用済みバンパーなどに関するクローズドループ・リサイクルシステムが構築されている。

　一方で，クローズドループ・リサイクルシステムの構築には，高い技術力や安定した回収量，そして一定の初期投資額が必要とされるため，多くの企業にとってその導入は容易ではない。今後，資源確保や廃棄物問題の解決を目指すためには，いかにこれらの課題を克服し，クローズドループ・リサイクルシステムの構築による新しい資源循環の仕組み作りを拡大していくかが重要となるであろう。

6　まとめ

　本章では，日本における廃棄物の分類，経済発展にともなう廃棄物政策の変

遷, 廃棄物政策の責任原則の1つとなる拡大生産者責任, 循環型社会形成に向けたパイロット事業であるエコタウン事業および企業の新しい取り組みを紹介した。

(1) 日本の廃棄物政策は, 伝染病対策→公衆衛生の向上→産業廃棄物対策→「循環型社会形成推進基本法」に基づいた体系的な対策, という流れで変遷してきた。
(2) 今後における日本の循環型社会構築をめぐる政策の方向性として, 2Rの重視, 安心・安全な廃棄物対策, 地域循環圏の構築などがあげられる。
(3) 拡大生産者責任は,「循環型社会形成推進基本法」の法体系の支柱となる政策である。
(4) エコタウン事業が全国範囲で展開され, 副産物の再利用やリサイクルなどにおいて, 先進的な取り組みが行われている。また, 企業の新しい動きとして, クローズドループ・リサイクルシステムの構築が注目を浴びている。

|引用参考文献|

植田和弘 (2009)「循環型社会づくりの課題と自治体の役割」『おおさか市町村職員研究センター研究紀要』第12号。

植田和弘・山川 肇編 (2010)『拡大生産者責任の環境経済学──循環型社会形成にむけて』昭和堂。

環境省 (2011)「平成23年版環境白書・循環型社会白書・生物多様性白書」(http://www.env.go.jp/policy/hakusyo/h23/index.html 2013年11月15日アクセス)。

────── (2013)「循環型社会形成推進基本計画」(http://www.env.go.jp/recycle/circul/keikaku/keikaku_3.pdf 2013年11月15日アクセス)。

経済産業省 (2003)「エコタウン事業に関する事後評価書」(http://dl.ndl.go.jp/view/download/digidepo_1009041_po_14fy-33.pdf?contentNo=1 2013年11月15日アクセス)。

孫 穎・渡邉雅士・宮寺哲彦・藤田 壮・平野勇二郎 (2011)「川崎市の産業における環境効率分析──エコタウンの評価に関する基礎研究」『環境情報科学論文集』第25号。

▶▶ *Column* ◀◀

循環型社会の構築に向けたリサイクルの役割

　本章で説明したように，日本の循環型社会の構築は，3Rのうち，リサイクルを中心に進められてきた。リサイクルは，大きく**マテリアルリサイクル**（素材として再利用）と**サーマルリサイクル**（熱として再利用）に分類できる。マテリアルリサイクルは，廃棄物等を溶かすなどした後，もう一度原材料の形に戻してから再利用することである。サーマルリサイクルは，廃棄物を燃やすことで発生する熱をエネルギーとして利用することである。ごみ発電，焼却施設周辺における冷暖房等への廃熱利用などはその典型例である。これまで日本では，企業による先進的なリサイクル技術，行政のリサイクル支援政策，そして市民の資源廃棄物集荷への協力などにより，全国の廃棄物の埋立処分量が大幅に低減され，リサイクルは，日本の廃棄物問題の緩和に大きく貢献してきた。

　一方で，リサイクル事業に対して問題点も指摘されている。マテリアルリサイクルの場合，不純物の混入による原材料としての品質低下の問題や，エネルギー利用の問題，コストの問題，使用済み商品の劣化問題などがあげられる。例えば，古紙におけるラミネートなどの不純物の混入によりリサイクルするたびに品質低下が進むことになる。また，一部の廃棄物は，リサイクル過程に消費されるエネルギーの量が焼却処分より多い。そして，コストの問題として，リサイクルペットボトルの単価は，集荷費や再生費用などの発生により，新品ペットボトルの単価の約3倍にものぼると言われている。さらに，使用済み商品に一定の劣化がともなうため，プラスチック製ペットボトルのように一定の時間が経つと劣化が進行し，新品ペットボトルに戻すのは困難であることなども指摘されている。

　これらの問題のうち，品質低下の問題に対して，最近，廃棄物を化学反応させた上で再利用する**ケミカルリサイクル**（クローズドループ・リサイクルとも言われる）が進められるなど，徐々に改善は見られているが，リサイクルに関する議論は依然として様々である。今後循環型社会の構築に向けたリサイクル事業について，どのように認識すればよいのか，リサイクル事業はどのような役割を担うべきなのか，様々な観点から考えるべきであろう。

　　　　　　　　　　　　　　　　　　　　　　　　　　　　　　　（孫　　穎）

藤田　壮・長澤恵美里・大西　悟・杉野章太（2007）「川崎エコタウンでの都市・産業共生の展開に向けての技術・政策評価システム」『環境システム研究論文集』第35号。
みずほ情報総研（2012）「平成22年度・平成23年度既存静脈施設集積地域の高効率活用に資する動脈産業と静脈産業との有効な連携方策等に関する調査業務報告書」（http://www.env.go.jp/recycle/ecotown/attach/h22-23report01.pdf　2013年11月15日アクセス）。
OECD（2001）*Extended Producer Responsibility, A Guidance Manual for Governments*, Organization for Economic Co-operation and development.

さらなる学習のための文献

植田和弘（1992）『廃棄物とリサイクルの経済学』有斐閣。
植田和弘・喜多川進監修，安田火災海上保険・安田総合研究所・安田リスクエンジニアリング編（2001）『循環型社会ハンドブック――日本の現状と課題』有斐閣。
細田衛士（2008）『資源循環型社会――制度設計と政策展望』慶應義塾大学出版会。

（孫　　　穎）

第6章
有害化学物質政策を考える

1　欧州の化学物質規制強化の背景

1　有害化学物質関連の大事故と健康被害

　欧州における化学物質規制強化の背景には，化学物質に起因した環境関連のいくつかの重大事故がある。1976年，イタリア北部のセベソの農薬工場において，爆発事故が発生し，ダイオキシンを含む煙塵が放散され，18 km^2 の土地が汚染された（セベソ事件）。汚染地域の住民が強制退去させられ，当該地域は10年間，移住が禁止された。この事故は，多数のダイオキシン中毒者や後遺症に悩む人たちを生むこととなった。1984年12月にインドのボパールの米系殺虫剤工場では，不適切な安全管理により4トンもの猛毒イソシアン酸メチルが流出し，その有毒ガスが工場周辺の町に拡散した（ボパール事件）。死者は7000人以上にのぼり，数十万人の人々に影響を与えた。現在でも10万人が高濃度のガスを浴びたことによる慢性疾患で苦しんでおり，賠償金などの対策が十分にとられていない等，問題は継続している。この事故は，世界最悪の産業災害として知られている。さらに1986年，スイスのバーゼルで，ライン川の川辺にある化学工場が爆発事故を起こし，火災消火のための放水により，30トン以上の燐酸エステル殺虫剤や有機水銀化合物がライン川に流れ込むという汚染事故が発生している。

　また，1970年代後半から1980年にかけて，米国や欧州のいくつかの国では，オフィスビルで働く労働者などの間で粘膜刺激症状や不定愁訴などの非特異的症状を自覚する人が増加し，**揮発性有機化合物**（Volatile Organic Compounds: VOC）が主な原因物質となる「シックビル症候群（Sick Building Syndrome:

SBS)」として大きな社会問題となった。このように，製品に含有する化学物質に加え，製品から放散される化学物質の環境管理の重要性に関しても，社会的に認知されるようになってきた。ちなみに，米国の調査によると，製造現場から排出される有害物質の数十倍の量が製品中に含まれており，使用済み製品が廃棄物として排出される場合，大きな環境汚染リスクがあることが判明している。このように世界中が「**製品の環境規制**」に焦点を当てるようになった。

2 製造現場の環境対策から製品の環境規制へ

これらの化学物質に関わる大事故や健康被害を受け，欧州委員会は「第六次環境行動計画」において，環境規制の重点を従来の生産現場に対する環境汚染削減から，製品に起因する環境負荷に対する環境規制へとシフトするようになった。そして製品の環境規制の発端として，2002年1月に欧州議会で採択された**統合的製品政策**（Integrated Product Policy: IPP）があげられる。IPP自体は規制ではないため拘束力を持たないものの，あらゆる製品の製造過程に環境への配慮を盛り込む包括的な政策を整理した内容である。IPPでは，**ライフサイクル思考**が提起されており，これは，製品の環境影響を規制するためには，原料から製造，輸送，使用，廃棄およびリサイクルというライフサイクルの各プロセスにわたって総合的な配慮が必要という考え方である。特に製品の設計段階における環境負荷の低減に焦点を当てている。IPPの考え方は，OECDを通じて国際的な基準となり，現在，EUの製品環境規制の枠組みを示すものとも言える。IPPの考え方に基づき，欧州委員会において，化学物質に関わる新しい環境規制が続々と法制度化され，世界の製造業に大きな衝撃を与えた。

2 欧州の有害化学物質規制の強化

先述した背景を受け，欧州では新たに，ELV指令（End-of-Life Vehicles, 廃自動車指令），RoHS指令（Directive on the Restriction of the use of certain Hazardous Substances in electrical equipment, 電気電子機器に関する特定有害化学物質使用制限指令），WEEE指令（Waste Electrical and Electronic Equipment Directive, 廃

第6章　有害化学物質政策を考える

表6-1　EUの新しい環境規制

	規制内容	規制対象
ELV 指令 (2000年発効)	廃自動車の環境汚染防止義務	廃自動車およびその部品，パーツなど
RoHS 指令 (2003年発効， 2011年改正)	電気・電子機器に含まれる特定危険物質の原則使用禁止	大型家庭用電気製品，小型家庭用電気製品，情報技術・電気通信機器，消費者用機器，照明機器，電気・電子工具，玩具・レジャー用品・スポーツ用品，医療機器，産業用を含む監視および制御機器，自動販売機，上記カテゴリに入らないその他の電気電子機器
WEEE 指令 (2003年発効， 2012年改正)	電気・電子機器に対して廃棄の容易性を図るとともに，他の廃棄物と別に回収する義務	大型家庭用電気製品，小型家庭用電気製品，情報技術・電気通信機器，消費者用機器，照明機器，電気・電子工具，玩具・レジャー用品・スポーツ用品，医療関連機器，監視・制御機器，自動販売機
REACH 規則 (2007年発効)	EUで年間1トン以上の化学製品などを製造・輸入する事業者に課される登録・評価・許可・制限の規則	10万種類以上の化学物質およびその物質を含有する製品
EuP/ErP 指令 (2005年/2009年発効)	エネルギー使用／関連の製品に対するエコデザインの義務	すべてのエネルギー使用製品／エネルギー消費に間接的に影響を与える製品

(注)　1：指令（Directive）：加盟国を拘束するものであるが，方式・手段については加盟国に委ねられる。
　　　2：規則（Regulation）：すべての加盟国にそのまま適用される。
(出所)　筆者作成。

電気・電子機器指令），REACH 規則（Directive on Registration, Evaluation, Authorization and Restriction of Chemicals，化学物質の登録・評価・許可・制限の規則），EuP 指令（Directive on Eco-Design of Energy-using Products，エネルギー使用製品のエコデザイン指令）／ErP 指令（Directive on Energy related Products，エネルギー関連製品のエコデザイン指令）を発行し，化学物質に対する規制を強化してきた（表6-1）。これらの新しい法規は，いずれも化学物質含有製品の使用後における環境汚染の防止を意図したもので，化学物質自体のみならず，化学物質を含有する製品にまで管理の枠を拡げている。各規制の概要は以下の通りである。

1　ELV 指令

ELV 指令は，2000年に発効した廃自動車指令である。使用済み自動車から

発生する廃棄物による環境汚染を防止することを目的として制定された指令である。EU加盟国は2002年4月までに国内法化する義務が定められている。

そのポイントとして，有害物質使用規制とリサイクル目標率に関する規制の2つがあげられる。有害物質使用規制について，2003年以降販売される乗用車，商用車およびそれらの部品などにおいて，①鉛，②水銀，③六価クロム，④カドミウムの4種の有害物質を原則使用禁止としている。また，EU加盟各国に回収ネットワークの構築などを指示するとともに，リサイクル目標率について，次のようにリサイクル実行率を定めている。

(1) 2006年1月以降は，再使用・リカバリー（再生）の比率を年間の使用済み自動車の平均重量の85％以上，再使用・リサイクル比率を80％以上とする。
(2) 2015年1月以降，それぞれ95％，85％以上とする。
(3) 1980年以前に生産された車両については，加盟国は上記よりも低い目標値を設定してよいものの，再使用・リカバリー比率は75％以上，再使用・リサイクル比率は70％以上とする。

2 RoHS指令

RoHS指令は，2003年に発効した電気・電子機器における特定有害物質の使用制限に係る指令である。この指令は2011年に改正され，EU加盟国は，2013年1月までにRoHS指令に関する国内法を制定することが命じられている。一方，RoHS指令の施行がきっかけとなって，米国や日本，中国，韓国など多くのEU域外の国においても，RoHS指令に対応する独自の規定が施行されている。例えば，日本では「**資源有効利用促進法**」で，電気・電子機器製品に特定の化学物質が含まれる場合，日本工業規格（JIS）が定める「**J-Moss**（The Marking for presence of the specific chemical substances for electrical and electronic equipment）」という規格に従って，有害物質の含有情報を提供することが義務づけられている。

RoHS指令の内容は，①電気・電子機器に含まれる有害物質（鉛，水銀，カドミウム，六価クロム，ポリ臭化ビフェニル［PBB］，ポリ臭化ジフェニルエーテル

第6章　有害化学物質政策を考える

図6-1　EU加盟国の基準に適合していることを示すCEマーク
（出所）　European Commission HP（http://ec.europa.eu/enterprise/policies/single-market-goods/cemarking/downloads/ce-marking-logo.jpg　2013年11月15日アクセス）。

［PBDE］）の使用を禁止または制限している。②RoHSの対象製品は，全部で11分類の電気・電子機器となる（表6-1）。③適用除外用途について，現在の科学・技術では特定有害物質を使用する以外に代替手段がない場合，申請により適用除外用途とされる。④製品が市場に出回る前のCEマーク（図6-1）の貼り付けを義務づける。CEマークとは，製品をEU加盟国へ輸出する際に，安全基準条件（使用者・消費者の健康と安全および共通利益の確保を守るための条件）を満たすことを証明するマークである。⑤生産者の義務として，RoHS指令への適合性評価の実施，技術文書の作成，自己宣言，手順書による生産や設計変更の適合性の考慮があるが，製品が市場に出回った後不適正があればリコールが要求される。

3　WEEE指令

RoHS指令と同じ2003年に発効したWEEE指令は，電気・電子機器廃棄物の回収・リサイクルに関する指令であり，日本の家電リサイクル法に相当するものである。その対象製品は，10製品群に大別している（前掲表6-1）。WEEE指令の目的は，電気・電子機器廃棄物の発生を抑制し，廃棄される電気・電子機器の量を削減することにある。

WEEE指令では，加盟国の電気・電子機器生産者*が自社製品に対する具体的な責任を，次のように規定している。①WEEE処理システムを構築すること，②回収，処理，リサイクル，廃棄などの費用**を負担すること，③市場に出回る際，製品に分別回収用のロゴマーク（図6-2）を貼りつけること（製品［電気・電子機器］が一般廃棄物として投棄できないことを意味する），④機器別の

図6-2　WEEE指令の適用表示ロゴマーク
（出所）　European Union WEEE Directive Logo HP
（http://www.weeeregistration.com/index.html
2013年11月15日アクセス）。

リサイクル目標設定，達成状況の報告を行うこと，⑤リサイクルを前提とした製品デザインを心掛けること，などである。

　　＊　自社ブランドでWEEE指令の対象となる電気・電子機器を製造・販売する者のほか，他のサプライヤーによって製造された製品を自社のブランドで再販する者，EUに商業ベースで輸入・輸出する者も含まれる。
　＊＊　2005年以降の製品を対象とする。それ以前の製品に関しては市場シェアなどに基づき生産者間で公平に負担される。

4　REACH規則

　REACH規則は，2007年に発効された化学物質の登録・評価・許可・制限の規則である。従来は政府・EU当局が化学物質の有害性を立証して規制を課してきたが，REACH規則の導入により，生産者が有害性・安全性を立証してその使用を政府・EU当局が承認するようになり，因果関係の**立証責任の転換**が起こっている。具体的には，EU域内で，年間1トン以上の化学製品などを製造・輸入する事業者に登録・評価・許可・制限といった規制を課すことで，健康や環境に悪影響を与えるリスクがある化学物質を管理する。REACH規則で対象となるのは，「物質そのもの」，「調剤中の物質」，「成形品中の物質」である。米国，日本，中国など，EU域外で生産された製品，原材料も対象となるので，各国の経済や化学物質政策に強い影響を与えている。

　REACH規則の主な狙いは，人間の健康と環境を化学物質の危険から保護す

第6章　有害化学物質政策を考える

ること，およびEUの化学産業の競争力や技術革新力を強化することである。その主な特徴として，下記があげられる。

(1) 安全性情報がない化学物質は，製造・輸入・使用を禁止すること。
(2) 新規化学物質だけでなく，すでに市場にある**既存化学物質**も対象となる（製造・輸入が1トン以上のすべての物質。10トン以上は用途に応じたリスク評価が必要）。
(3) 有害性とリスクに非常に高い懸念を有する物質（高懸念物質）の使用には許可制を導入すること。
(4) 代替製品がある場合は，より安全なものへ代替を促進すること。
(5) 成形品などに含まれる化学物質の有無や用途についても，情報の把握を要求すること。
(6) 安全性評価の実施主体が国から産業界へ移行したこと。
(7) サプライチェーンを通じた化学物質安全性や取扱いに関する情報の共有を双方向から強化すること。
(8) 製造者・輸入者ごとに登録が必要であること。同一物質の登録は**物質情報交換フォーラム**（Substance Information Exchange Forum: SIEF）で有害性情報をシェアすること。

REACH規則は，2007年6月より段階的に施行され，2018年5月までに，一定量を超えて市場に出回ったすべての化学物質の登録を完了することとなっている。

5　EuP/ErP指令

EuP指令は，2005年に発効したエネルギー使用製品のエコデザインに関する枠組み指令である。ここで，エネルギー使用製品とは，「いったん市場に出回るまたはサービスとして供与されたら，意図された働きをするためにエネルギー入力に依存する製品，またはこのようなエネルギーの生産・移動・測定のための製品」のことである。製品の設計段階で環境に配慮することで，製品の

ライフサイクル全体（原材料の調達から製品の製造，使用，再使用，廃棄）で環境性能を向上させることを目的としている。この中で取り上げている環境配慮には，化学物質によるリスクへの配慮も含まれている。EuP 指令の発想は，エネルギー消費型製品の製造，流通，使用，使用済み製品の廃棄管理が環境に及ぼす影響の 8 割以上は，製品設計の段階で決まるという考え方に基づいている。指令の主な狙いとして，①エネルギー使用製品に対して加盟各国に共通した環境適合設計の要求事項を導入すること，②製品のエネルギー効率と環境負荷の軽減を改善することで，エネルギー問題および地球温暖化に対応することにある。

　規制の対象は，基本的にはすべての「エネルギー使用製品」としているが，製品群ごとに，エネルギー使用の改善効果が大きい順から優先順位がつけられて，次の環境要求事項が策定されている。まず，①LCA（ライフサイクルアセスメント）を行って環境適合設計に配慮することである。LCA とは，対象とする製品を生み出す資源の採掘から素材製造，生産だけではなく，製品の使用・廃棄段階まで，ライフサイクル全体を考慮し，資源消費量や排出物量を計量するとともに，その環境への影響を評価する手法である。次に②CE マークの貼付などが義務づけられることである。本指令は，RoHS 指令や WEEE 指令等を補完するものとして位置づけられている。

　この指令は，その後，規制の対象製品がエネルギー使用製品からエネルギーの消費に間接的に影響を与えるものに拡大され，「エネルギー関連製品のエコデザイン指令」（ErP 指令）として，2009年11月に発効した。ここで，エネルギー関連製品とは，「その使用によってエネルギー消費に影響を及ぼす，市場に出回るまたはサービス供与される，あらゆる製品（例えば，窓枠や断熱材などの直接エネルギーを使用しない製品）」のことである。ErP 指令の適合製品には，エコラベルの貼付が義務づけられている。

6　今後の課題

　一方で，上記の有害化学物質に関する欧州の新しい規制においても，課題が見られる。最も大きな課題は，EU 域内の各国ごとに WEEE，RoHS などの指令に関する規制が異なることである。その理由は，これら「指令」は加盟国を

拘束する役割を持つが、その方式・手段については加盟国に委ねられていることにある。具体的な相違として、まず、法令違反に対する罰則が異なっている。WEEE違反に対する罰則規定について、例えば製造者が製造者登録を行わず、いわゆるフリーライダー（ただ乗り）として回収システムを利用しようとした場合などに罰則が適用されるが、イタリアなどではWEEE回収制度の管轄機関が機能していないため、実際には運用が行われていないケースもある。また、RoHS対応確認状況についても、ドイツなど税関で適応検査を行っている国と、英国など市場に流通後での抜き取り検査しか行われていない国も存在している。

次に、WEEE指令に関して、**廃品回収システム**に参加していない企業のフリーライダーがあげられる。具体的には、廃棄されるべき商品が回収拠点である集積所や小売店から定められたルート以外に売られるなど、廃品回収システムが想定していないルートで商品が流通することが問題となっており、これら非正規ルートで流通する廃棄物をいかにコントロールするかが課題となっている。今後、EUの環境規制の効力を発揮させるには、これら既存の課題の克服が重要となる。

3　日本の有害化学物質の管理政策

日本では、化学物質管理に関する包括的な政策がなく、主に5年ごとに設定される「環境基本計画」において、取り組みの方向性が定められ、個別対策法の下で対策されている。

1　環境基本計画

環境基本計画は、政府全体の環境保全に関する総合的・長期的な施策の大綱である。化学物質対策について、1994年の第一次環境基本計画では、「化学物質の**環境リスク対策**」の概念が打ち出された。第二次環境基本計画（2000年）では、規制に加え自主的取り組み等の多様な対策手法を用いて環境リスクを低減するとの方向性が盛り込まれた。第三次環境基本計画（2006年）では、重点分野政策の1つとして「化学物質の環境リスクの低減に向けた取り組み」が掲

げられ，次の4点に重点的に取り組むとされた。①科学的な環境リスク評価の推進，②化学物質のライフサイクルにわたる環境リスクの最小化，③リスクコミュニケーションの推進による環境リスクに関する国民の理解と信頼関係の強化，④国際的な観点に立った化学物質管理の推進，である。

さらに，2012年の第四次環境基本計画では，これまでの取り組みを踏まえた上で，「包括的な化学物質対策の確立と推進のための取り組み」を重点分野の1つとして掲げ，政策の具体的な方向性について，次のように示している。

(1)科学的な環境リスク評価の推進。
(2)化学物質のライフサイクル全体のリスクの削減。
(3)未解明の問題への対応。
(4)安全・安心の一層の増進。
(5)国際協力・国際協調の推進。

(1)に関しては，化学物質審査規制法および農薬取締法に基づくリスク評価を推進するなど，(2)については，グリーンケミストリーの促進，代替製品・技術に係る研究開発の推進，情報公開・提供による消費・投資行動の誘導等の措置により環境整備を行うなど，(3)については，胎児期から小児期にかけての化学物質曝露が子どもの健康に与える影響を究明するための調査を実施するなど，(4)は，化学物質の排出量等のデータの活用，消費者への情報提供を含め，サプライチェーンにおける化学物質含有情報の伝達のための枠組みの整備や中小企業への支援等など，(5)については，水銀に関する条約の制定に向けた政府間交渉に貢献すること，化学物質による子どもの健康への影響の解明に係る国際協力の推進など，の取り組みがあげられる。

2　化学物質管理に関する法規制

日本の化学物質は，それぞれのライフサイクルのステージや性質などに応じた多くの関連法令により細かく管理されている（図6-3）。これらの法律のうち，「化学物質」という言葉を法律名に入れているものは，1973年に制定され

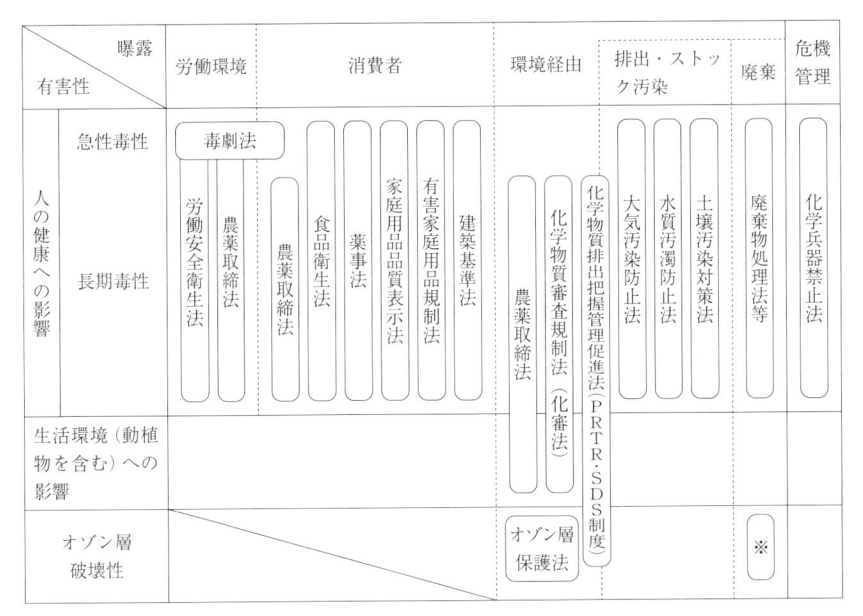

第6章　有害化学物質政策を考える

有害性＼曝露	労働環境		消費者				環境経由		排出・ストック汚染			廃棄	危機管理
人の健康への影響	急性毒性	毒劇法											
	長期毒性	労働安全衛生法	農薬取締法	食品衛生法	薬事法	有害家庭用品規制法	家庭用品品質表示法	建築基準法	農薬取締法	化学物質審査規制法（化審法）	化学物質排出把握管理促進法（PRTR・SDS制度）	大気汚染防止法	水質汚濁防止法	土壌汚染対策法	廃棄物処理法等	化学兵器禁止法
生活環境（動植物を含む）への影響													
オゾン層破壊性							オゾン層保護法					※	

図6-3　化学物質管理に関する日本の法令
（注）　フロン回収破壊法等に基づき、特定の製品中に含まれるフロン類の回収等に係る措置が講じられる。
（出所）　経済産業省化学物質管理課（2012，2頁）。

た「化学物質の審査及び製造等の規制に関する法律」（以下，化審法）と，1999年に制定された「特定化学物質の環境への排出量の把握等及び管理の改善の促進に関する法律」（以下，化管法）の2つである。新たに開発された化学物質が市場に出る段階では主に化審法で管理を行い，事業者の取り扱い・流通段階では主に化管法で管理を行い，全体として化管法と化審法とで相補的に管理する体系となっている。

①「化審法」

　化審法は，難分解性等の性状を有し，かつ人・動植物への毒性を有する化学物質による環境汚染の防止を目的として制定された法律である（所管官庁：経済産業省，厚生労働省および環境省）。その制定の契機となるのは，1968年に発生した**カネミ油症事件**であった。1968年，北九州市のカネミ倉庫製の米ぬか油を食べた人に黒い吹き出物などの皮膚障害や内臓疾患などが現れ，西日本におい

て1万4000人より健康被害が届け出された。また，それを食べた鶏に40万羽にものぼる大量死が発生した。その主な原因は，油の製造過程で混入したポリ塩化ビフェニル（PCB）（「難分解性」「人の健康を損なうおそれのある」化学物質の代表である）が加熱されて生じたダイオキシン類にあった。2013年3月末，認定患者は2256人（死亡者も含む）であり，抜本的な治療法はいまだに開発されていない。

「化審法」により，新規化学物質を製造または輸入する際，**事前の安全性審査**が義務づけられた。対象物質として特定化学物質（難分解性，高濃縮性，長期毒性または生態毒性あり），監視化学物質（難分解性，高濃縮性なし，長期毒性，生態毒性不明または疑いあり），および新規化学物質に分類される多くの化学物質を対象としている。近年，化学物質の環境経由による人への健康被害だけでなく，動植物への影響に着目した審査，規制の制度も導入されている。

②「化管法」

化管法は，PRTR（Pollutant Release and Transfer Register）制度とSDS*（Safety Data Sheet，安全データシート）制度を柱として，事業者による化学物質の**自主的な管理**の改善を促進し，環境の保全上の支障を未然に防止することを目的とした法律である。化管法では，国や地方公共団体に対し化学物質の性状，管理，排出の状況，事業者は化学物質管理の状況に関する国民理解を深めるように努めること，および両者ともにリスクコミュニケーションの実施に努めることが求められている。

* 2011年までMSDS（Material Safety Data Sheet，化学物質等安全データシート）と呼ばれていた。

PRTR制度とは，人の健康や生態系に有害なおそれのある化学物質について，事業所からの環境（大気，水，土壌）への排出量および廃棄物としての事業所外への移動量を，事業者が自ら把握し国に届け出るとともに，国は届出データや推計に基づき，排出量・移動量を集計し，公表する制度である。2001年より実施されたが，具体的には大きく3つの部分に分かれている。

(1)事業者による化学物質の排出量等の把握と届出。

(2)国における届出事項の受理・集計・公表。
(3)データの開示と利用。

PRTR制度の対象事業者は,「第一種指定化学物質」(人や生態系への有害性があり,環境中に広く存在すると認められる物質として,計462物質が指定されている)を製造,使用,その他業として取り扱う等により,事業活動にともない当該化学物質を環境に排出されると見込まれる事業者であり,具体的には次の1～3の要件すべてに該当する事業者となる。

(1)対象業種として政令で指定している24種類の業種に属する事業を営んでいる事業者。
(2)常時使用する従業員の数が21人以上の事業者。
(3)いずれかの第一種指定化学物質の年間取扱量が1トン以上(特定第一種指定化学物質は0.5トン以上)の事業所を有する事業者等,または他法令で定める特定の施設を設置している事業者。

PRTR制度の下で,事業者による自主的な管理の改善の促進支援,国民への情報提供と化学物質に係る理解の促進,環境保全対策の効果・進捗状況の把握といった取り組みが進められている。

SDS制度とは,事業者による化学物質の適切な管理の改善を促進するため,対象化学物質またはそれを含有する製品を他の事業者に譲渡,または提供する際に,SDS(安全データシート)により,その化学品の特性および取扱いに関する情報を事前に提供することを義務づけるとともに,ラベルによる表示(2012年より)に努めさせる制度である。取引先の事業者からSDSの提供を受けることにより,事業者は自らが使用する化学品について必要な情報を入手し,化学品の適切な管理に役立てることを狙いとしている。SDS制度の対象となる化学物質は,法律上「第一種指定化学物質」および「第二種指定化学物質*」として定義されている。また,SDS制度の対象事業者は,SDSの対象化学物質または対象製品について,他の事業者と取引を行うすべての事業者が対象となる。すなわち,PRTR制度と異なり,SDS制度には業種の指定,常用雇用者数および年間取扱量の要件はない(表6-2)。

表6-2　PRTR制度とSDS制度の対象事業者

	SDS制度	PRTR制度
対象業種	すべての業種が対象	政令で指定する対象業種（24業種）
事業者規模	常用雇用者数にかかわらず対象（小規模事業者も対象）	常用雇用者数21人以上の事業者が対象
年間取扱量	年間取扱量にかかわらず対象	1トン以上が対象（特定第一種は0.5トン以上）

（出所）衆議院調査局環境調査室（2009）をもとに筆者作成。

＊　有害性の条件は第一種指定化学物質と同じであるが，環境中にはそれほど多くはないと見込まれる化学物質を対象とし，計100物質が指定されている。

なお，本法とは別の観点から，労働安全衛生法および毒物および劇物取締法においてもSDSおよびラベルの提供に係る規定があり，同様の制度が実施されている。

4　EUの環境規制への対応とビジネスチャンス：パナソニックの事例

EUの新しい環境規制に対して世界各国の電気・電子産業界が対応を進めてきた。うち，パナソニックによる取り組みは世界的においても先進的と見られている（植田ほか，2010，39-93頁）。

1　パナソニックの取り組み：RoHS指令への対応

2005年，パナソニックは，RoHS指令への対応を**全社プロジェクト**と決め，自主的に半年前倒しして，**全世界**（規制の対象外の地域も含める），**全製品**を対象に同時に実施し始めた。RoHS指令の対象となる有害物質の代替を行った対象製品は，約3万1400機種で，対象のサプライヤーは，国内外において約1万1000社にものぼった。

一方，この時期，パナソニックは，上場以来初の赤字転落という経営危機に直面し，業績の改善が求められていた。そのような状況下で，巨額の資金と人

第6章 有害化学物質政策を考える

材資源を投入し，全社をあげてRoHS指令の事前対応に踏み込んだ背景には，①2001年，オランダの税関でのソニー製品の規制違反による130億円の損失事件（⇨第2章コラム），②WEEE指令への対応を検討した際に，リサイクル体制の構築が容易ではないことや，有害化学物質が廃棄されないようにするには，最初から有害化学物質を使用しないことが重要であると認識したこと，がある。また，経営戦略上の理由として，①RoHS指令対応体制の導入には試験運用の期間が必要であること，②市場に出回っているRoHS対応以前の在庫品の販売期間を考慮すること，③他企業より先行して欧州で製品を販売することで標準を作れる可能性があること，などがあげられる。

また，全世界で対応を行う理由として，①EU向けの製品だけを実施しても，グローバル化により，ほかの地域から製品が流入する可能性があること，②EU以外にもRoHS指令と同様な規制が課される可能性があること，③規制されていない地域においても製品の環境負荷を削減したいこと，などがあげられる。

2　RoHS指令対応の問題点

一方で，パナソニックの取り組みは，多くの課題に直面していた。例えば，①サプライヤーに化学物質の詳細な含有調査を依頼する際に，サプライヤーの中にはRoHS指令対象外産業の企業も含まれており，一年前倒しをして化学物質の使用実態を非常に細かく調査することに難色を示されたこと，②代替物質の開発・導入において，サプライヤーのコスト負担増につながること，③莫大な量の化学物質（2006年3万1400種が対象となる）の管理と，それらの化学物質の管理方法・代替物質の技術や情報を，いかにグローバルに展開する工場や子会社を含めた全社に，さらにはサプライヤーに普及させるのかということ，などがあげられる。①に対しては，パナソニックは，世界中のサプライヤーを訪問，繰り返し説明会を開催し，環境監査を実施するなど，地道な努力により協力体制を構築した。②に対しては，社内で化学物質の検出・分析装置を開発し，19億円を投資し360台を導入することにより，サプライヤーの取り組みをサポートした。そして，国内で37回，海外で20回，グローバル全社とサプライ

ヤーを対象としたテクノスクールを開催し，ノウハウや情報の普及・共有化を徹底した。さらに③については，膨大な化学物質の情報管理のために，データベース GP-Web システム（グリーン調達 Web 入力システム）を構築し，化学物質情報の一元管理の導入を行った。

3 RoHS 指令対応の成果

このように，パナソニックは，世界に先駆けて全製品でRoHS指令への対応を前倒しで実施した。このことにより以下にあげる成果が得られた。①社内で化学物質の一元管理が実現できたため，EU以外の地域（中国，日本）で導入される化学物質規制に対する対応が大きく簡素化された。②自社の化学物質データベースの構築により，各種の環境規制への対応に必要な情報収集・伝達のコストが削減され，環境配慮型設計を行う場合に化学物質の総使用量の把握，管理が容易になった。③社内の化学物質への環境意識が大きく向上し，PDP（プラズマディスプレイパネル）無鉛化などの環境配慮型製品の開発に大きく影響を及ぼしている。④積極的なRoHS指令への対応に成功したことが外部から高く評価され，企業の知名度が向上したとともに，環境に関するブランドの確立・強化を大きく推進した。2005年，パナソニックは，日本経済新聞の「環境経営度ランキング」で首位を獲得した。これは，株主，投資家，金融機関における評価を向上させたと言われている。

5　まとめ

本章では，欧州の化学物質規制強化の背景，欧州の新しい化学物質関連の環境規制，先進的な取り組みを行っている日本企業の事例を紹介した。

(1) 欧州の化学物質規制強化の背景として，各国における環境に深刻な影響を及ぼす事故や健康被害があげられる。
(2) 欧州の化学物質関連の新しい環境規制として，ELV指令，RoHS指令，WEEE指令，REACH規則，EuP/ErP指令があげられる。これらの規制

第6章　有害化学物質政策を考える

▶▶ Column ◀◀

TRIとコミュニティ諮問協議会：日米のリスクコミュニケーション

　1984年12月，インドのボパールにおける米系化学工場の爆発事故後，米国国民の近隣工場への関心が高まり，1986年にスーパーファンド法が修整され，第3章「緊急計画・地域住民の知る権利法」の第313条として，化学物質の排出量データを公開するための制度，TRI（Toxic Release Inventory，**有害物質排出目録**）が制度化された。

　TRIにより，有害化学物質の排出量データが印刷物やインターネット上で企業により公表され，企業は市民と向き合い，積極的なリスクコミュニケーションを展開するようになった。住民の信頼を得るために企業は自主的に有害物質の排出を減らす努力を進め，排出量の大幅な削減につながった。特に，TRIによる情報公開の下で，化学会社と工場周辺地域との間で，**コミュニティ諮問協議会**（Community Advisory Panel: CAP）というリスクコミュニケーションの手法が活用されるようになった。それによって，産業界と住民との敵対関係が減り，共通理解が大きく促進され，効果的なリスクコミュニケーションが実現できるようになった。このような仕組みは，化学業界以外の産業にも採用され，環境問題解決の様々な領域で成果をあげている。また，NGOは，市民が理解できるように企業の公開情報への解釈を行ったことや，化学物質の毒性に基づき格づけなどを行ったことでも大きな役割を果たした。

　日本でも，化学物質の情報公開のためのPRTR制度が導入されている。この制度の下で，企業が化学物質に関する排出量や移動量などの情報を行政に届け出，集計した結果（個別事業所のデータ公表は2009年2月より）を政府は市民に公表している。さらに，近年多くの企業は行政による化学物質へのさらなる規制強化に備え，自主的に有害物質の排出削減を推進し，CSR報告書などを通じて市民への情報公開を実施している。ところが，化学物質の排出量データそのものは，人の健康や生態系への影響を判断できるものではないため，市民が公開情報を解釈するのは容易ではない。今後，企業によるさらなる環境負荷の低減を図るためには，企業と市民の間のリスクコミュニケーションを促進し，アメリカのCAPなどの手法の導入やNGOの役割の促進を図っていくべきであろう。

（孫　　穎）

の導入によって，化学物質に関する使用・廃棄などの管理責任は，従来の行政から生産者へとシフトしてきた。

(3) 世界に先駆けて RoHS 指令への対応を進めたパナソニックの取り組みは化学物質の管理や環境配慮型製品の開発，知名度の向上などにつながった。

引用参考文献

植田和弘・國部克彦・岩田裕樹・大西　靖（2010）『環境経営イノベーションの理論と実践』中央経済社。

NTT データ経営研究所編著（2008）『環境ビジネスのいま』NTT 出版。

環境省総合環境政策局環境計画課（2012）「第四次環境基本計画」（http://www.env.go.jp/policy/kihon_keikaku/plan/plan_4/attach/ca_app.pdf　2013年11月15日アクセス）。

経済産業省化学物質管理課（2012）「国内外の化学物質管理制度の概要」（http://www.mhlw.go.jp/stf/shingi/2r98520000029gfd-att/2r98520000029gjs.pdf　2013年11月15日アクセス）。

衆議院調査局環境調査室（2009）「化学物質対策――国内外の動向と課題」（http://www.shugiin.go.jp/index.nsf/html/index.htm　2013年11月15日アクセス）。

総合科学技術会議化学物質リスク総合管理技術研究イニシャティブ（2006）「化学物質リスク総合管理技術研究の現状」総合科学技術会議（http://www8.cao.go.jp/cstp/project/envpt/pub/H17chem_report/h17chem-index.html　2013年11月15日アクセス）。

さらなる学習のための文献

フォイヤヘアト，K. H.・中野加都子（2006）『企業戦略と環境コミュニケーション――ドイツ企業の成功と失敗』技報堂出版。

藤井敏彦（2005）『ヨーロッパの CSR と日本の CSR』日科技連出版社。

柳憲一郎・森永由紀・磯田尚子編著（2006）『多元的環境問題論』ぎょうせい。

（孫　穎）

第7章
経済のグローバル化を環境の視点から考える

1　経済のグローバル化

1　グローバル化とは

　今，世界のあらゆるところで，**グローバル化**（Globalization）が唱えられている。交通・通信技術の発達により，国際間での財・サービス・資本・労働の取引や移動，情報の伝達が容易になったことが，グローバル化の根本的な原因と言える。財やサービスの取引について見れば，世界全体での財の貿易額が2000年代に入って急増しているだけでなく，サービスの国際取引額も同様に増加している（図7-1）。

　サービスの取引には，旅行，通信，金融，情報，文化・興行などの取引が含まれる。これらの取引にともなって，人や資本が移動するばかりでなく，映画やテレビ番組，ゲームやアニメなど，様々な文化的コンテンツも国を越えて消費されている。グローバル化は，財の国際的取引が拡大するだけでなく，サービスや資本の取引および人の移動が国際的に活発になることで，経済や社会のあらゆる場面において，国境が意識されなくなっていくこと（ボーダーレス化）と言える。

　これにともない，経済社会の基盤を成している言語や通貨，制度やルールなども，共通化の方向へ動くことになる。現状では，英語とドルが，世界言語，世界通貨としての役割をますます強め，それらを背景にした様々なサービスやソフトも世界を席巻している。そして，経済活動に対するルールについても，後で見るように，世界共通のものが作られようとしている。

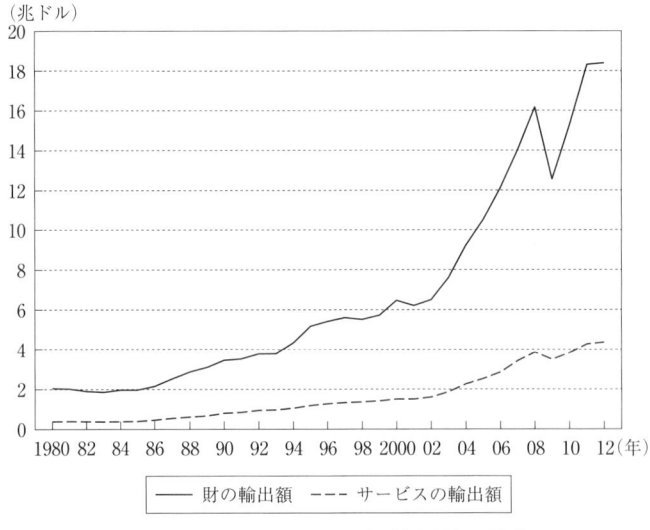

図7-1　世界の財・サービス輸出総額の推移

（注）サービスの輸出額には政府部門を含まない。
（出所）WTO Statistics Database をもとに筆者作成。

　一方で，こうした"グローバル化"による"世界の画一化"がもたらす弊害も指摘されており，グローバル化に対する批判や強硬な反対運動もある。すなわち，世界的な"ルールの統一"により特定の国や産業が支配的な位置を占めることで，各国における伝統的産業の衰退やそれにともなう多様な文化の喪失，安全性や環境に対する基準の低下や政策の後退などが懸念されている。

　このように，グローバル化は経済活動から始まって様々な分野に広がっているが，ここではまず経済のグローバル化に焦点を当て，それを企業活動のグローバル化という経営的な側面，および貿易や投資の世界的な自由化という政策的な側面から見ていくことにする。

2　企業活動のグローバル化

　企業が国境を越え，様々な国で活動する理由は大きく分けて2つある。1つは安い労働力や原材料，すなわちより小さな費用を求めるためである。もう1つは，企業が販売する財やサービスの市場，すなわちより大きな売り上げを求

めるためである。こうした目的のために企業はまず，原材料の輸入や製品の輸出を行う。これがグローバルな企業活動の始まりと言える。戦後日本の経済成長を支えたのも，海外から石油や鉄鉱石などの安い原料を輸入し，鉄や化学製品，電気機器や自動車などを輸出する，いわゆる**加工貿易**であった。

　ここからさらに進むと，企業自体が国境を越え，様々な国で事業を行うようになる。労働力は輸入することが難しいので，安い労働力を求めて発展途上国に工場を作り，そこから製品を輸出するというような例である。また，製品もより市場に近いところで製造するほうが，輸送コストなどの面で有利な場合が多く，金融や情報，流通といったサービス産業の場合も，顧客に近いところで事業を展開する方が有利である。

　このような目的のために，企業は**直接投資**という形で，外国で企業を新たに設立したり買収したりして事業を行う。このような企業活動を多くの国にまたがって行っている企業は，**多国籍企業**と呼ばれる。売上高の世界ランキング（フォーチュン・グローバル500，2012年）上位に入っている企業を見ると，ロイヤル・ダッチ・シェル，エクソン・モービルといった石油メジャー，トヨタやフォルクスワーゲンといった自動車メーカー，サムスンやヒューレット・パッカードといったエレクトロニクスメーカーなど，多くの多国籍企業が名を連ねている。経済のグローバル化は，このような多国籍企業の活動によって進んでいる部分も大きい。

3　貿易や投資の自由化

　前項で説明したように，企業は費用の節減のため，あるいは売り上げの拡大のため，輸入や輸出を行い，これによって利益を増やす。これは国レベルで考えても同様のことが言える。すなわち，各国は他国より相対的に安く作れるものを輸出することで，他国において売り上げを増やし，自国において費用を節約できる*。これが国レベルで見た貿易のメリットである。

　　*　国際貿易のパターンを説明する理論は，デヴィッド・リカード（Ricardo, David）の比較生産費説に始まる。現代の最も基本的な理論は，ヘクシャー＝オリーン・モデルと呼ばれるものである。これによると，生産技術に差がない2国間に

おいて，それぞれの国は相対的に豊富に存在する生産要素を集約的に利用して生産する財を輸出し，そうでない財を輸入することで，貿易のメリットを得ることができる。

したがって，貿易を自由に行うことが，単純に見ればそれぞれの国にとって望ましいはずである。ところが，現実には自由貿易を阻害する**関税**や**非関税障壁**が存在する。その代表的な理由としては，自国産業の保護，安全性や環境保全などがあげられる。

このような自国の産業保護や消費者保護のために，貿易を妨げる措置をお互いに取り合うと，結果として世界全体の貿易が縮小し，世界経済全体の発展が損なわれる。また，特定の国の間だけで貿易を進めるという，いわゆる経済のブロック化が起こる可能性も高まる。こうしたことを防ぐために，世界各国が集まって自由貿易に向けた協議が行われてきた。これが，1948年に発足した**GATT**（General Agreement on Tariffs and Trade: **関税と貿易に関する一般協定**），およびその後を受けて1995年に発足した**WTO**（World Trade Organization: **世界貿易機関**）である。

GATTは主にモノの貿易について，関税・非関税障壁をできる限り取り除くべく，多国間でルールを協議して定めようというものである。これに対してWTOでは，金融や通信，流通など年々拡大しているサービスの取引や，国際間で紛争が絶えない知的財産権についてもルールを定める。また，貿易に関する紛争解決の手続きも強化された。このため，たとえ貿易障壁を意図していなくても，国内ルールが他国からの提訴により容易にWTO協定違反とされる可能性が高まり，そのような政策を取りにくくなった。

WTOのもとで2001年に始まった新多角的貿易交渉（ドーハ・ラウンド）は，難航の末，部分合意にとどまっている。これは，多数の国（WTO加盟国・地域は2013年末現在で159）が集まって交渉することの難しさを示しており，自由貿易についての協議は，2国間あるいは地域ごとの**FTA**（Free Trade Agreement: **自由貿易協定**）や**EPA**（Economic Partnership Agreement: **経済連携協定**）に比重が移ってきているのが現状である。EPAは，貿易の自由化だけでなく，

人の移動の自由化，投資の自由化，知的財産権保護の強化なども含んだ包括的な協定である。

日本は ASEAN（Association of Southeast Asian Nations: 東南アジア諸国連合）との間に包括的経済連携協定を結んでいるほか，インドやメキシコなど合わせて12カ国1地域との間で EPA を結んでいる（表7-1）。また，ASEAN10カ国および日本・中国・韓国・インド・オーストラリア・ニュージーランドが加わった RCEP（Regional Comprehensive Economic Partnership: 東アジア地域包括的経済連携）の交渉開始が合意されているほか，**TPP**（Trans-Pacific Partnership: 環太平洋パートナーシップ）協定への交渉参加が，2013年4月に承認された（図7-2）。

表7-1 日本と各国・地域との発効済み EPA

相手国・地域	発効年月
シンガポール	2002年11月
メキシコ	2005年4月
マレーシア	2006年7月
チ リ	2007年9月
タ イ	2007年11月
インドネシア	2008年7月
ブルネイ	2008年7月
ＡＳＥＡＮ	2008年12月から順次
フィリピン	2008年12月
ス イ ス	2009年9月
ベ ト ナ ム	2009年10月
イ ン ド	2011年8月
ペ ル ー	2012年3月

（注） 2013年11月現在。
（出所） 外務省「経済連携協定（EPA）／自由貿易協定（FTA）」をもとに筆者作成。

TPP は2010年に交渉が開始され，2013年末現在，米国・カナダ・オーストラリア・シンガポール・日本など12カ国が交渉に参加している。TPP はアジア太平洋地域における高い水準の自由化が目的とされ，モノやサービスの貿易自由化だけでなく，投資，競争政策，知的財産，金融サービス，環境など幅広い分野についてのルールを定めようとするものである。すなわち，TPP 加盟国の企業が国内外問わず同じ条件の下で活動できることを目指している。

TPP の日本経済に与える影響については，様々な研究がなされており，それをもとにした議論も活発である。しかし，関税以外の分野におけるルール統一については，日本経済のグローバル化にとって重要な点であるものの，その影響を予測することは容易ではない。次節で解説するように，例えば環境や安全に関する規制に関して，現在の日本の基準よりも緩いほうに統一されれば，これまでその規制のために日本市場に参入できなかった外国企業が参入しやすくなる。逆に日本の基準に統一されれば，それをクリアできている日本の企業

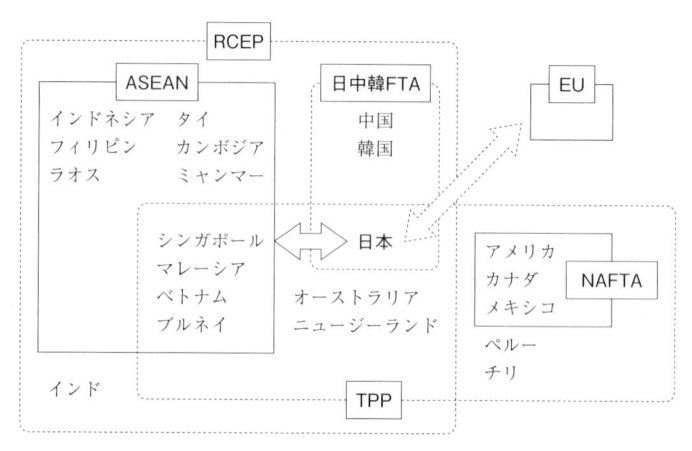

図7-2　日本が関係する主な自由貿易圏

(注)　実線は既存のもの，破線は交渉中のものを示す（2013年11月現在）。矢印は日本とASEANおよびEUとの経済連携協定を示す。それ以外の日本およびその他の国の経済連携協定等は省略している。
(出所)　外務省「経済連携協定（EPA）／自由貿易協定（FTA）」をもとに筆者作成。

が外国の市場で競争力を持つことができる。特に環境や安全に関しては，規制をゼロにすることはできないので，どの水準で統一されるかということが，各国への影響を大きく左右することになる。

2　経済のグローバル化が環境に与える影響

1　汚染の移転と拡大

　経済のグローバル化は，環境に様々な影響を与えると考えられる。まずあげられるのが，国境を越えた**汚染の移転**である。これについては2つの原因が考えられる。1つは，国によって環境基準や環境規制に差があることである。規制が緩い国（多くは発展途上国）では環境対策に要する費用が少なくて済むため，環境規制の厳しい国（多くは先進国）から汚染をともなう製品の生産が移転し，そうした製品を生産する産業自体が環境規制の厳しい国では縮小することが考えられる。このような結果，規制が厳しい国から緩い国へ汚染が移転することになる。これは**汚染逃避仮説**と呼ばれる。

もう1つの原因は，貿易によって産業構造が変化することである。環境基準や規制に差がない場合でも，貿易を通じて，ある国では汚染をともなう（汚染集約的な）財を生産する産業が拡大する一方，他の国では汚染のあまりともなわない財を生産する産業が拡大する。その結果として汚染の移転が生じる。これは，**産業構造転換効果**と呼ばれる。例えば，石油や石炭といったエネルギー資源が豊富に存在して相対的に安い国では，それらを多量に使う製品に競争力があるので，貿易の拡大によってそうした製品の生産が増加する。しかし，そのことによってCO_2はもとより，他の大気汚染物質の排出も総量として多くなることが考えられる。

　経済のグローバル化による影響として次にあげられるのが，**汚染規模の拡大**である。経済のグローバル化によって，貿易が活発化し，多くの国ではGDP（国内総生産）が増加する。また，少なくとも世界全体ではGDPの合計が増加するはずである。こうした生産の拡大は，汚染削減の技術進歩などがなければ，汚染総量の拡大につながる恐れがある。もっとも，こうした**規模効果**がどの程度かは，詳細に分析してみないとわからない。例えば中国では，経済成長にともなって汚染も急増しているが，規制や監督が緩いことによる汚染の移転，エネルギー多消費型産業の比重増加，経済規模全体の拡大などの要因が足し合わされた結果と見ることができよう*。

*　逆に言えば，技術進歩や産業構造転換などの効果により，経済規模の拡大によって汚染が単純に拡大するとは限らない。これは世界全体について見ても同様である。

2　自然資源の収奪と自然環境の劣化

　汚染だけでなく，自然資源や自然環境も経済のグローバル化の影響を受ける。汚染逃避仮説と同様に，自然資源や自然環境の保全管理についての規制が緩い国では，例えば水や木材，鉱物資源といった自然資源の利用コストや，観光業のための開発費用が安く済む。その結果，自然資源や自然環境を利用して事業を行う企業は，それらについての規制が緩い国での利用を増加させる。このことにより，自然資源や自然環境が過剰に利用され劣化する。

　また，規制の基準が同じであっても，前項で説明したように，貿易の自由化

は，各国が相対的に安く産出できる財の輸出を増やす方向に働く。したがって，工業製品よりも自然資源のほうが相対的に安く産出できる国（多くは途上国）は，自然資源の産出を増やすことになり，これが資源収奪（過剰利用）や環境劣化につながる恐れがある。

逆に，工業製品を相対的に安く産出できる国（多くは先進国）では，それを輸出し，代わりに自然資源や農産物を輸入することになる。そのため，こうした国では自然資源の収奪といった問題は起こらないかのように見える。しかし，貿易自由化によって木材を安く輸入できるようになり，自国の林業の採算性が悪化すると，間伐など山林の手入れがされなくなる。これは，山林の荒廃を招き，生物多様性の減少（⇨第9章第2節 3 ）や土砂崩れ，洪水の原因となる。農産物の輸入により農業・農村が衰退すると，それらが発揮していた多面的機能が失われ，やはり同様の環境劣化が生じる（⇨第13章第2節 2 ）。

3 廃棄物・有害物質の越境移動

経済のグローバル化による影響としては，ある国で廃棄物となったものが国際間で取引される問題や，輸入した製品の中に有害な物質が含まれていて，製品の使用時あるいは廃棄時にそれが問題になる，といったこともあげられる。

鉄くず・銅くず・古紙・廃プラスチックなどは，廃棄物から回収，再生され，資源として利用される。しかし，このリサイクルのプロセスにコスト（おもに人件費）がかかることから，本来廃棄物として排出されたものを中古品あるいは資源として，人件費の安い国に輸出し，そこでリサイクルを行って資源として使用できる形にする。こうすることによって，リサイクル品が価格競争力を持つ。

リサイクルによって資源になりうる，すなわち有用な廃棄物を**循環資源**と呼ぶが，人件費を含めたリサイクルコストが安い国に移動させることで，単なる廃棄物が循環資源となる場合がある。これ自体は悪くないように見えるが，リサイクルコストが安い国（多くは途上国）では，リサイクルの処理技術が低いことや，環境汚染への規制が緩いことなどから，不適切な処理によって環境汚染を発生させるという問題が生じている。

例えば，日本などで不要になった電気製品の一部は，中古品として輸出され，様々なルートを通ってフィリピンや中国などに移動し，その多くは最終的に金属くずやプラスチックくずにリサイクルされる。しかし，その過程で排出された汚染物質が適切に処理されない，あるいはリサイクルされずに残った部分が不法に投棄されるといった問題が生じている。

また，経済のグローバル化によって，製品が製造された国では使用が許されたり見逃されたりする有害物質が，様々な国から製品とともに流れ込んでくるようになる。製品に有害物資が含まれている場合，それが使用される時に問題が発生する危険性はもちろんのこと，廃棄された後にも様々な形で問題が発生する危険性がある。例えば，電気製品に使用されている"はんだ"に含まれている鉛は，上記のような不適切なリサイクル処理によって，空気や土壌を汚染する危険性が増す。グローバル化によって，環境に有害な物質も様々な形で世界中に拡散する恐れがある。

4　グローバル化による環境への好影響

本節 1 〜 3 では，経済のグローバル化による環境へのマイナスの影響について見てきた。しかし，グローバル化の動きは，環境へプラスの影響も与えることにも注目しなければならない。

貿易が自由化されることで，同じ産業部門で見ると，関税や非関税障壁で保護されて非効率な生産を続けていた国での生産は淘汰され，効率的な生産を行っている国での生産が増加する。効率的な生産は資源の使用が少ない場合が多いので，貿易自由化によって，このような世界的な資源の効率的配分が進み，環境が改善することが考えられる。

例えば，もし日本と中国の間で自由貿易協定が結ばれ，中国の自動車輸入関税が撤廃されれば，日本から中国への自動車輸出が増加するであろう。そして，日本で自動車を製造するほうが，その際使用するエネルギーも含めて，省資源で少汚染である。トータルで見ると，貿易の自由化により環境へプラスの影響が出ると期待される。

さらに，直接投資の自由化が進むことでも，同じように環境へのプラスの影

響が期待される。直接投資にともなって，効率的なあるいは汚染排出の少ない生産技術が移転されるからである。上記の自動車の例をとっても，日本の自動車メーカーが直接投資によって中国での生産を増加させることは，中国全体の自動車生産の効率性を向上させるであろう。これは環境へプラスの働きを持つと言える。

　もっとも，こうしたグローバル化によって生産量自体が増えると考えられるので，効率性がアップしたとしても，汚染など環境への負荷の総量は増えるかもしれない。その場合でも，GDP あるいは国民所得あたりの環境負荷は減る可能性はある。

　また，本節 1 では，国によって環境汚染に対する基準や規制に差があることから，基準や規制の厳しい国から緩い国へ，汚染が逃避することを示した。しかし，基準や規制の緩い国からの輸出は，本来かけるべき汚染対策費用をかけず不当に安い費用で輸出するという意味で，不公正な輸出と呼ぶこともできる。貿易自由化に関する国際的なルール作りの場で，このような基準や規制の差が是正され，環境へプラスの影響が生じることが期待できる。

3　経済のグローバル化と多国間環境協定

1　グローバル化と環境政策の対立

　地球規模での環境問題の広がりを防ぐために，1970年代以降，様々な**多国間環境協定**（Multilateral Environmental Agreement: MEA）が結ばれるようになった（表7-2）。そしてその多くが，有効な政策として貿易に対する制限措置を定めている。ところが，環境問題への世界的関心が高まり，様々な分野でMEA が結ばれるようになるにつれて，それが定める貿易制限措置と，GATT が進める自由貿易との整合性が問題となってきた。

　1991年には，米国の国内基準に違反してイルカを混獲する漁法で捕獲したメキシコ産マグロの輸入を米国が禁止し，それをメキシコが GATT に提訴するという，「マグロ・イルカ事件」が起こった。マグロの捕獲は米国の管轄外の海で行われていたため，環境保護を目的とした国内法による貿易制限措置がど

第 7 章　経済のグローバル化を環境の視点から考える

表 7-2　日本が加盟する主な多国間環境協定

日本についての発効年(締結年)	略　　　称（正式名称）
1980	ワシントン条約（絶滅のおそれのある野生動植物の種の国際取引に関する条約）
1980	ラムサール条約（特に水鳥の生息地として国際的に重要な湿地に関する条約）
1988	ウィーン条約（オゾン層の保護のためのウィーン条約）
1988	モントリオール議定書（オゾン層を破壊する物質に関するモントリオール議定書）
1992	世界遺産条約（世界の文化遺産および自然遺産の保護に関する条約）
1993	バーゼル条約（有害廃棄物の国境を越える移動およびその処分の規制に関するバーゼル条約）
1993	生物多様性条約（生物の多様性に関する条約）
1994	気候変動枠組条約（気候変動に関する国際連合枠組条約）
1998	砂漠化対処条約（深刻な干ばつまたは砂漠化に直面する国［特にアフリカの国］において砂漠化に対処するための国際連合条約）
2002	ストックホルム条約（残留性有機汚染物質に関するストックホルム条約）
2004	カルタヘナ議定書（生物の多様性に関する条約のバイオセーフティに関するカルタヘナ議定書）
2004	ロッテルダム条約（国際貿易の対象となる特定の有害な化学物質および駆除剤についての事前のかつ情報に基づく同意の手続に関するロッテルダム条約）
2005	京都議定書（気候変動に関する国際連合枠組条約の京都議定書）

（出所）　InforMEA および外務省各 HP をもとに筆者作成。

こまで適用できるのかという問題も提起され，貿易と環境問題に関する議論が注目される契機となった。

　1995年に発足した WTO では，GATT に比べて，このような環境に関する問題が意識されており，WTO の前文では，その目的として，環境の保護・保全と持続可能な開発が加えられた。また，WTO の中に**貿易と環境委員会**（Committee on Trade and Environment: CTE）が設けられた。CTE は，貿易政策と環境政策の関係を明らかにして，WTO 協定の改正が必要かどうかについて勧告を行うという役割を持つ。

　MEA をはじめとして，環境保護を目的とする政策は，それが貿易制限措置をともなうことで，貿易や投資などの自由化を進める"グローバル化"としばしば対立する。WTO の基本的立場は，環境保護という目的に合致している貿

易制限措置と，環境保護の名目で"偽装された"貿易制限や，恣意的・差別的な貿易制限措置とは，区別されるべきであり，前者については一定の条件の下でのみ容認しうるというものである*。したがって，MEA に定められる貿易制限措置は，必ずしも WTO ルールに反するものではない。

* WTO 協定が適用されない「一般的例外」を定めた GATT20 条が根拠となるが，条文では，「人，動物又は植物の生命又は健康の保護のために必要な措置」または「有限天然資源の保存に関する措置」とあるだけで，「環境」について規定はされていない。

2 多国間環境協定への企業の対応：オゾン層破壊物質についての事例

多国間環境協定 (MEA) による規制の成功例として，フロンガスなどの**オゾン層破壊物質**に関する規制がしばしば取り上げられる。オゾン層保護に関する国際的枠組みを「オゾン層の保護のための**ウィーン条約**」(1985年採択) で，その締約国のオゾン層破壊物質の削減スケジュールなどを，「オゾン層を破壊する物質に関する**モントリオール議定書**」(1987年採択) で定めている。日本国内では，その削減義務を履行するため，1988年に「特定物質の規制等によるオゾン層の保護に関する法律（**オゾン層保護法**）」を制定し，翌年からオゾン層破壊物質の生産および消費の規制を開始している。

この規制に対し，エアコンや冷凍・冷蔵機器などの冷媒として，あるいは電子部品などの洗浄剤としてフロンなどを使用する企業は，代替物質への切り替えを進め，また各種リサイクル法や**フロン回収・破壊法**（2001年）の下で廃棄時の適切な回収を進めた。日本では現在，HCFC（ハイドロクロロフルオロカーボン）以外のオゾン層破壊物質は，原則として，生産および消費ともに全廃されている（多くは1990年代半ばまでに廃止）。日本以外の国でも同様の取り組みが進んだことにより，オゾン層破壊物質の生産・消費量は1990年代に激減，2010年には1989年の50分の1以下になっている。この結果，大気中のオゾン層破壊物質の濃度も低下している（環境省，2012）。

ウィーン条約の締約国は197の国と地域にのぼる。世界的規模での多国間環境条約が各国の環境政策としてグローバル化し，企業もそれに対応して削減の

結果を残した一応の成功例と言える。ただし、オゾン層破壊物質に代わる物質への切り替えが比較的短期間に可能であったのは、オゾン層破壊効果が低くかつ他の性質においては遜色ない HCFC、あるいはオゾン層破壊効果がない HFC（ハイドロフルオロカーボン）という代替物質の開発が進み、それらが比較的容易に使用できるようになったことも大きな理由である＊。温室効果ガスについては、同様に多国間環境協定すなわち気候変動枠組条約により削減を目指したものの、国際的に合意された削減量に向けて世界の国々が政策の歩調を合わせるという段階には至っていない。化石燃料の節減や転換がそれだけ困難であることを示している。

> ＊ HCFC については、モントリオール議定書の改正により、先進国では2020年までに、途上国では2030年までに廃止されることが定められている。また、HFC は温室効果の高いガスであり、京都議定書において削減対象に指定されている。

4　環境政策の国際的な調和

　本章第1節 3 で述べたように、自国の環境保全のために厳しい環境政策を実行すると、他国から見ればそれは貿易や直接投資に対する障壁となる。一方、緩い環境政策をとる国では、環境対策の費用が安くてすむために、そこからの輸出は、他国から見れば**環境ダンピング**（不当な安売り）となる。これらはいずれも、自由で公正な貿易や直接投資を阻害するものと見なされる可能性がある。

　もちろん、厳しい環境政策による環境保護は名目で、真の目的は輸入制限による国内産業保護であるならば、これは当然 WTO 協定違反となる。しかし、環境保護が真の目的であったとしても、政策の水準に差があると、その妥当性をめぐって貿易紛争になりかねない。

　WTO に提訴された環境に関わる貿易紛争事例としては、海洋性のカメを混獲する漁法により捕獲したエビを米国が輸入禁止とした「エビ・ウミガメ事件」、遺伝子組換え作物・食品（Genetically Modified Organism: GMO）の承認をめぐっての EU と米国の間の紛争などがあげられる＊。その他、食品安全や動

植物検疫の基準をめぐっての紛争がしばしば発生しているが，これらに関しては SPS 協定**がルールを定めており，WTO 加盟国が参加する SPS 委員会において情報交換やルールづくりを行っている．

* GMO の国際移動については，「バイオセーフティに関するカルタヘナ議定書」がルールを定めているが，米国は批准していないため，これが適用できない．
** 正式名称は「衛生と植物防疫のための措置に関する協定」で，WTO 協定の付属書である．動物も対象になっている．

環境問題に関して，こうした国際的な基準や規制措置の調和（ハーモナイゼーション）を図る一元的な場は，これまでのところ WTO に設けられていない．その代わりとして，様々な多国間環境協定や，ラベリングなども含む国際的認証制度が，一部その役割を果たしていると言える．多国間環境協定により各国共通の環境保全に関する基本的ルールづくりを行うこと，そして，国際的認証制度により環境保全のための共通ルールの遵守を示すことは，公正な貿易を進めるのに役立つ．

1 環境に関する国際的認証制度

環境に関する国際的認証制度で最も一般的なものは，環境 ISO とも呼ばれる ISO14000 シリーズで，非政府機関である国際標準化機構が策定する環境マネジメントシステムに関する国際規格である．環境マネジメントシステムについて満たさなければならない事項を定めた ISO14001 をはじめ，環境ラベルについての規格である ISO14020 シリーズ，ライフサイクルアセスメント（LCA）についての規格である ISO14040 シリーズなどから成る（⇨第 2 章第 2 節 1 , 3 ）．

この他の環境に関する国際的認証制度としては，森林管理に関する FSC 認証制度や，水産業に関する MSC 認証制度などがある．MSC 認証制度は，持続可能で適切に管理されている漁業であることを認証する「漁業認証」と，流通・加工過程で，認証水産物と非認証水産物が混じることを防ぐ「CoC（Chain of Custody）認証」の 2 種類の認証からなる．これは，国際的 NPO である海洋管理協議会（Marine Stewardship Council: MSC）により自主的に運営されてい

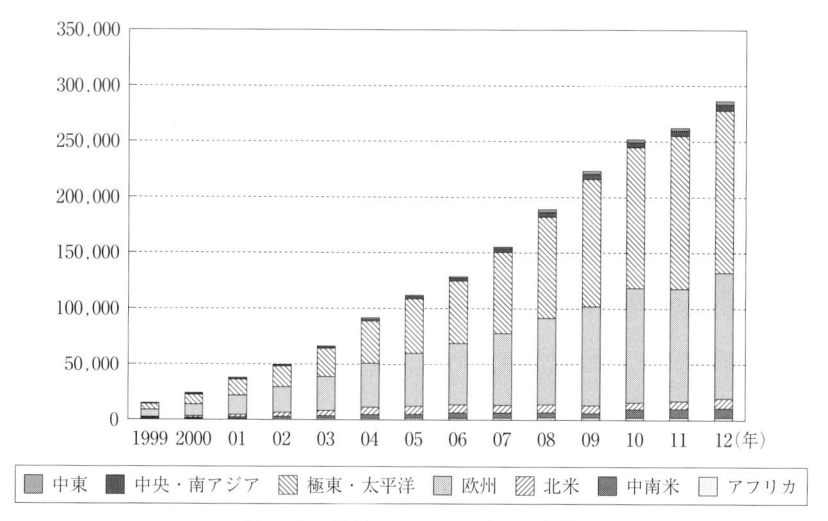

第7章　経済のグローバル化を環境の視点から考える

図7-3　世界のISO14001認証発行数

(出所)　ISO Survey 2012.

るものである。国際的な漁業資源の保全管理に関しては，国際漁業条約・協定によることが一般的であるが，MSC認証制度は海洋の生態系保全を強く意識した自主的な制度であることに特徴がある。

2　国際的認証制度への企業の対応

前項で紹介したような環境に関する国際的認証制度は，認証を得ることで環境保全についての国際的共通ルールを遵守していることの証明になり，公正な貿易を進めるのに役立つ。認証取得は強制的なものではないが，認証取得が国際的な取引に当たって必要な条件になるなど，企業が自主的に対応することによって，結果的に国際的な環境基準や規制の調和，すなわち標準化が図られることになる。

ISO14001の認証発行数は，2012年末現在で世界167カ国計約28万6000になっている（図7-3）。国別に見ると，最も多いのが中国で約9万2000，日本はそれに続く2番目で約2万8000，以下，イタリア，スペインなど欧州の国が続く。特に東アジアや欧州の企業でISO14001の認証取得が急増してきたのは，欧州

の企業で環境マネジメントシステムの認証取得を取引条件とする動きが広がり，そこへ製品や部品を輸出する企業や，そうした企業へ部品・材料を納入する他の欧州やアジアの企業が，ISO14001の認証取得に自主的に対応してきたことにある。自社でISO14001の認証を取得するだけでなく，その取得を取引の条件とするのは，環境に適切な配慮をした経営を行っているという企業イメージの向上だけでなく，自社の管理できないところで環境にダメージを与える部材や製法が用いられ，そのことで自社製品が消費者からネガティブな評価を受けるという，一種の環境リスクを避ける目的がある。

MSC認証については，2013年5月現在，全世界で202漁業が，日本では京都府機船底曳網漁業連合会のズワイガニとアカガレイ漁業，および北海道漁業協同組合連合会のホタテガイ漁業が，MSC漁業認証を取得している。認証ラベル（海のエコラベル）付き製品は全世界で約2万品目，日本で約200品目となっており，例えばスーパーマーケット大手のイオンが自主ブランド製品の中でMSC認証を受けた水産加工品を展開している。FSC認証についても，特に欧州を中心とした取引において求められることが増えてきており，それに対して日本でも製紙会社など対応を進める企業が徐々に出てきている（⇨第9章第4節 1 ）。

5 まとめ

経済のグローバル化とそれを進める国際的な枠組みについて概観し，グローバル化が環境に与える影響について，プラス・マイナス両面から整理した。さらに，グローバル化と環境政策の関係について，対立と調和という2つの観点から考察し，グローバル化する環境政策への企業の対応について事例を紹介した。

(1)経済のグローバル化は，多国籍企業に見られるような企業活動のグローバル化と貿易や投資の自由化という2つの側面で捉えることができる。
(2)経済のグローバル化にともない，環境規制の緩い国に生産が移転する，あ

▶▶ *Column* ◀◀

有力市場における環境規制への対応

　米国では，1970年に**マスキー法**と呼ばれる自動車排出ガス規制法が成立した。これが定める基準は，当時としては大変厳しく，達成するのが困難と言われた。米国市場に進出し始めたばかりのホンダは，希薄燃焼方式によるCVCCエンジンを開発し，マスキー法の定める排出ガス基準を初めてクリアした。このエンジンを搭載したホンダ車は，低公害・低燃費を売りに，米国市場での販売を伸ばしていった。

　これは，厳しい環境規制が企業の技術進歩を促し，そうした規制のない国や地域の企業に対する競争優位を獲得するという，**ポーター仮説**を示す事例として取り上げられることが多い。しかし，米国の環境政策が，国を越えて，日本の自動車メーカーの技術力と国際競争力を高めたということが，むしろ特徴的である。当時，米国自動車市場の規模は絶対的であり，そこで定められた環境基準をクリアすることは，世界中の自動車メーカーの目標となった。

　マスキー法は，米国の大手自動車メーカーからの反発もあり，1976年の実施期限を待たずに廃案になったが，その後日本ではマスキー法並みの排ガス基準が実施されることとなった。世界最大の自動車市場である米国で当初実施されようとしていた環境規制が，それに対応しようとする企業の技術開発を通して，国際的なデファクト・スタンダード（事実上の標準）となっていったと言える。これは，本章第3節で述べた多国間環境条約や，第4節で述べた自主的な国際的認証制度とは違う形での，環境政策のグローバル化プロセスを示した事例と言えるだろう。

　最近の同様の事例としては，EUによる**RoHS指令**（有害物質使用制限指令）が注目される（⇨第6章第2節 2 ）。これは，EU加盟国を対象とした指令であるが，それらの国で販売される製品を作っている外国企業も対応を迫られている。そして，対応する企業が広がっていくことで，RoHS指令が，この分野に関する規制の国際的なデファクト・スタンダードとなっていく可能性がある。

（竹歳一紀）

　　るいは産業構造が転換することによって，国境を越えた汚染の移転が発生する可能性がある。
(3) グローバル化は，循環資源や有害物資の国際的な移動と，それによる環境への影響も発生させている。
(4) 経済のグローバル化により，資源配分の効率化や技術移転が進むことで，

環境問題が改善する可能性がある。
(5) 多国間環境協定は貿易制限措置をともなうことで，貿易自由化と対立する。しかし，環境保護を目的とする貿易制限措置はWTOでも条件付きで認められている。
(6) 多国間環境協定や環境に関する国際的認証制度は，国際的な基準や規制措置の調和（ハーモナイゼーション）を図る役割も持つ。これらへの企業の対応は，グローバル化する経済活動の中でビジネスチャンスにもなる。

引用参考文献

外務省「経済連携協定（EPA）／自由貿易協定（FTA）」（http://www.mofa.go.jp/mofaj/gaiko/fta/ 2013年12月6日アクセス）。

環境省（2012）「平成23年度オゾン層等の監視結果に関する年次報告書」（http://www.env.go.jp/earth/report/h24-06/index.html 2013年12月6日アクセス）。

ISO (2013) "ISO Survey 2012" (http://www.iso.org/iso/home/standards/certification/iso-survey.htm 2013年12月6日アクセス）。

United Nations, "Information Portal on Multilateral Environmental Agreements" (InforMEA). (http://www.informea.org/ 2013年12月6日アクセス）。

WTO, "Statistics Database." (http://stat.wto.org/Home/WSDBHome.aspx 2013年12月6日アクセス）。

さらなる学習のための文献

青木　健・馬田啓一編著（2008）『貿易・開発と環境問題——国際環境政策の焦点』文眞堂。

諸富　徹・浅野耕太・森　晶寿（2008）『環境経済学講義』有斐閣。

山下一仁（2011）『環境と貿易——WTOと多国間環境協定の法と経済学』日本評論社。

（竹歳一紀）

第8章

気候変動政策を考える

1 気候変動問題とは

1 気候と気候変動

『広辞苑（第6版）』（岩波書店，2006年）によると「気候」とは「各地における長期にわたる気象（気温・降雨など）の平均状態」のことで，「ふつう30年間の平均値を気候値とする」と記されている*。年平均の気温や降水量には毎年の変動があるが，気候は，それらの値を，30年間といった一定期間について平均することで短期間の変動を取り除いたものである。つまり，気候は「その期間に起こりやすい気象の状態」を表している。

> *「気象」は「大気の状態および雨・風・雷など大気中の諸現象」，「天気」は「任意の場所の任意の時刻の気象状態」，「天候」は「ある地域の数日間以上の天気の状態。持続した状態，また同じ変動傾向のときにいう。天気と気候の中間概念」である。つまり，天気は「ある地点・時刻の気象」，天候は「ある地域である期間に続いている気象の状態」，気候は「各地の（より広い地域の）長期にわたる気象の平均状態」である。

しかし，さらに長時間で見ると，気候は必ずしも定常的なものではなく変動している。図8-1は，1890年から2012年について，世界の年平均気温の偏差の経年変化である。1980年から2010年の30年間の年平均気温の基準値とくらべて，各年の値がどの程度の差があるかという偏差を示している。

図8-1中の直線は，長期的な変化傾向を示している。この直線は右上がりになっているので，長期間で見た場合，年平均気温は上昇傾向にあることがわかる。

トレンド＝0.68（℃／100年）

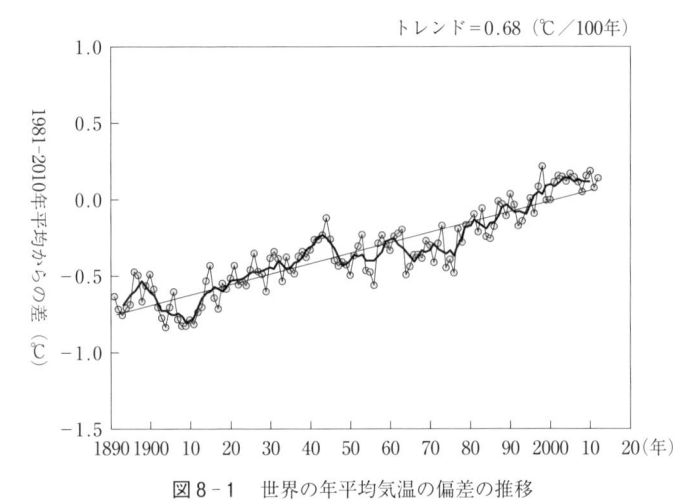

図8-1　世界の年平均気温の偏差の推移

（注）　細線：各年の平均気温の基準値からの偏差，太線：偏差の5年移動平均，直線：長期的な変化傾向。各年の平均気温の基準値からの偏差。基準値は1981～2010年の30年平均値。

（出所）　気象庁・気象統計情報 HP（http://www.data.kishou.go.jp/climate/cpdinfo/temp/an_wld.html　2013年9月13日アクセス）。

　このような気候の大きな変化は，「**気候変動**」と呼ばれ，特に地球規模で見た場合の変動を指す場合が多い。地球規模で気候の変化をもたらす要因には，2つのタイプがある。

　第1は，地球の「気候システムの内部」における要因で，大気・海洋・陸面の相互作用によって生じる変動である。代表例として，熱帯太平洋の海面水温が数年規模で変動するエルニーニョ現象やラニーニャ現象がある。

　第2は，地球の「気候システムの外部」からの要因で，「自然的要因」と「人為的要因」がある。自然的要因としては，太陽活動や公転軌道の変動などがある。人為的要因としては，人間活動にともなう化石燃料の燃焼や土地利用の変化等による温室効果ガスの増加がある。

2　気候変動問題とは

　「**気候変動問題**」とは，様々な要因で生じる気候変動のうち，「人為的要因で生じている気候変動」の問題と「それによって及ぼされる影響」の問題である。

第8章 気候変動政策を考える

18世紀半ばから始まった産業革命以降,かつてない速さ・大きさで,気候変動が生じている。それによって,水資源賦存量や生態系が変化し,農作物の栽培や食料生産が影響され,干ばつや洪水等の災害発生が増加し,感染症や病気の発生地域や罹患数が変化している。現在までの科学的知見では,産業革命後の気候変動の要因は,人為的起源の温室効果ガスが主たる原因である可能性が高いことが示されている。気候変動の現象をもたらす人為的影響を減らすこと,および,気候変動による影響を減らすことが,地球規模で課題になっている。

気候変動の現象としては,次のような事柄が生じている。平均気温については,図8-1に示したように,世界では1891年以降100年あたり0.68°Cの割合で上昇しており,日本でも1898年以降100年あたり1.15°Cの割合で上昇している。気温の上昇にともなって,猛暑日や熱帯夜の日数が増加している。年降水量については,世界,日本とも大きく変動している。日本は1970年代以降,年ごとの変動が大きく,1mm以上の降水の年間日数が減少する一方で,大雨の年間日数が増加している。また,世界の平均海面水温や平均海面水位が上昇している。

将来の気候変動については,温室効果ガス濃度の増加にともない日本の平均気温が上昇し,その上昇幅は世界平均を上回ることや,平均気温の上昇にともない,真夏日や熱帯夜の日数が増加し,冬日や真冬日の日数は減少することが予測されている。また,世界の海面水温が,温室効果ガス濃度の増加にともなって長期的に上昇することや,海面水位が長期的に上昇することなども予測されている。

気候変動の影響については多くの予測がある。水資源に関しては,熱帯・亜熱帯の乾燥地域で現在よりさらに降水量が減り,水資源量が減少することなどが予測されている。水災害に関する予測では,豪雨が増加して洪水リスクが増大する地域がある一方で,渇水の期間が長期化する地域もあることが示されている。また,海面上昇などによって沿岸域で高潮被害のリスクに曝される人口が増加することが懸念されており,生態系への影響としては,植物とその授粉を行う昆虫の共生関係が崩れること等が予測される。さらに,食料面では作物の生産力や病害虫に関する変化などが,健康面では気温上昇による熱中症など

疾患の増加や感染症の拡大などが懸念される。生活面でも，農産物の価格への影響や，エネルギー需要の変化などが起こりうる。

過去に予測されていたことがすでに顕在化した事例もある。例えば，2011年のタイの大洪水や2012年の北米における広範囲での厳しい干ばつなどは，気候変動による影響であったことが判明している。それらの事例では，農作物や飼料等の産業や，工場などの製造拠点などにも被害をもたらした。

3　気候変動問題への関心の高まり

人為的要因の気候変動が着目されるようになったのは，1980年代後半である。なお，気候変動の問題は，1990年代後半頃まで，一般に「地球温暖化」と言われていた。気候変動については，科学的にすべてが解明されているわけではない。例えば，現在は温暖化現象が起きているが，将来の寒冷化を予測する科学者もいる。この問題では，「温暖化するか，寒冷化するか」ということよりも，かつてない速さや大きさで気候変動が起こっており，それにより大きな影響が予測されることが懸念されているのである。現在は「気候変動」が一般的に用いられる。ただし，環境政策や法律で，過去の経緯から，現在でも「地球温暖化」という用語が使われている場合も多い。

二酸化炭素や水蒸気が温室効果を持つことが発見されたのは，19世紀半ば頃であった。温室効果ガスは，二酸化炭素，水蒸気以外にも，メタン，フロン類などがある。温室効果ガスの存在により地表温度は適度に保たれており，温室効果ガスが全くなければ零下18°Cになってしまう。

20世紀になると，科学者の間で，地球の平均気温の上昇と温室効果ガスとの関係や，平均気温の低下に関して，気候モデルによるシミュレーション分析などの研究が行われるようになった。1958年よりハワイのマウナロア観測所で大気中の二酸化炭素濃度の観測も始まった。

1979年に，全米科学アカデミーは米国政府から，人為的起源の二酸化炭素が気候に及ぼす影響について諮問を受け，それまでの学術研究に基づき「チャーニー報告」として発表した。1985年には，地球温暖化に関する初めての世界的な学術会議が，オーストリアのフィラッハで，世界気象機関（World Meteorological Organization: WMO），国連環境計画（United Nations Environment Programme: UNEP）と国際学術連合会議（International Council for Science: ICSU）の共催により開催された。この会議で科学者が最新の科学情報に基づき，大気中に増えている温室効果ガスの影響に関する科学的な評価を行った。

気候変動問題について，一般の人々の認知が高まったきっかけは「ハンセン証言」であった。1988年に，米国連邦議会エネルギー資源委員会の公聴会で，米国航空宇宙局の科学者ジェームズ・ハンセンが，異常気象と地球温暖化の関連について発言した。当時の米国では記録的な熱波とそれによる干ばつが発生していた。そのためメディアでも大々的に報道され，世間で注目された。

1988年に，WMOとUNEPが政府間機関「**気候変動に関する政府間パネル**（Intergovernmental Panel on Climate Change: IPCC）」を設立した。IPCCの目的は，人為起源の気候変動とその影響，およびそれらへの対策に関して，科学的・技術的・社会経済学的見地から包括的な評価を行うことである。1988年の国連総会では，IPCCの報告に基づき気候に関する国際条約の検討を開始することが決められた。IPCCでは，世界各国の科学者が多数参画し評価報告書を作成し，公表している。2007年には，その業績が評価され，IPCCはアル・ゴア元米国副大統領とともにノーベル平和賞を受賞した。

2 気候変動問題に対する政策の原則とアプローチ

1 科学的不確実性と予防原則

これまでに公表されたIPCCの評価報告書から，「気候システムの温暖化には疑う余地がない」ことや，「20世紀半ば以降に観測された世界平均気温の上昇のほとんどは，人為起源の温室効果ガス濃度の観測された増加によってもたらされた可能性が非常に高い」ことが明らかになっている。また，現在の科学的知見では，人為起源の物質による温室効果のうち，6割程度が二酸化炭素，2割程度がメタン，残りは一酸化二窒素や代替フロンであるとされている*。二酸化炭素の大気中の濃度は，産業革命以前に約280 ppmであったものが，2005年には379 ppmに上昇した。これは，自然変動の範囲をはるかに上回る

143

値であった。
> * 温室効果の強さは,二酸化炭素と比較して,メタンは25倍,一酸化二窒素は298倍である。温室効果ガスのうち,排出量については二酸化炭素が圧倒的に大きいので,総合するとこのような割合での影響になる。

　気候変動の人為的要因やその影響に関しては,100％確定されているのではなく,現在までの科学的知見を精査した上での確率的な可能性が示されているのである。IPCCの活動は今後も継続が必要である。
　このように,気候変動の人為的要因や影響については,**科学的な不確実性**をともなう。このような場合,2つの対処法が可能だろう。1つは,完全に解明されてから政策を決定することである。ただし,その過程でも問題は起こり続ける。深刻化し事後的対処の費用が膨大になる可能性もある。2つは,不確実性があっても,それまでの科学的知見を踏まえて政策を決定することである。ただし,もしも大した問題ではないと後に判明する場合には,それまでに講じた政策費用は損してしまう。しかし,やはり大問題である場合には,実施した政策により影響が緩和され,要した費用も無駄にはならない。
　不確実性をともなう問題に対する政策の意思決定の原則は,後者であり,「**予防原則**」と呼ばれる。予防原則は,「科学的に確実でないということが,環境の保全上重大な事態が起こることを予防する立場で対策を実施することを妨げてはならない」ということである。言い換えると,「科学的知見が欠如していることを口実として,対策を講じないということがあってはならない」という意味である。予防原則は,化学物質のリスクに対する政策や,気候変動問題や生物多様性など地球規模の問題への政策を講ずる場合の基本的な考え方となっている。

２　国際協調の原則と効率性・衡平性の観点

　気候変動問題は,人為的要因による地球規模の現象や影響を問題としているので,当然ながら,国際的な観点で政策の目標や方針を設定し,それを踏まえて関係する国・地域が協力して自国の政策を講じる必要がある。つまり,「国

際協調」が基本原則である。

　国際的な枠組みで気候変動問題に取り組むために，1992年の国連環境開発会議で，**気候変動枠組条約**（気候変動に関する国際連合枠組条約）が採択され，1994年に発効した。この条約は，大気中の温室効果ガスの濃度を安定化させることを目的としている。

　しかし，国際協調は容易ではない。先進国と途上国の意見の対立，先進国間，途上国間でも意見の相違がある。気候変動の主たる人為的要因の1つは，産業革命以来の化石燃料の使用増加による二酸化炭素排出量の増加である。過去に主な要因をもたらしたのは，先に経済発展を遂げてきた，英国，米国，ドイツなどの先進国である。したがって，途上国は「歴史的経緯を踏まえて，すでに経済発展を遂げた先進国が中心となって費用をかけて政策を実行すべきである」と主張している。一方，次節で見るように，現在は，中国やインドといった，近年に発展している国々による二酸化炭素排出量が多くなっている。先進国だけが削減しても，その効果は小さい。この点を踏まえて，先進国は「途上国も含めた枠組みで政策を検討すべきである」と主張している。

　途上国間でも，現実に海面上昇の危機に直面しているツバルなど島嶼国は「排出量の多い中国やインドも先進国と同様に削減に取り組むべき」という立場である。先進国間でも，あくまでも途上国を含めた枠組みでの政策にこだわる米国などの国と，協力が得られるまで先進国だけでも対策すべきというEUで，意見は分かれている。経済発展の経緯，国土の自然環境，気候変動による影響，利害関係などが多様であり，地球規模で「一枚岩」となって政策を実行するのは容易ではない。

　このような意見の対立は，国際的な政策において，**効率性と衡平性の基準**をどのように設計すべきかが重要になることを意味している。政策の効率性を重視する立場では，少ない費用で大量の排出を削減できる国や地域が削減することが望ましい。その点では，先進国だけではなく，中国やインドも削減対象国に含まれる。しかし，過去に先進国は，費用をかけて政策を実施することなく発展を享受してきた。衡平性を重視する立場では，現在発展途上の国々に先進国と同等の対策を迫ることの妥当性について，検討する必要があるだろう。

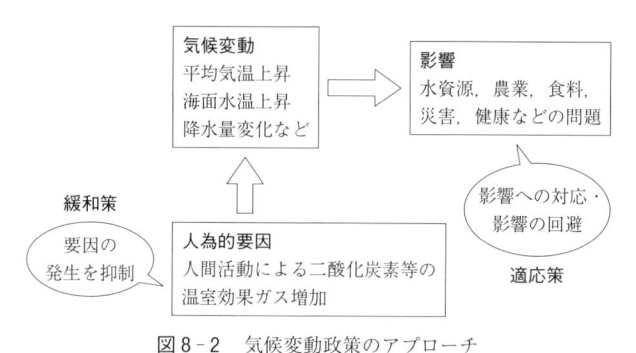

図8-2 気候変動政策のアプローチ
(出所) 文部科学省・気象庁・環境省（2013, 2頁, 図1）をもとに筆者作成。

3 政策の目標とアプローチ

　これまでのIPCC評価報告書を通して，「気候変動の影響を小さく抑えるには，世界の平均気温上昇を産業革命前より2～2.4°C程度に留める必要があり，そのためには，温室効果ガスの排出量を遅くとも2020年までに減少に転じさせ，2050年には2000年に比べて半減させなくてはならない」ことが明らかになっている*。この点については，ほぼ国際的なコンセンサスが得られており，「2050年までに温室効果ガス半減」は国際的な政策目標となっている。

　　＊　2014年に公表された第5次評価報告書では，2°C上昇の国際合意を達成するには，2050年には2010年比で40～70％温室効果ガスを削減する必要があると分析している。

　気候変動問題に対する政策では，図8-2に示すように，2つの方向からのアプローチが必要である。
　第1は，気候変動の人為的要因である温室効果ガスの増加を抑制することである。温室効果ガスの中でも二酸化炭素の影響が大きいため，対策は，二酸化炭素の削減が中心になり，「**低炭素社会**」の形成に向けた取り組みが中心となる。この方向は，「**緩和策**」と呼ばれる。現在のエネルギー資源は化石燃料がメインで，それによる二酸化炭素排出も大きな要因になっている。そのため，エネルギー利用を減らす省エネルギーの取り組みや，二酸化炭素を排出しないエネルギーの利用など，エネルギー政策の検討も必須である（⇨第10章）。緩和

第8章　気候変動政策を考える

策には，二酸化炭素を吸収する森林に関する政策，発生した二酸化炭素を回収・貯留する技術開発などもある。

　第2は，気候変動によりもたらされる影響に対して，起こった影響への対応策だけでなく，未然に回避する対策を講じることである。気候変動の影響に適応するために，現在の経済・社会システムを変更することが必要になる。この方向は「**適応策**」と呼ばれる。気候変動の影響は，異常気象，水資源賦存量，生態系，洪水等による災害，土地利用，農業，農作物の品質，食料確保，感染症等の病気など，非常に広い範囲に及ぶ。そのため，幅広い分野での適応策が必要である。

3　国際的な枠組みによる政策

1　気候変動枠組条約会議と京都議定書

　条約は基本的な考え方を提示するものであり，具体的な政策目標や対策については，条約を批准した国による締約国会議（Conference of the Parties: COP）で討議し決定される。気候変動枠組条約に関しても，1994年の発効後，毎年COPが開催されている。気候変動枠組条約の第一回締約国会議（COP1）で，先進国に対する削減数値目標を定めた議定書をCOP3で決めること，および，「**共通だが差異ある責任***」に基づき途上国には義務づけしないことが合意され，「ベルリン・マンデート」として採択された。

　　＊　これは，先進国と途上国の責任に関する基本的な考え方として，国連環境開発会議で採択されたリオ宣言の第七原則で示されたものである。

　COP3で採択された「京都議定書」では，表8-1に示すように，付属書Ⅰ国に記された先進国に対して，**温室効果ガス削減の数値目標**が示されている。削減目標は1990年を基準とするもので，例えば，日本は－6％，米国 －7％，EU －8％，カナダ －6％等となっている。2008～12年の**約束期間**に目標を達成することが義務づけられた。付属書Ⅰ国全体では，温室効果ガスを1990年比で少なくとも5％削減することが目標である。

表8-1 京都議定書の概要

目　　標	先進国全体で少なくとも5%削減を目指す
削減対象	二酸化炭素，メタン，一酸化二窒素，HFC, PFC, SF_6
基 準 年	1990年（HFC, PFC, SF_6 は，1995年としてもよい）
目標期間	2008年から2012年（第一約束期間）
削減義務	付属書Ⅰ国
数値目標	日本 −6%，米国 −7%，EU −8%，カナダ −6%，ロシア 0%，オーストラリア +8%など
目標達成の仕組み	京都メカニズム 排出枠取引・クリーン開発メカニズム・共同実施
吸収源の扱い	森林等の吸収源による温室効果ガス吸収量を算入

（出所）　環境省公表資料「京都議定書の要点」をもとに筆者作成。

　温室効果ガスのうち最も排出割合の大きい二酸化炭素では，1990年において，付属書Ⅰ国の排出量の合計は，世界全体の約60%を占めていた。その点から考えると，「温室効果ガス5%削減」という数値は，「2020年までに減少に転じさせ，2050年には2000年に比べて半減」という国際的な政策目標に比べて，決して大きな数値ではない。しかし，京都議定書は，国際的な枠組みで目標を設定し付属書Ⅰ国に取り組みを開始させたということに意義があった。

　自国内の取り組みだけで目標達成できない場合，COP7で定められた「**京都メカニズム**」と呼ばれる運用ルールに示す手法で排出枠を取引することが認められている。京都メカニズムでは3つの方法が示されている。第1は**排出枠取引***である。義務づけのある先進国が削減義務より多く達成した場合，排出枠が生じる。未達成国がその配分枠を買うことができる。第2は**クリーン開発メカニズム**（Clean Development Mechanism: CDM）である。これは，先進国が途上国で排出削減事業を行い，削減分を排出枠として先進国の削減達成に充てることができるというものである。第3は**共同実施**（Joint Implementation: JI）で，先進国間で排出削減の共同事業を実施し，生じた排出枠を当事者国で分配するという方法である。

　*　二酸化炭素の排出枠を取引する制度は，以前は「排出許可証取引」と呼ばれてい

第8章 気候変動政策を考える

たが，近年は「排出枠取引」「排出量取引」「排出権取引」「排出取引」という4つの名称が使われている。本書では，制度の内容を最も表すものとして「排出枠取引」に統一する。

2 各国の温室効果ガス削減状況

国際連合気候変動枠組条約事務局は，付属書Ⅰ国について，1990年から2010年までの温室効果ガスの排出量等をまとめて公表している。国立環境研究所温室効果ガスインベントリオフィスは，それに基づき日本語版のデータを公表している。

表8-2に示すように，日本の温室効果ガス削減量は2010年時点で－1.0％であり，削減目標を達成していなかった。なお，表中の米国は京都議定書に参加していない。

政府の地球温暖化対策推進本部が2013年4月5日付けで公表した資料「京都議定書目標達成計画の進捗状況」によると，2011年温室効果ガス排出量の実績では，基準年1990年比で＋3.6％であった。この増加分は，エネルギー起源の二酸化炭素排出量の増加によるものであった。日本の二酸化炭素排出量は，図8-3に示すように，2008年のリーマンショックによる経済活動の低下で減少したが，2010年以後，再び増加している。

日本の2011年度の温室効果ガスの総排出量は，二酸化炭素換算で約13億700万トンであった。目標の総排出量は11億8600万トンである。削減目標を達成するには，国内での努力では困難である。そこで，政府は，約1億トン分を京都メカニズムの活用で削減する目標を立て，2012年3月31日までに約9800万トン分のクレジット＊を取得する契約を結んだ。さらに，民間事業者が政府口座に移転した京都メカニズムクレジットの量は，2008～11年度の合計で約2億トンであった。また，森林吸収源対策として，日本では，間伐等の森林管理や保安林指定による管理などを行っている。2010年度まで年平均78万haの森林整備が実施され，2010年度には4890万トンの吸収量が得られた。これらの結果，6％削減目標は達成された。

　＊　発行され取引される排出枠は「クレジット」と呼ばれる。

表8-2 各国の温室効果ガス排出量の変化（2010年）

未達成国	基準年からの変化(%)	削減目標(%)	達成国	基準年からの変化(%)	削減目標(%)
オーストラリア	13.6	8	EU 15 カ国	−11.3	−8
カナダ	46.4	−6	フランス	−8.6	0
オーストリア	18.8	−8	ドイツ	−21.7	−21
オランダ	−0.9	−6	イタリア	−8.2	−6.5
日本	−1.0	−6	英国	−23.5	−12.5
米国	8.6	−7	フィンランド	−4.0	0
スペイン	24.0	15	ノルウェー	−49.1	1
スウェーデン	15.9	4	ロシア	−54.8	0

（出所）国立環境研究所温室効果ガスインベントリオフィスのデータをもとに筆者作成。

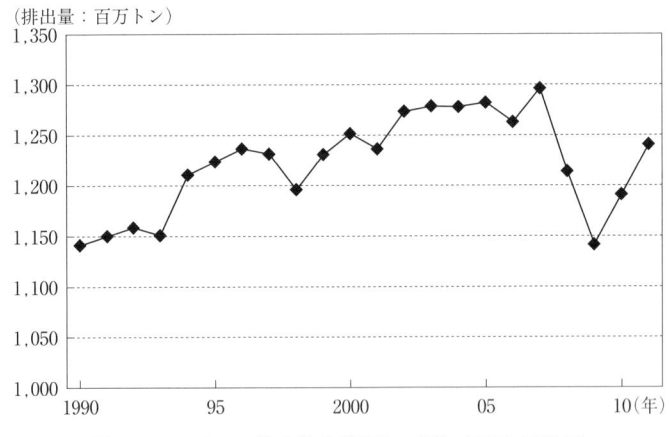

（排出量：百万トン）

図8-3 日本の二酸化炭素排出量の変化（1990-2011年）
（出所）表8-2に同じ。

3　ポスト京都議定書の焦点

図8-4は，各国・地域の2010年のエネルギー起源の二酸化炭素排出量について，京都議定書の削減義務の有無，および，第一約束期間への参加の有無でまとめたものである。これによれば，京都議定書で削減が義務づけられ，かつ，第一約束期間に参加している国・地域の二酸化炭素排出量は，全体の約4分の1にすぎない。世界第2位の排出国米国は，削減義務があるにもかかわらず，

第 8 章 気候変動政策を考える

図 8-4 エネルギー起源の二酸化炭素排出量（2010年）

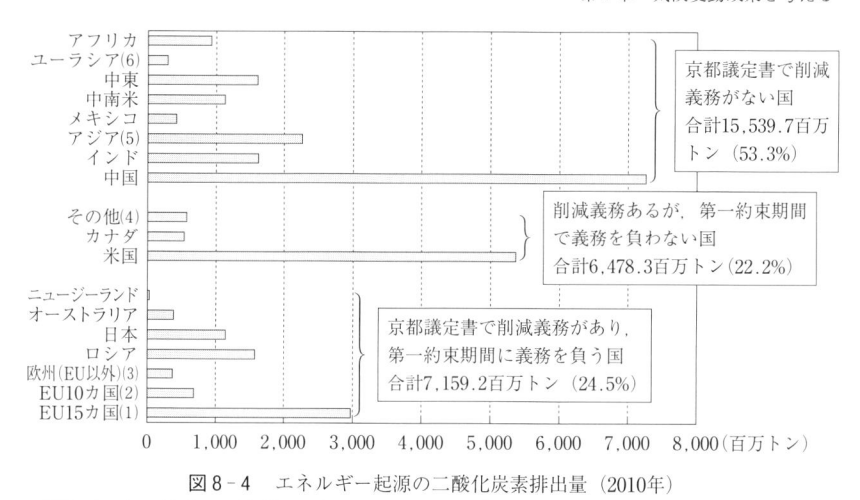

（注） 1：オーストリア・ベルギー・デンマーク・フィンランド・フランス・ドイツ・ギリシャ・アイルランド・イタリア・ルクセンブルグ・オランダ・ポルトガル・スペイン・スウェーデン・英国。
 2：チェコ・エストニア・ハンガリー・ポーランド・スロヴァキア・スロベニア・ブルガリア・ラトビア・リトアニア・ルーマニア。
 3：アイスランド・ノルウェー・スイス・ウクライナ・クロアチア。
 4：トルコ・カザフスタン・ベラルーシ・マルタ・キプロス。
 5：日本・中国・インド以外。
 6：欧州・ユーラシアで削減義務のある国以外。
（出所） IEA（2012）のデータをもとに筆者作成。

第一約束期間には参加していない。また，最大の排出国である中国は，もともと削減義務が課されていない。中国を含め，インド，韓国，サウジアラビア，ブラジルなど，京都議定書の削減対象でない国・地域の合計は53.3％にも上る。

1997年に京都議定書が採択された時点では，米国を含め削減義務のある付属書Ⅰ国の二酸化炭素の排出量は，世界全体の59％を占めていた。ところが，1997年から現在までに，中国やインドといった義務づけのない途上国の排出量が増加し，現在は，第一約束期間に不参加の米国やカナダを加えても義務づけのある国の排出量シェアは5割に届かないのである。このことは，2020年までに温室効果ガスを半減するという目標を，義務づけのある先進国のみで達成することが困難であることを意味する。

気候変動枠組条約の締約国会議では，京都議定書後の枠組み「**ポスト京都議定書**」に関して検討が続けられている。ポスト京都議定書での主な検討課題は，

以下の3点である。第1は，第一約束期間から離脱した米国も参加する枠組みをつくることである。第2は，排出量が多い中国やインドなど途上国への削減義務づけをすること，あるいは，義務づけのない場合でも有効な手段を提示することである。第3は，表8-2に示したように，削減義務の達成が困難な先進国について，実現性の高い目標値を設定することである。

　しかし，第2節で述べたように，新たな枠組みの合意形成は容易ではない。現在の排出量の大きな中国やインドなどの国も削減義務を負うことが，気候変動への影響を緩和するためには必須である。米国や日本は，すべての国が削減義務を負うべきと主張している。しかし，先に経済成長を享受してきた先進国は削減の責任を負うべきであり，途上国に先進国と同等の義務を負わせることが，衡平性の観点では必ずしも望ましいとは限らない。

　先に述べたように，温室効果ガス削減に関する世界全体の目標として「2050年には半減させること」はほぼ合意されており，2007年のCOP13においてはポスト京都議定書の枠組みについて，「バリ・ロードマップ」として作業日程が決められた。2009年にイタリアのラクイラで開催された主要国首脳会議G8では「先進国は2050年までに温室効果ガスを80％削減すること」が合意された。同年，コペンハーゲンで開催されたCOP15では，2020年までの，先進国の削減目標と途上国の自主目標が議論され，日本は「1990年比25％削減」という目標を掲げた。

　COP15では，途上国の自発的取り組みを支援するために，先進国全体で，2010年から2012年の間に新たな追加援助として300億ドルの資金を拠出し，「**コペンハーゲン環境基金**」を設立することが合意された。この基金では，既存の政府開発援助（ODA）を転用するのではなく，新規に，CDMや森林破壊を防ぐ取り組み「REDDプラス*」といった資金メカニズムによる支援を行うこととされている。これは，グリーン発電システムによる二酸化炭素排出量削減，森林保全による二酸化炭素吸収量増加といった緩和策だけでなく，洪水対策などの適応措置も対象となる。例えば，日本でも，2010年3月に，REDDプラスによる森林管理プログラムとしてアフリカ5カ国に総額30億円の支援を実施した。

第8章　気候変動政策を考える

　＊　国連が2008年より推進する「REDD（Reduced Emissions from Deforestation and forest Degradation: 森林減少・劣化からの温室効果ガス排出削減）」プログラムは，開発途上国における森林の破壊や劣化を回避するプロジェクトの実施により，温室効果ガスの排出削減を行うことである。現在の「REDDプラス（REDD＋）」は，森林保全，持続可能な森林経営および森林炭素蓄積の増加に関するプロジェクトも含む。

　上述のように，ポスト京都議定書の合意形成は困難を極め，COP16でEUが京都議定書を延長する案を提示した。この案が2012年のCOP18で採択された。2013～20年は，京都議定書の「**第二約束期間**」となっている。第一約束期間と同様に，中国やインドなど途上国の削減義務はない。日本は，関係国を含んだ新たな枠組みに移行すべきという立場であり，単純延長には反対しており，米国と同様に，第二約束期間には参加せず，自主的に削減に取り組むことになった。

　2013年のCOP19では，すべての国が参加する2020年以降の新たな国際枠組みについて，各国が温室効果ガス削減の自主的な目標を導入することで合意した。また，先進国が2014年の早い時期に新興国や途上国に目標設定のための資金を支援することも合意された。2012年に，日本は，2020年度の温室効果ガス削減について，2005年度比で3.8％減（1990年比3.0％増加）とする新たな目標を提示した。この目標は，COP15で提示した「90年比で25％削減」という目標からは後退しているが，25％削減という目標は，原子力発電を大幅に増やすことが前提であった。新たな目標値は，東日本大震災と原発事故後に原子力発電稼働ゼロでも達成可能な値として決定された。温室効果ガスの削減はエネルギー政策とも密接に関わっている。2014年に新たなエネルギー基本計画が提示されるが，今後の温室効果ガス削減については，再生可能エネルギーの実行可能性や原発のリスク等も踏まえて，エネルギー政策との関わりで検討していく必要がある（⇨第10章）。

4 日本の温室効果ガス削減に関する主な政策

　温室効果ガスの中では，エネルギー起源の二酸化炭素の排出割合が大きい。そのため，気候変動問題に対する政策としては，再生可能エネルギー促進や化石燃料の高効率化などエネルギー関連が中心課題となる。エネルギー政策は第10章で取り上げるので，本節ではそれ以外の主な政策を概説しよう。

1 情報的手法

　1997年12月の京都議定書の採択を受けて，日本では地球温暖化対策推進法（地球温暖化対策の推進に関する法律）が制定された。この法律には，「**温室効果ガスの排出量等の算定・公表**」と「**温室効果ガスの算定排出量の報告制度**」が盛り込まれている。

　前者は，政府が毎年，日本の温室効果ガスの排出量と（森林などによる）吸収量を算定し公表するというものである。後者は，温室効果ガスを相当多く排出するとして政令で定められる特定事業者に義務づけられるもので，毎年度，温室効果ガスの排出量を算定し報告させるものである。特定事業者は，**改正省エネルギー法**の対象となっており，原油換算で年間1500kl以上のエネルギーを使用する事業者である。また，努力義務であるが，事業者は，温室効果ガスの排出抑制などの実行計画を策定して公表するよう努めることが求められている。

2 炭素税

　温室効果ガス排出削減に関する経済的手法の1つに，化石燃料の二酸化炭素の排出量に応じて税を賦課する「**炭素税**」がある。1990年代初めより，フィンランド，スウェーデン，デンマーク，ノルウェーなど欧州の国々で導入されるようになった。いくつかのタイプがあり，税制としては，新たな税として設置するものか，既存のエネルギー税を改変・追加するかに大別される。課税方法としては，ガソリンなど燃料の炭素含有量に応じて課税するものか，燃料の消費等の量に応じて課税するもの，それらの混合というタイプがある。最近では，

インドネシアなど，先進国以外でも炭素税の導入を実施・検討する国も登場している。

日本においても，導入のために案が設計され議論されてきたが，炭素税の導入には至っていない。ただし，「地球温暖化対策のための税」が2012年に導入された。これは，現行の石油石炭税に，二酸化炭素排出量に応じた税率を上乗せするというものである。温室効果ガスの中では，二酸化炭素の排出量が大部分を占め，その多くがエネルギー起源，つまり化石燃料利用によるものである。この税は，化石燃料の消費を抑えるインセンティブを与えることを目的とするもので，税収は，再生可能エネルギーの普及や省エネルギー推進の強化などの対策に活用される。

3 排出枠取引

排出枠取引の仕組みには2つのタイプがある。1つは「キャップ&トレード型」で，排出許容量を割り当てて，過不足分の排出枠を売買できる仕組みである。2つは「ベースライン&クレジット型」で，排出削減プロジェクトを実施し，実施前の排出量と実施後の排出量予測の差を排出枠としてクレジット化し，売却できるという仕組みである。

キャップ&トレード型では，最初の許容排出枠の割り当て方法として，過去の排出実績をもとに無償で割り当てる「グランドファザリング」，業界ごとに指標を決め無償で割り当てる「ベンチマーク」，オークションで有償取引を行う方法がある。グランドファザリングでは，削減対策が進んでいる企業に不利になり，ベンチマークでは削減先進企業に不利にはならないが，業界全休で決めるのは困難である。また，オークション方式では企業にとって初期コストが必要になる。いずれの方式も一長一短があり，初期配分は制度設計上の課題となっている。

排出枠取引の制度には，京都議定書の運用ルールである京都メカニズムによる国際的な制度と，経済圏・国・地方自治体で実施されている制度の2つのタイプがある。

京都メカニズムの排出枠取引はキャップ&トレード型であり，付属書Ⅰ国が

目標以上に削減された場合に生じる排出枠（AAU）を，未達成国が買うことができる。CDMはベースライン＆クレジット型で，先進国が途上国で実施した二酸化炭素の排出削減事業により生じる排出枠（CER）を取得できる。JIもベースライン＆クレジット型で，先進国間で事業実施による排出枠（ERU）を分け合うことができる。それ以外にも，森林吸収による排出枠（RMU）がある。

経済圏内の制度としては，EUが2005年からEU排出枠取引制度（The EU Emissions Trading System: EU-ETS）を実施している。この制度はキャップ＆トレード型の制度である。国の制度としては，ニュージーランドとオーストラリアが実施している。日本では，国レベルで2つの制度が実験的に実施されてきた。環境省の自主参加型国内排出枠取引制度は参加企業が自主目標を設定し，過不足を取引するものであるが，目標を達成した場合に補助金が受けられる。経済産業省の「国内クレジット制度」は，中小企業の取り組みを支援するもので，中小企業の排出枠を大企業が買い取る仕組みである。現在，政府は，新たな国内排出枠取引制度の導入を検討している。これは，キャップ＆トレード型で，環境省と経済産業省が統合的な制度として検討している。韓国では排出枠取引制度法が成立し，2015年から導入される予定である。中国は2013年から2省5市でモデル事業を行っている。

地方自治体レベルでも制度が導入されている。カナダではケベック州で2013年より，米国では，東部の州レベルの制度RGGIが2009年から実施されており，西部でもカリフォルニア州が2013年に開始した。日本でも，東京都は2010年4月から国に先駆けてキャップ＆トレード型の「温暖化ガス排出総量削減義務と排出枠取引制度」を開始した。また，埼玉県が2011年から目標設定型の制度を導入しており，他の都道府県にも広がっている。

排出枠の価格は市場*の需給で決まるが，制度設計や経済状況，COPにおける議論の状況にも依存して変動する。ポスト京都議定書の検討において，より多くの国々に削減に参加させる新たな枠組みが決まらず，京都議定書が単純延長されたこと等もあり，排出枠の価格は低迷している。EU-ETS等の制度では，価格を安定させることも制度設計の課題となっている。また，第二約束期間に参加しない場合，CDMにより得た排出枠を自国の削減分に組み込むことは可

能だが,余った排出枠の転売が認められなくなった。日本は第二約束期間に参加しないため,CDM による排出枠取得が日本企業にとってメリットが小さくなった。そのため,今後は日本企業による排出枠売買の動きも下火になる可能性もある。

* 排出枠の売買は,企業や国など二者間の相対取引と,市場での売買の 2 タイプがある。排出枠取引市場には,EU 気候取引所,シカゴ気候取引所などがある。扱う排出枠は,市場により異なる。例えば,EU 気候取引所では EU 排出量取引制度による排出枠(EUA)と CDM による排出枠(CER)である。このうち EU 以外の投資家等が購入できるのは CER である。

5　気候変動に関する企業のマネジメントとビジネス

1　事業活動プロセスにおける対策と排出量の把握

　二酸化炭素の排出とエネルギー利用は密接に関連しており,低炭素化のマネジメントはエネルギーに関する活動が中心になっている。生産設備やプロセスの見直しによるエネルギー効率改善,オフィスや店舗での省エネ活動や LED など省エネ型電気機器への変更,工場での太陽光発電の導入など,企業は様々な対策を実施している。電力利用については,BEMS(Building Energy Management System)や FEMS(Factory Energy Management System)と呼ばれる,IT を活用したビルや工場のエネルギーマネジメントシステムの導入も広がっている(BEMS については,⇨第12章第 4 節 2)。

　企業は,温室効果ガス,特に二酸化炭素の排出量を管理している。温室効果ガス排出量は,「活動量×排出係数」で算定する。「活動」とは,例えば二酸化炭素の場合,エネルギー起源では,燃料(ガソリン,重油,都市ガスなど)の使用量,電力の使用量,非エネルギー起源では,原油・天然ガスの試掘・生産,セメント・生石灰・鉄鋼などの製造がある。排出係数は環境省が公表している。電力の場合,排出係数の値の大きさは発電に用いるエネルギー資源の内訳に依存する。原発事故後は原発停止などにより二酸化炭素の排出係数の値が大きくなったが,今後は,原発再稼働や再生可能エネルギー固定価格買取制度(固定

価格買取制度については⇨第10章）の効果によって排出係数が改善される可能性がある。このことは，温室効果ガスの排出量は，企業の省エネ等による排出削減努力だけで決まるわけではなく，エネルギー政策とも密接に関わっていることを意味している。そのような状況においても，多くの大企業では削減の方針を決め努力を重ねている。

2　低炭素化に関するビジネス

低炭素化のビジネスとしては，再生可能エネルギーや省エネ関連のビジネス以外では，CDMやJIによるプロジェクト，省エネ性能向上等による低炭素型製品，排出枠活用でのオフセットビジネスがある。

①CDM・JIによるプロジェクト

CDMよるプロジェクトでは，プロジェクトに参加する企業等が計画・設計書を作成し，それに基づき排出枠の計算等に関して審査される。正しいと判断された場合に，関係国の承認を得て，国連に登録される。実施者は排出量のモニタリングを行い，審査を経て排出枠の承認を受ける。複数段階の手続きや審査によって，プロジェクトの信頼性が確保されている。JIでも同様の審査手続きが必要である。

プロジェクトには，再生可能エネルギーのプラント，エネルギー効率改善，植林などがある。表8-3は，日本政府が承認し，日本の政府や企業が関与して実施されたCDMとJIのプロジェクトについて，件数と実施国を示している。2012年12月末時点で，CDMとJIは821件で，そのうち766件がCDMのプロジェクトである。

これらのプロジェクトによる温室効果ガスの削減予測総量は，二酸化炭素換算では，CDMで約1億5700万トン，JIで約1580万トンである。申請者としての参加企業では，三菱商事や伊藤忠商事等の大手商社，出光興産，清水建設，日本硝子，日揮，花王などの大企業，電力会社などがある。

表8-3に示すように，日本が関わるCDMでは中国が約6割を占めている。ちなみに，世界全体では，2013年9月2日時点で国連承認を受けたCDMは7217件で，そのうち中国が3702件で約5割，インドが1381件で約2割を占める。

国連登録CDMで発行済み排出枠（CER）の合計は，約13億7802万トンである。

②低炭素型製品

低炭素型製品の代表としては，家電などの省エネ製品がある。日本では，1998年の省エネ法改正で「トップランナー方式」が導入されている。これは，エアコン，テレビ，冷蔵庫などの家電製品や自動車など26品目のエネルギー消費機器について，「省エネルギー基準を，各々の機器において，エネルギー消費効率が現在商品化されている製品のうち最も優れている機器の性能以上にする」というものである。エアコンやテレビ等の省エネ性能を「統一省エネラベル」で表示する制度も合わせて実施されている。これらの制度の導入後，メーカー間競争が活発になり，全体として省エネ性能は向上した。

③カーボン・オフセット商品

カーボン・オフセットとは，個人や企業が自らの努力だけでは削減しきれない分の二酸化炭素排出量について，排出枠やグリーン電力証書等を購入し，見かけ上減らしたことにすることである。カーボン・オフセット商品とは，商品の製造・販売・使用・廃棄のいずれかの排出量分を購入し，相殺した商品である。2009年にはカーボン・オフセット認証制度もできた。2012年までに認証を受けたのは100件であり，製品以外に，農産物，ホテル予約サービス，マラソンなどイベントでのオフセットなどがある。

二酸化炭素に関して製品のライフサイクルアセスメントを行い，製品1単位当たりの二酸化炭素排出量を算定して表示する「**カーボン・フットプリント**

表8-3 日本政府・企業が関与したプロジェクト
2012年12月末の日本政府承認プロジェクト

クリーン開発メカニズム (CDM)		共同実施 JI	
プロジェクト実施場所（ホスト国）	件数	プロジェクト実施場所（ホスト国）	件数
中　　　国	455	ポーランド	10
イ ン ド	42	フランス	9
ブラジル	34	チェコ	8
インドネシア	33	ウクライナ	6
タ　　　イ	26	ハンガリー	5
マレーシア	26	フィンランド	3
ベトナム	24	ブルガリア	3
韓　　　国	12	ロ シ ア	3
チ リ	12	スウェーデン	2
フィリピン	12	ド イ ツ	2
そ の 他	90	そ の 他	4
合　　　計	766	合　　　計	55

(出所) 環境省公表資料「政府承認案件一覧（平成24年12末現在）」をもとに筆者作成。

(炭素の足跡)」として，検証・認証ラベルを製品に表示する仕組みもある。

3　カーボン・ディスクロージャーと企業

　英国に本部を持つNPO「**カーボン・ディスクロージャー・プロジェクト** (Carbon Disclosure Project: CDP)」は，株主や投資機関といった市場勢力を代表して，気候変動に対する企業行動について，グローバルに情報収集を行い，気候変動によるリスク等の情報を開示するシステムを構築している。

　2012年には，世界で655の投資機関がこのプロジェクトに署名・参加しており，その運用総額は78兆ドルにも達している。2002年から始まり，日本でも2006年から開始された。対象は，2010年までは時価総額の上位企業であったが，2011年からは「国連責任投資原則 (Principles for Responsible Investment: UN-PRI) 日本ネットワーク」が選定した500社である。大企業では，低炭素化のマネジメントが金融市場での企業評価に反映されるようになってきている。投資家は企業の財務情報だけではなく，環境や社会的課題への取り組みおよびガバナンス*についての**非財務情報**も求め始めている。欧米では財務情報と非財務情報をアニュアルレポートにまとめて開示する**統合報告** (Integrated Reporting) の動きが活発化しており，日本でも一部の大企業が取り組み始めている。

　　＊　これらの非財務情報はESG (Environment, Society, Governance) と呼ばれる。

　CDPが企業に求める温室効果ガス把握・管理の範囲は拡大している。国際的組織「温室効果ガス (GHG) プロトコル」は，3つの範囲を定義している。「スコープ1」は，自社の事業活動での燃料利用等による直接的な排出で，「スコープ2」は，自社施設で購入した電力等を製造する時の排出，「スコープ3」は，自社の従業員の通勤・出張など事業活動以外に由来する排出や，原材料の製造・輸送，製品の配送・使用，フランチャイズ加盟店の事業活動を含んでいる。CDPでは「スコープ3」を求めている。そのため，CDPの調査対象となっている大企業では，自社の事業活動だけではなく，サプライチェーン全体で温室効果ガスの管理をするケースが増加している。日本でも，製造業ではホンダ，東芝，商船三井，大成建設などが，非製造業ではイオン，KDDI，リコー

リースなどの大企業が，スコープ3による把握や管理を始めている。また，プライスウォーターハウスクーパースなどのコンサルティング企業では，サプライチェーン全体でのITを用いた管理システムを開発している。

6 まとめ

　本章では以下の6つを学習した。本章を通して，気候変動問題に対し，望ましい国際的な枠組み，有効な国内政策の在り方，および企業活動のリスクとチャンスについて考えてみよう。

(1) 気候変動問題とは，様々な要因で生じる気候変動のうち，「人為的要因で生じている気候変動」の問題と「それによって及ぼされる影響」の問題であり，政策には緩和策と適応策の2つのアプローチが必要である。
(2) 気候変動問題に対する政策の基本原則は，予防原則と国際協調である。
(3) 京都議定書における先進国の削減義務だけでは，温室効果ガス排出量を「2050年に半減」という政策目標には程遠い。
(4) ポスト京都議定書に関する国際交渉は，現在の温室効果ガス排出量は少ないものの規制なく成長を享受できた先進国と，発展途上であり現在の排出量を増加させている途上国の間で難航している。国際的な効率性と衡平性を両立させる枠組みを設計する必要がある。
(5) 緩和策は，エネルギー政策以外では，温室効果ガス排出量に関する情報的手法，炭素税や排出枠取引といった経済的手法がある。
(6) 大企業では，サプライチェーン全体での温室効果ガス排出量を把握・管理する「スコープ3」を取り入れている。さらに金融・資本市場では，温室効果ガス排出量は，非財務面での企業評価情報として重要な指標になっている。

引用参考文献

　IPCC編，文部科学省・経済産業省・気象庁・環境省翻訳（2009）『IPCC地球温暖化

> ▶▶ *Column* ◀◀

二酸化炭素の回収・貯留・循環の技術開発

　二酸化炭素を直接的に削減できる技術としては，二酸化炭素を回収して地下に貯留するプラントや，回収した二酸化炭素をドライアイスや炭酸飲料の原料や温室等で利用する二酸化炭素の循環技術がある。例えば，鉄鋼業では大量のエネルギーを利用するため二酸化炭素の排出量が多い。大手鉄鋼メーカーの新日鉄住金等では，日本鉄鋼連盟と協力して，新エネルギー・産業技術総合開発機構（NEDO）の委託事業として，製鉄所から排出される二酸化炭素を回収するプラントを開発した。

　このプラント開発では，当初，二酸化炭素が大規模排出源から大気に放出される前に回収し，地下に封じ込める二酸化炭素の地中貯留技術を開発していた。しかし，分離・回収した二酸化炭素は，炭酸ガスとして工業ガスや炭酸飲料，ドライアイスの原料として利用できるため，工業ガスメーカーや飲料メーカーとも連携して，**二酸化炭素の循環利用**にも力を入れ始めている。さらに，二酸化炭素を油田に注入して原油の回収率を向上させる石油増進回収技術への応用も期待されている。

　これらの技術開発は，国内だけではなく海外でも需要が見込まれ，今後の成長が期待される環境ビジネスの1つである。

（在間敬子）

　　第四次レポート——気候変動2007』中央法規出版。
カーボン・ディスクロージャー・プロジェクト（Carbon Disclosure Project: CDP）（2012）『CDPジャパン500気候変動レポート2012　レジリエンスを再考し事業を変革すべき時』。
地球温暖化対策推進本部（2013）「京都議定書目標達成計画の進捗状況」2013年4月5日。
文部科学省・気象庁・環境省（2013）『日本の気候変動とその影響』（気候変動の観測・予測及び影響評価統合レポート，2012年度版）2013年3月。
IEA (International Energy Agency) (2012) *CO₂ Emissions from Fuel Combustion Highlights* (*2012 Edition*).

さらなる学習のための文献

大野輝之（2013）『自治体のエネルギー戦略——アメリカと東京』岩波新書。
亀山康子・高村ゆかり（2011）『気候変動と国際協調——京都議定書と多国間協調の

行方』慈学社出版。
環境経済・政策学会（2010）『地球温暖化防止の国際的枠組み』東洋経済新報社。
諸富　徹・浅岡美恵（2010）『低炭素経済への道』岩波新書。

（在間敬子）

第9章
生物多様性保全政策を考える

1　生物多様性の意味と価値

1　生物多様性とは何か

　地球上に生物が誕生したのは，今から約38億年前と言われる。その後，単純な原始生物から人類に至るまで，長い年月をかけて生物は様々な形に進化してきた。生物はそれぞれの時代の地球の様々な場所での環境に適応しながら進化発展を遂げてきた一方，生物それ自体が地球の環境を形づくってきた。

　最初に生物が誕生した頃の地球の大気はほとんどが二酸化炭素であったが，今から約32億年前に光合成を行う藍藻類が現れてから，まず海中の酸素濃度が上昇し，さらに光合成を行うバクテリアなどが増加したことによって，20数億年前には大気中の酸素濃度が上昇した。そして，大気中の酸素が紫外線と反応してオゾンに変わり，紫外線を吸収するオゾン層ができることによって，地上に生物が生存する条件が整えられた。このように，現在地球上で様々な生物が生存できる環境それ自体が，多様な生物によって形成されてきたのである。

　1992年にブラジルのリオ・デ・ジャネイロで開かれた国連環境開発会議（地球サミット）で採択された**生物多様性条約**では，生物多様性を「すべての生物（陸上生態系，海洋その他の水界生態系，これらが複合した生態系その他生息又は生育の場のいかんを問わない。）の間の変異性をいうものとし，**種内の多様性**，**種間の多様性**および**生態系の多様性**を含む」と定義している。

　種内の多様性とは，同じ生物種の中でも持っている遺伝子が異なる遺伝的多様性を指す。種間の多様性とは，様々な生物種が存在すること，生態系の多様性とは，様々な生物種から構成される生態系が多様な形で存在することを意味

する。種内での遺伝子の多様性が失われると，遺伝的な劣化から種が絶滅するリスクが高まる。また，生態系の多様性は様々な自然条件に適応して生物が棲み分けることによってできたものであり，これが失われると，環境変化への対応が脆弱になり，やはり種の絶滅リスクが高まる。

このように生物多様性は，単に生物種が多様なことを意味するだけでなく，それにつながる遺伝子レベルでの多様性および生態系の多様性までを含めた，幅広い概念として理解されるべきものである。

2　生物多様性の価値

では，生物多様性はどのように重要なのだろうか。前項で述べたように，様々な生物が存在すること自体が，地球上で生命を育む環境を形成している。したがって，生物多様性は生物の生存それ自体にとっても重要なことと言える。これをもう少し具体的に，人類にとって生物多様性がどのような価値を持っているかということも含めて考えると，生物多様性とそれによる生態系がもたらすサービスとして，次のような4つがあげられる*。

> *「ミレニアム生態系評価」による定義である。ミレニアム生態系評価は，国連の呼びかけで2001年に発足した世界的プロジェクトで，生態系の機能が財およびサービスとして社会・経済にもたらす恵みの現状と将来の可能性を総合的に評価しようとするものである。「地球生態系診断」ともいう。

第1は，**基盤**サービスである。これは，生態系が酸素の供給や水の循環，土壌の形成など生物が生存する基盤を供給することを意味している。

第2は，**調整**サービスである。森林による洪水や土砂災害の抑止，気候の緩和，微生物による有機物の分解，水の浄化などがこれに相当する。例えば，人間も含めた動物の排泄物は，元来，こうした生態系の中で分解・浄化されてきたものである。

第3は，**供給**サービスである。多様な生物は，人間が生存していくために不可欠な食料となる。木は原始時代から燃料として使われ，住居などの建材にも広く使われる。また，繊維やゴム，樹脂など様々な工業原料にも植物が原料となっているものがある。その他，医薬品の原料としても様々な動植物が使用さ

れている。このように，豊かな生態系は人間の生活・生産に有用な様々な資源を供給してくれている。

第4は，**文化的サービス**である。これは，生態系がレクリエーションの場を提供し，文化・精神面の基盤を与えることを意味する。例えば，地域固有の生物を利用した地域独自の食品がある。その生物が絶滅してしまえば，それを利用した食品とその食品を含んだその地域独自の食文化が失われてしまうことになる。生物と生態系の多様性は，人間の文化の多様性にとっても不可欠なものなのである。

こうした生態系によるサービスの経済的価値や，生物多様性の損失コストを評価しようという研究が，様々な事例を対象になされてきている。国連環境計画（UNEP），ドイツ環境省，欧州委員会（EC）などが中心となって，生態系と生物多様性の経済学（The Economics of Ecosystem and Biodiversity: TEEB）についての研究報告書がまとめられ，2010年に名古屋で開催された第10回生物多様性条約締約国会議（COP10）に提出された。

この中で，生態系の種類別に1ha当たりの年間総経済価値が示されている。それによると，海洋で13～84ドル，沿岸湿地で1995～21万5349ドル，熱帯林で91～2万3222ドル，温帯林・寒帯林で30～4863ドルなどとなっている。幅が大きいのは，それぞれの生態系の中でも個々の状況に差が大きいためである。したがって，こうした経済的評価は，個別の事例ごとに行うしか意味がないとも言える。

2　生物多様性の危機

1　生物多様性の危機的状況

現在，地球上の生物種は3000～5000万，そのうち，既知の種は170～190万と推定されていれる。どちらも大きな幅があるが，ともかく，地球上の生物種のうち，われわれ人間にとって未知のものの比率が圧倒的に多いことは確かなようである。最初に生物が誕生した時の1種類から，38億年をかけて数千万種類に分かれていったのである。もっとも，生物種の数はこの間，常に増加してい

ったわけではなく，過去5回の絶滅期，すなわち種の数が減少した時期がある。そして現代は恐竜の絶滅期に続く第6回目の絶滅期であり，地球史上最大の絶滅期だとされている。

現在，年間1～5万の生物種が絶滅していると言われている。これは，過去の平均的な絶滅速度の約1万倍に当たり，これまでの絶滅期に比べても100倍の速度であるという。1日に数百の生物種が絶滅していることになり，そのほとんどは未知の生物である。既知の動物についてだけ見ても，哺乳類の21％，鳥類の13％，両生類の29％が**絶滅危惧種**（レッドリスト）であるとされている（図9-1）。

さらに，生物種の絶滅速度は今後さらに加速すると予測されている。生物の歴史からするとほんの短い間に，人間にとって未知の生物も含めて多くの生物種が消えて，それらは二度と復元できない。もちろん，この原因のほとんどは人間の活動である。このような生物多様性の危機的状況を生み出している原因について，以下，4つに分けて解説する。

2　開発など人間活動による危機

生物多様性減少の原因としてまずあげられるのは，**開発**などによる**生息地の減少**である。多くの生物種が住む森林について見ると，2010年の世界の森林面積は約40億haで，世界の陸地面積の約31％を占めている。世界の森林は，1990年代には年間1600万ha，2000年代の10年間では年間1300万haのペースで消失している（FAO，2010）。植林等による増加分を差し引いた面積で見ると，年平均521万ha減少していることになる（図9-2）。

森林消失の原因として，第1に**農地への転用**があげられる。食料やバイオマス燃料への世界的な需要増加により，東南アジアでは熱帯雨林がアブラヤシのプランテーションへ，アマゾンではサトウキビ畑や牧場などへ転用されている。農地への転用という意味では，焼畑農業も原因としてあげることができる。伝統的な焼畑農業では，森林を焼き払って畑にして耕作し，その後森林の回復を図るというサイクルが持続的に行われるため，森林の消失にはつながらない。しかし，そうした持続可能なサイクルを考慮しない非伝統的な焼畑農業を行う

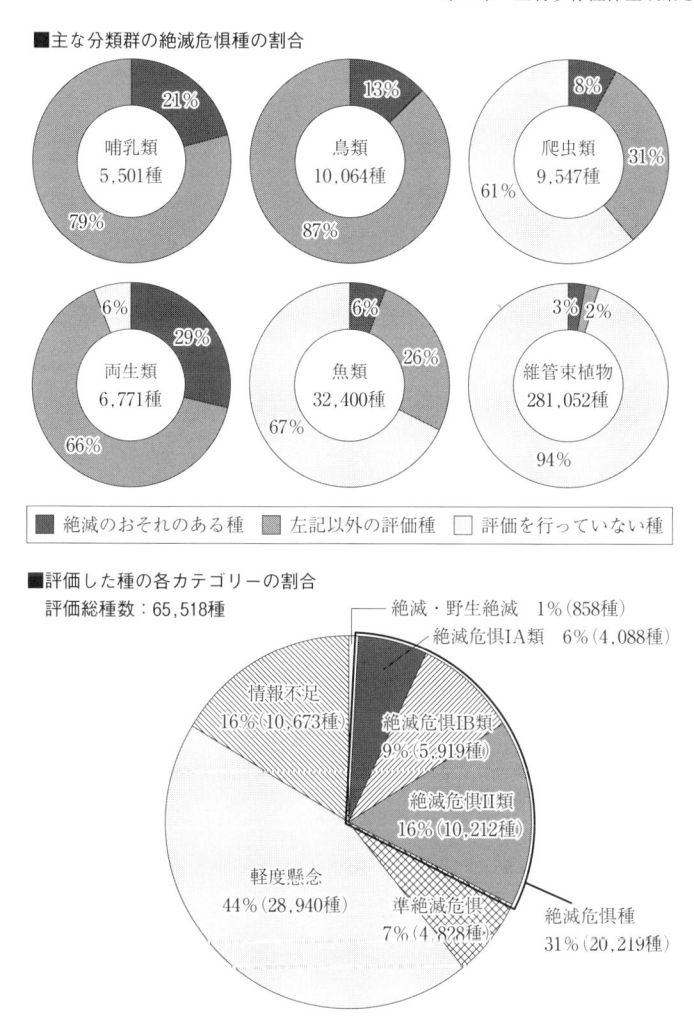

第 9 章　生物多様性保全政策を考える

■主な分類群の絶滅危惧種の割合

哺乳類 5,501種　21% / 79%
鳥類 10,064種　13% / 87%
爬虫類 9,547種　8% / 31% / 61%
両生類 6,771種　29% / 6% / 66%
魚類 32,400種　26% / 6% / 67%
維管束植物 281,052種　3% / 2% / 94%

■絶滅のおそれのある種　■左記以外の評価種　□評価を行っていない種

■評価した種の各カテゴリーの割合
評価総種数：65,518種

- 絶滅・野生絶滅　1%（858種）
- 絶滅危惧IA類　6%（4,088種）
- 絶滅危惧IB類　9%（5,919種）
- 絶滅危惧II類　16%（10,212種）
- 準絶滅危惧　7%（4,828種）
- 絶滅危惧種　31%（20,219種）
- 軽度懸念　44%（28,940種）
- 情報不足　16%（10,673種）

図 9-1　絶滅危惧種の状況
(注)　原データは IUCN（2012）による。
(出所)　環境省（2013）。

と，それにより森林が消失することになる。これも食料需要の増加が背景にある。

　第 2 に，過剰あるいは違法な木材の伐採があげられる。世界の木材需要の半

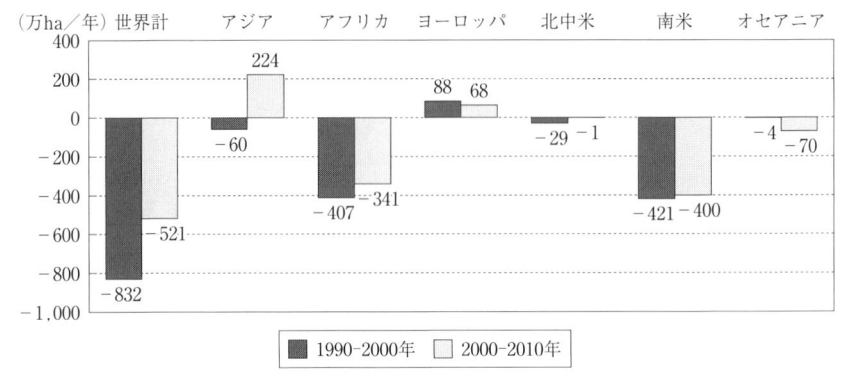

図9-2 世界の森林面積変化（地域別）

(注) 原データはFAO (2010) による。
(出所) 図9-1に同じ。

分は燃料用であり，主にアフリカでは，人口増加などの原因によりこの燃料用の木材伐採が増加している。森林の回復スピードにあわせた伐採を行えば森林が消失することはないが，木材需要の増加により，過剰な伐採あるいは違法な伐採が行われることで森林の消失・劣化が進んでいる。

開発などによる生息地の減少のほかに，**乱獲**も人間活動による直接的な生物多様性危機の原因である。乱獲は，人間が食料や資源として生物を捕獲，あるいは害を与える生物として駆逐することにより発生する。例えば，トキは江戸時代まではごくありふれた鳥であったが，明治以降，羽毛を利用するために捕獲され，急速に数が減った*。また絶滅したとされるニホンオオカミも，明治初期に害獣として駆除されたことがその大きな原因と言われている。

* 日本産のトキの野生個体はいったん絶滅し，現在中国産の個体から野生での復活が試みられている。

乱獲による生物多様性の減少が，現在最も広範囲かつ大規模に見られるのは漁業によるものであろう。海面での世界の漁獲量は，1950年の約1700万トンから急速に増加し，ピークとなった1996年には8600万トンを記録した（水産総合研究センター，2013）。これは世界人口の増加および経済発展による動物性タン

パク質への需要増加が背景にある。2010年には7700万トンで、近年海面漁獲量は横ばい傾向である。また、過剰漁獲の状態にある資源は2009年には約30％に達しており、世界の漁獲量の約30％を占める上位10魚種については、漁獲を拡大する余地がないか、過剰漁獲の状態にあるとされている。

乱獲による減少が危惧されているマグロを見ると、2010年の世界のマグロ類漁獲量は433.7万トンであったが、これは1950年の約10倍である。日本でのマグロ消費量が国民所得の向上により継続的に増加したほか、欧米さらには他のアジア諸国での寿司人気や健康食ブームが、マグロへの需要を拡大している。マグロは広い範囲を回遊する魚であり、広い公海上での漁獲を管理することはなかなか難しい。

こうしたことから、太平洋を中心にマグロ資源は減少しており、国際自然保護連合（International Union for Conservation of Nature: IUCN）のレッドリストにはマグロ類8種のうち3種が絶滅危惧種として掲載されている*。また、マグロ漁に関しては、イルカや亀、サメ、海鳥などを混獲することも問題視されている。

　* ただし、これについては、鯨類同様、日本の漁業関係者から異議が述べられている。

3　自然に対する働きかけの縮小による危機

人間活動の生物多様性への影響としては、人間の自然への働きかけが縮小したことにより生態系のバランスが崩れるということもある。例えば、日本の里地里山は、都市と原生的な自然との中間にあり、集落とそれを取り巻く薪炭林や人工林、それらと混在する農地、ため池、草原などで構成される地域であるが、ここでは農林業などにともなう様々な人間の働きかけを通じて環境が形成・維持されてきた。それにより独自の、また多様な生態系が育まれてきた。

しかし、農林業の衰退、過疎化・高齢化により、薪炭林での伐採・下草刈り・落ち葉かき、人工林での間伐、ため池や用水路の管理といった活動が十分に行われなくなってきている。例えば、薪炭林での伐採や下草刈りが行われな

くなると，林が暗くなり，明るい林床を好む植物が生育できなくなる。間伐が不十分で山が荒れた状態になると，水源涵養機能や土砂流出防止機能が損なわれ，水害や土砂災害をもたらすとともに，生物の生育環境が劣化する。ため池や用水の機能が失われると，水田と一体となって形成していたメダカなどの魚，カエル，水生昆虫といった生物の生息地が減少する。

　また，**耕作放棄地**の増加も問題となっている。日本の耕地約460万 ha のうち約40万 ha が耕作放棄地となっており（2010年現在），耕作放棄地の面積はここ15年で2倍近くに増加している（⇨第13章第3節 3 ）。耕作放棄地は，害虫・害獣の生息地となって，それらの個体数を増加させ，農林業に被害を与えると同時に本来の生態系を崩すことになる。近年日本では，イノシシやサル，シカが農作物や樹木の苗や皮を食い荒らしたりする被害（獣害）が増加している。これは，耕作放棄地が増え，狩猟も減ったことで，森林やその周囲に人があまり入らなくなり，こうした動物の生息域が広がり生息数も増加したことが大きな原因と見られている。

4　外来種など人間により持ち込まれたものによる危機

　本章第1節 1 で述べたように，生物多様性には生態系の多様性も含まれる。里地里山の例をあげたように，地球上の様々な場所で，その地理的条件に合わせた独自の生態系が存在している。ここに，その生態系に存在しない生物が侵入した場合，天敵がいないことや生命力が強いといったことで，もともと存在していた他の生物を駆逐してしまい，生態系のバランスが崩れる場合がある。もちろん，**外来種**が侵入すると常にそういったことが起こるわけではないが，侵入する生物によっては，生態系に不可逆的なダメージを与え，生物多様性を減少させる。

　外来種は風や鳥によって運ばれる場合もあるが，現在起きている問題のほとんどは人間の活動によって意図せずまたは意図して運ばれてくるものである。現代では，交通機関の発達により，人や物が広範囲に移動するようになった。その移動にともなって意図せず生物が広範囲に運ばれることがしばしば起きている。

例えば，空荷の船のバランスをとるために海水が積み込まれるが，このバラスト水とともにその海域に生息する生物も積み込まれ，寄港地でバラスト水を捨てる際に，いっしょに放出される。こうして，その海域に生息していない生物が持ち込まれる。日本でも，東京湾に本来生息しない貝が大量に繁殖して問題になっており，このバラスト水の影響と見られている。その他，コンテナや貨物に付着して，あるいは人の衣服や靴に付着して外来植物の種子が持ち込まれるケースもある。

意図して持ち込まれるケースとしては，動物がペットや家畜として持ち込まれ，その後捨てられるなどして野生化するケース，植物が観賞用あるいは食用として持ち込まれ，その後自然繁殖するケースなど，様々な例がある。

また，離島では特に生態系の独自性が強く，貴重な生物の宝庫になっている。それだけに，外来生物の侵入による影響を受けやすい。世界自然遺産に指定されている小笠原諸島でも，家畜として持ち込まれその後野生化したヤギによる森林の食害，それによる表土流出などの問題が発生しているほか，観光客の増加にともなって意図せず持ち込まれる様々な動植物による影響も懸念されている。

5　地球温暖化など地球環境の変化による危機

地球温暖化にともなう気候の変化よる生物多様性への悪影響も懸念されている。IPCC第四次評価報告書でも，地球温暖化が進むことにより，地球上の多くの動植物の絶滅リスクが高まる可能性が高いと予測されている。例えば，同報告書では，北極の年平均海氷面積は10年当たりで2.7％縮小しており，このままのペースが続けば，21世紀中頃までに，全世界のホッキョクグマの生息数の3分の2が失われると推測されている。

海中の生物多様性の宝庫であるサンゴ礁も急速に減少しており，1980年代以降，世界で30％が消失しているとも言われている。その原因は，沿岸域の開発に加えて，温暖化の影響が指摘されている。IPCC同報告書では，約1～3°Cの海面水温の上昇は，熱に対するサンゴの適応や順応がない限り，より頻繁なサンゴの白化現象と広い範囲での死滅をもたらすと予測されている。日本でも

沖縄近海でサンゴの白化現象が広がっていることが報告されている。

　この他，地球温暖化による影響として，**森林火災**が発生しやすくなる，生物の分布が変わる，植物の開花や結実の時期，昆虫の発生時期などの生物季節が変わるといったことが指摘されている。

　また，大気中の二酸化炭素濃度が上昇することで，地球温暖化に加えて**海洋の酸性化**が進み，これが炭酸カルシウムの形成を阻害することによって，サンゴをはじめとする様々な海洋生物に影響を与えると言われている。

　地球温暖化や海洋の酸性化といった地球環境の変化により，生物多様性がどのような影響を受けるかについては，まだ十分な科学的知見が蓄積されているとは言えない。しかし，食料の生産適地の変化，害虫等の発生量の増加や発生地域・発生時期の変化，感染症媒介生物の分布域の拡大など，生物多様性の変化を通じて，人間の生活や社会経済へも大きな影響を及ぼすことが予測されている。

3　生物多様性保全に向けた政策

1　生物多様性保全のための国際条約

　生物多様性に関する条約として，まず，1973年に採択され1975年に発効した**ワシントン条約**がある。正式名称は「絶滅のおそれのある野生動植物の種の国際取引に関する条約」であり，野生動植物種の国際取引がそれらの存続を脅かすことのないよう規制することを目的としている（⇨第7章第3節 1 ）。

　次に，やはり1975年に発効した**ラムサール条約**（「特に水鳥の生息地として国際的に重要な湿地に関する条約」）がある。これは，水鳥の生息地であり，それを頂点とした貴重な生態系が存在する湿地を保全することが目的である。水鳥は渡りをする種類が多いため，その生息地の保全についても国際的に取り組む必要がある。日本では，**釧路湿原**が1980年に最初に登録された。条約締結国は，登録された湿地について，その適正な利用と保全のための計画を作成し実施することが求められる。

　これらの条約は，生物多様性の保全のため，特定の行為を規制したり，特定

の生息地を保全したりするものであり、これらの条約が作られた当時は生物多様性という言葉や概念自体もまだ定着していなかった。生物多様性を包括的に保全するための条約の必要性については、1980年代後半から議論が始まり、1992年に開催された国連環境開発会議において、**生物多様性条約**（「生物の多様性に関する条約」）が採択され、翌年発効した。

　この条約の目的は、第1条で、生物多様性の保全、生物多様性の構成要素の持続可能な利用、遺伝資源の利用から生ずる利益の公正かつ衡平な配分、と明記されている。保全だけではなく、持続可能な利用やそれから生ずる利益の配分も条約の目的となっていることに注目する必要がある。そして、この目的の下、条約締約国に対し、その能力に応じて、保全や持続可能な利用の措置をとることを求めるとともに、各国の自然資源に対する主権を認め、資源提供国と利用国との間での自然資源による利益の公正かつ公平な配分を求めている。

2　COP10で議論された内容

　国連は2010年を**国際生物多様性年**と定め、この年に生物多様性条約第10回締約国会議（COP10）が名古屋で開催された。このCOP10では、2010年までに生物多様性の損失速度を顕著に減少させるとした**2010年目標**が達成されなかったことをうけて、新たに**愛知目標**を採択した。これは、2050年までに「自然と共生する」世界を実現するというビジョン（中長期目標）の下で、2020年までにミッション（短期目標）および20の個別目標の達成を目指すものである。

　個別目標は、例えば、生物多様性保全のために少なくとも陸域17%、海域10%が保護地域などにより保全される、といった具体的なものとなっている。国連は2011～20年までの10年間を**国連生物多様性の10年**と定め、愛知目標の達成に向けて、国際社会のあらゆるセクターが連携して生物多様性の問題に取り組むこととしている。

　COP10ではこの他、「バイオセーフティに関する**カルタヘナ議定書**の責任及び救済についての名古屋・クアラルンプール補足議定書」、および「遺伝資源への"アクセス"とその利用から得られる"利益の配分"（Access and Benefit-Sharing: ABS）」に関する「名古屋議定書」が採択された。バイオセーフテ

ィに関するカルタヘナ議定書とは，**遺伝子組換え生物**（Living Modified Organism: LMO*）により生物多様性が損なわれる恐れがあるため，LMO の輸出入に関する手続き等を定めたもので，2003年に発効した。ただし，実際に生物多様性に損失を与えた場合の"責任と救済"，すなわち責任事業者を特定し，原状回復などの対応措置をとるよう命ずるといった国際的なルールについては，ようやくこの補足議定書で確定したものである。

* GMO（Genetically Modified Organism ⇨第7章第4節）に対して，特に"生きている"遺伝子組換え生物を指す LMO の用語が，カルタヘナ議定書では使われている。

また，**遺伝資源**とは，生物が持つ様々な遺伝子の有用性を意味するが，これを利用して利益を得るのは，医薬品メーカーをはじめとして，多くは先進国の企業であるのに対して，遺伝資源を持つ生物は，生物多様性が豊かな熱帯雨林などを有する発展途上国が原産であることが多い。これには，先進国や多国籍企業による原産国（主として途上国）の**遺伝資源の収奪**（バイオパイラシー）であるという批判がされてきた。

このような先進国と途上国との間の利害対立が生じることに対し，生物多様性条約の目的として，「生物多様性の保全」，「生物多様性の構成要素の持続可能な利用」と並んで，「遺伝資源の利用から生ずる利益の公正かつ衡平な配分」が明記された。各国の遺伝資源に対する主権を認めた上で，資源提供国（主に途上国）と利用国（主に先進国）との間での利益の公正かつ公平な配分を求めているのである。

その基本的なルールは，利用者（主に先進国企業）は提供国（主に途上国）の遺伝資源へのアクセスに係る事前同意（Prior Informed Consent: PIC）を取得し，提供者（原住民や地域社会を含む）と相互合意条件（Mutually Agreed Terms: MAT）を設定した上で遺伝資源を利用することや，その商業的利用から生じた利益や研究成果を，MAT に基づいて提供国に配分する，というものである（図9-3）。COP10 において採択された「遺伝資源の取得の機会（Access）及びその利用から生ずる利益（Benefit）の公正かつ衡平な配分（Sharing）に関する

第9章　生物多様性保全政策を考える

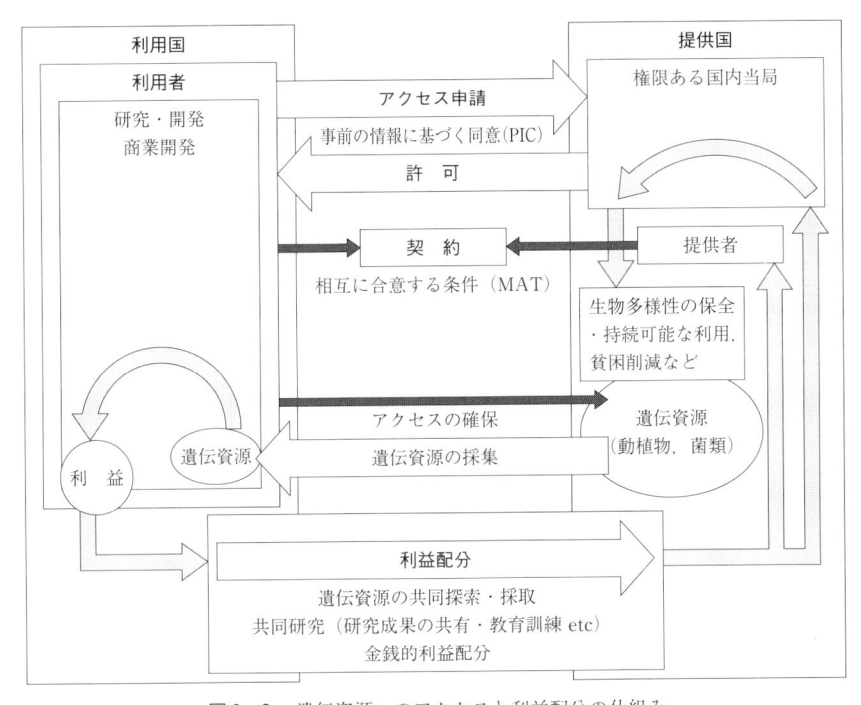

図9-3　遺伝資源へのアクセスと利益配分の仕組み
（出所）環境省（2012）をもとに筆者一部修正。

名古屋議定書」は，このルールに実効性を持たせるため締約国が実施すべき具体的措置を決めたもので，法的拘束力のある国際約束である。

3　生物多様性保全のための国内政策

　生物多様性条約に対応して，日本では**生物多様性基本法**が2008年に施行された。この法律では，生物多様性の保全と持続可能な利用についで基本原則を定め，国，地方公共団体，事業者，国民および民間の団体の責務を規定しており，その下で国および地方公共団体の施策について定めている。

　この基本法はまた，国による**生物多様性国家戦略**策定の義務づけ，および地方公共団体による生物多様性地域戦略策定の努力義務を規定している。生物多様性国家戦略は，生物多様性条約で各締約国が行動計画を定めることが求めら

れていることに対応したもので、1995年に最初の生物多様性国家戦略が策定された。2010年には、生物多様性基本法の下での初めての生物多様性国家戦略として「生物多様性国家戦略2010」が、さらにCOP10で採択された「愛知目標」達成へのロードマップとして、「生物多様性国家戦略2012-2020」が2012年に決定された。

生物多様性は非常に多くのことと関わっているために、「生物多様性国家戦略2012-2020」に行動計画として盛り込まれている施策も多岐にわたっている。2020年度までに重点的に取り組むべき施策の方向性として、

(1)生物多様性を社会に浸透させる。
(2)地域における人と自然の関係を見直し・再構築する。
(3)森・里・川・海のつながりを確保する。
(4)地球規模の視野を持って行動する。
(5)科学的基盤を強化し、政策に結びつける。

という「5つの基本戦略」を設定した上で、今後5年間の政府の行動計画として約700の具体的施策を記載し、50の数値目標を設定している。

施策を大きく分けると、1つは主に生息地の保全に関するもので、生物多様性の面から重要な地域の保全やそのための環境影響評価、森林の保全・管理、里地里山の整備・保全・利用、河川・湿原の保全などである。もう1つは、横断的・基盤的施策と呼ばれるもので、生物多様性についての普及・教育・経済的価値評価・事業者と消費者の取り組みの推進、野生生物の適切な保護管理、外来種対策、エコツーリズム、遺伝資源の利用と保全などから成る。

4 生物多様性保全と企業活動

これまで述べてきたように、生物多様性はわれわれ人間の活動に幅広く関わりを持つ。生物多様性が供給するサービスは、人間の生存や経済活動の基盤になるものであると同時に、その経済活動が発達することにより生物多様性が損なわれている。現代では経済活動の多くの部分が企業によって担われていること

からすると，企業活動は様々な面で生物多様性と密接な関わりを持つと言える。

このことから，生物多様性条約 COP8（2006年）では，民間部門の条約への参画が決議され，COP10 においても，ビジネスと生物多様性の連携活動の推進，国レベル・地域レベルでのビジネスと生物多様性イニシアティブの奨励等が採択された。日本でも，生物多様性基本法の中で，事業者や国民などの責務が規定されたほか，国の施策の1つとして生物多様性に配慮した事業活動の促進が規定された。

生物多様性保全に対する企業の取り組みとしては，条約や法令に定められたルールを遵守するということのほかに，自主的な取り組みも重要である。これは，近年，**企業の社会的責任**（⇨第2章第4節）の1つとして生物多様性への配慮が取り上げられ，それについての取り組みが，投資家，消費者，地域住民，自然保護団体などから重視されるようになっていることが大きな要因と言える。

生物多様性に配慮した取り組みを行うことは，消費者や取引先，投資家などへの製品や企業の認知度を高め，ひいてはブランド価値を含めた企業価値の向上にもつながる。逆に，生物多様性を損なうような企業活動に対しては，消費者や自然保護団体からの厳しい対応に遭い，投資家からの評価も低くなるといった事態になりかねない。

企業の自主的取り組みとしては，次のようなことがあげられる。①企業自らが，森林保全など生物多様性の保全に関する活動を行う。②生物多様性を損なう方法で採取された原材料の使用を自主的に禁止する。③原材料や製法などに関して生物多様性に配慮した製品であることを第三者機関に認証してもらう。あるいはそうした認証を得た原材料を優先的に使用する。④生物多様性が生み出す生態系サービスに対して，対価を支払う。このうち，③と④についての事例を次節で紹介する。

4　生物多様性保全のための企業の自主的取り組み

⬜1　森林認証の利用

本章第2節⬜2で述べたように，森林の消失・劣化が生物多様性の減少の大

きな要因になっている。その中でも，木材の商業利用のための過度な伐採あるいは不適切な森林管理が，森林の消失・劣化の原因の1つとして問題になっている。これに対して，環境や地域社会に配慮した持続可能な森林管理が行われている森林と，そこから産出された木材やそれを使った製品であることを証明する認証制度を**森林認証**と呼ぶ。

世界中で様々な森林認証があるが，代表的なものが**FSC**（Forest Stewardship Council：森林管理協議会）認証である。この**FSC認証**の取得が，木材や木製品・紙製品の特にヨーロッパを中心とした国際的取引に際して求められることが多くなってきている（⇨第7章第4節 2 ）。生物多様性に配慮した商品であることを消費者が求めるようになってきているからである。

例えば三菱製紙では，2001年に日本で初めて生産・加工・流通（Chain of Custody）についてのFSC認証（CoC認証）を取得してFSC認証紙の生産を始め，その後チリ植林地や国内社有林で森林管理（Forestry Management）についてのFSC認証（FM認証）を取得している。FSC認証紙としてロゴマークを付ける場合には，製品に関わるすべての加工・流通過程において，CoC認証を取得していることが求められる。その下で，例えば原料の50％がFM認証を取得した森林で産出されたものであれば，製品の50％にFSC認証紙としてロゴマークを付けることができる，というような仕組みになっている（三菱製紙の場合）。

FSC認証をはじめ，森林認証による木製品や紙製品のシェアは，まだわずかなものであるが，FSC認証を取得した森林の面積は急速に増加してきており，世界全体で1億2900万ha（2010年現在）となっている。

2 　生態系サービスへの支払い

本章第1節 2 で説明したように，生態系は人類に様々なサービスをもたらしている。それらは多くの場合無料で利用できると考えられ，生態系サービスの価値に対して対価が支払われていない。しかし，そうした生態系サービスを維持するためには直接・間接に費用がかかっている場合も多い。例えば，森林による洪水や土砂災害の防止や水の浄化といったサービスについては，森林の

維持管理費用を森林の所有者が支払う形になっている。また，森林の保全のために伐採や開発が禁止されると，それによって得られたであろう収入を失うという形で費用（機会費用）が発生する。

こうした費用を**生態系サービスへの支払い**（Payment for Ecosystem Services: PES）として，サービスの受益者が支払う仕組みが導入されつつある。中央アメリカのコスタリカでは国レベルで PES の導入に取り組んでいるほか，日本の地方自治体で導入が広がっている**森林環境税**もその類似例の1つと見ることができる。こうした政府による取り組みのほかに，生態系サービスを利用して事業を行っている企業が，自ら PES の取り組みを行っている事例として，ヴィッテル社の例がしばしば紹介される。

日本にも輸入されているヴィッテル社のナチュラルミネラルウォーターは，特定の地下水源から採水されるが，ミネラル濃度など厳しい基準が定められている。ところが，1980年代からフランス北東部の同社の水源付近で畜産業が盛んになり，飼料作物栽培のための肥料・農薬や畜産廃棄物により，水源が硝酸塩や農薬で汚染されるという問題が生じた。これに対してヴィッテル社は，周辺の農家と交渉し，畑を減らして木を植えたり，飼育する家畜の頭数を減らしたりするなど農業のやり方を変更してもらうことで，それにかかる費用や技術を長期的に支援することにした。これにより，ヴィッテル社は正常なミネラルウォーターを供給する生態系のサービスを維持し，自社のブランドを守ることができたのである。

5　まとめ

本章では，生物多様性が損なわれている危機的現状と，その原因について紹介し，それに対する国際条約と国内政策，および企業の自主的取り組みについて解説した。

(1)生物多様性は，基盤サービス，調整サービス，供給サービス，文化的サービスといった恩恵を人類にもたらしている。

▶▶ **Column** ◀◀

琵琶湖の生物多様性と保全への取り組み

　日本最大の湖である琵琶湖は，400万年の歴史を持つ古代湖であり，多くの固有種，すなわち琵琶湖にしか存在しない生物種が存在する。その代表的なものとして，ニゴロブナがあげられる。これは，琵琶湖周辺の伝統特産品として知られる鮒ずしの材料として重宝される。琵琶湖の生物多様性が，この地域の食文化の多様性を生み出している例と言える。

　しかし，このニゴロブナをはじめ多くの琵琶湖固有種の生息数が近年激減し，魚類では大半の固有種が絶滅危惧種・絶滅危機増大種・希少種に指定されている。琵琶湖の湖岸や周辺河川の改修による生息場所の減少，およびブラックバスやブルーギルなど外来魚の影響がその大きな原因とされている。

　ブラックバスやブルーギルなどの外来魚は，もともとゲームフィッシングの対象（あるいは餌）として各地に放流されて広がったと言われている。こうした生命力旺盛な外来魚が，琵琶湖固有魚の卵や稚魚を捕食することが，固有種減少の原因となっている。外来魚の繁殖を防ぐために，琵琶湖では，釣り上げたブラックバスやブルーギルを再放流（キャッチ・アンド・リリース）することを条例で禁止し，持ち帰るか外来魚回収ボックスや回収いけすに入れることを求めている。食べて駆除する（キャッチ・アンド・イート）取り組みも行われており，料理法の普及なども進められている。

　また，琵琶湖の生物多様性を保全するための地元企業の取り組みとして，滋賀銀行では2009年から，生物多様性保全の普及・啓発を目的に，「PLB（Principles for Lake Biwa）格付BD（Biodiversity）」の運用を開始した。これは生物多様性保全に関する方針の策定状況，推進・管理体制の構築状況，影響の考慮と低減・回避のための行動の有無等，合計8項目の生物多様性格付評価指標を独自に設定し，企業の取り組みに一定以上の評価が得られた場合，金利の優遇を行うものである。

　さらに，滋賀経済同友会では，「琵琶湖いきものイニシアティブ宣言」を発表し，琵琶湖を中心とする生態系の保全のため，各企業が最低1種類，もしくは1カ所の生息地の保全に責任を持つなど，10項目の活動を展開するとしている。このように，琵琶湖の生物多様性を保全するために，地元企業も参加しながら様々な取り組みが行われている。

（竹歳一紀）

(2) 現在地球上で1日数百種類のペースで生物が絶滅しており，生物多様性は危機に瀕している。
(3) 危機の原因は，開発などによる生息地の減少，乱獲，人間の自然に対する働きかけの縮小，外来種の侵入，地球温暖化などである。
(4) 生物多様性条約の下，国際的にも国内的にも，生物多様性保全の目標やそれに向けての戦略が策定されている。
(5) 生物多様性の保全は企業活動にも深く関わるため，生物多様性に配慮した企業活動が政策としても推進されている。また，CSRの観点から，生物多様性の保全に関する自主的な取り組みを行っている企業も多い。

引用参考文献

IUCN（国際自然保護連合）(2012)「レッドリスト2012」(http://www.iucn.jp/species/redlist/redlisttable2012.html　2013年12月7日アクセス)。
FAO（国連食糧農業機関）(2010)「世界森林資源評価2010——主な調査結果」(http://www.jaicaf.or.jp/fao/publication/shoseki_2010_4.pdf　2013年12月7日アクセス)。
環境省 (2012)『環境・循環型社会・生物多様性白書』(平成24年版)。
———— (2013)『環境・循環型社会・生物多様性白書』(平成25年版)。
水産総合研究センター (2013)「平成24年度　国際漁業資源の現況」(http://kokushi.job.affrc.go.jp/index-2.html　2013年12月7日アクセス)。

さらなる学習のための文献

足立直樹 (2010)『生物多様性経営——持続可能な資源戦略』日本経済新聞出版社。
林希一郎編著 (2010)『生物多様性・生態系と経済の基礎知識』中央法規出版。
馬奈木俊介・地球環境戦略研究機関編 (2011)『生物多様性の経済学——経済評価と制度分析』昭和堂。

(竹歳一紀)

第10章
エネルギー政策を環境の視点から考える

1 エネルギーの種類と世界的動向

　エネルギーは，その消費を増やすことそのものが人間の幸福を大きくするわけではない。食物の生育や貯蔵，調理，採光，冷暖房などの用途に資することで衣食住を快適にし，結果幸福度も増加する。また動力源として機械やエンジン，製品を動かすことで，工業や自由な移動，通信や情報伝達・共有などを飛躍的に発展させ，財・サービスの大量供給を可能にして人間の生活を豊かにしてきた。

　人間が最終的に消費するエネルギーは，基本的に自然界に存在するままの形で消費するもの（一次エネルギー）と，それを変換・加工して消費するもの（二次エネルギー）に区分される。一次エネルギーには，バイオバスなどの伝統的エネルギーと，石油・石炭・天然ガス等の化石燃料，原子力の燃料であるウラン，水力・太陽・風力・地熱・バイオマス（生物資源）等の**再生可能エネルギー**が，二次エネルギーには電気・ガソリン・都市ガス等が含まれる。このうち化石燃料は，採取・利用に要する費用は低いが，採取し続ければいずれは枯渇する**枯渇性資源**である。『エネルギー白書2013』によれば，2011年末時点での可採年数（可採埋蔵量／年産量）は，石油54.2年，天然ガス64年，石炭112年と推計されている。これに対し，再生可能エネルギーは消費を続けても枯渇するわけではない。しかし，現状の技術の下ではほかの電源よりも利用に要する費用は高い。

　エネルギーの消費量は，工業化の進展や経済発展とともに，まず先進国および旧ソ連で，次いで中国やインドなどの新興国で増加してきた。2009年にはイ

（単位：百万石油換算トン）

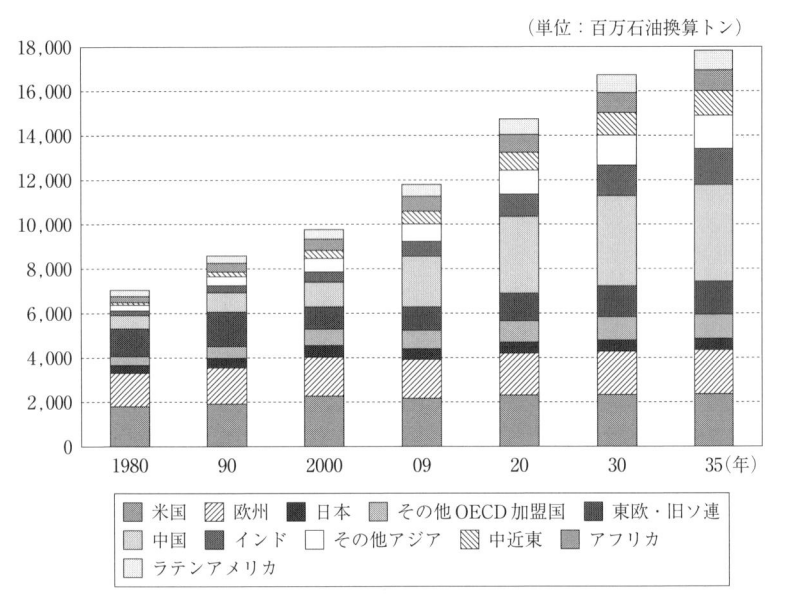

図10-1　世界の一次エネルギー総需要と今後の予測
(出所)　IEA（2011b）をもとに筆者作成。

ンドがロシアを抜いて世界第3位のエネルギー最終消費国に，2010年には中国が米国を抜いて世界最大の最終消費国となった。国際エネルギー機関（IEA）の予測では，今後新興国や途上国でのエネルギー需要は増加し続け，2035年には世界全体の一次エネルギー需要は18ギガ石油換算トンに達すると推計されている（図10-1）。特に天然ガスは，大気汚染物質や二酸化炭素の排出が少ないことから需要は今後も伸びていくと予測されている*。

* 日本は，2011年の東日本大震災・福島第一原子力発電所での放射能排出事故以降，54基の原子力発電所の稼働すべてを停止したため，発電用の代替燃料としての天然ガスの輸入を急速に増加させた。

他方でエネルギーの生産と供給は，エネルギーの種類ごとに埋蔵量や生産・供給能力は異なる。2011年では，一次エネルギーの生産は石油および石油製品が最も多く，31％を占めているが，石炭・泥炭が29％で続いている。次いで天

第10章 エネルギー政策を環境の視点から考える

(単位:百万石油換算トン)

図10-2 世界の燃料種類別一次エネルギー供給の推移

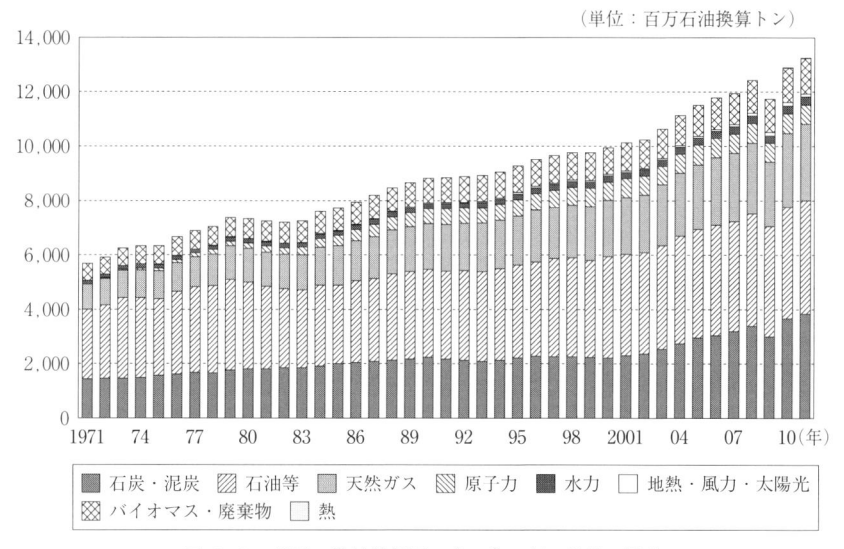

凡例:石炭・泥炭／石油等／天然ガス／原子力／水力／地熱・風力・太陽光／バイオマス・廃棄物／熱

(出所) IEA (2009), IEA (2011a) および IEA (2013) をもとに筆者作成。

(単位:百万石油換算トン)

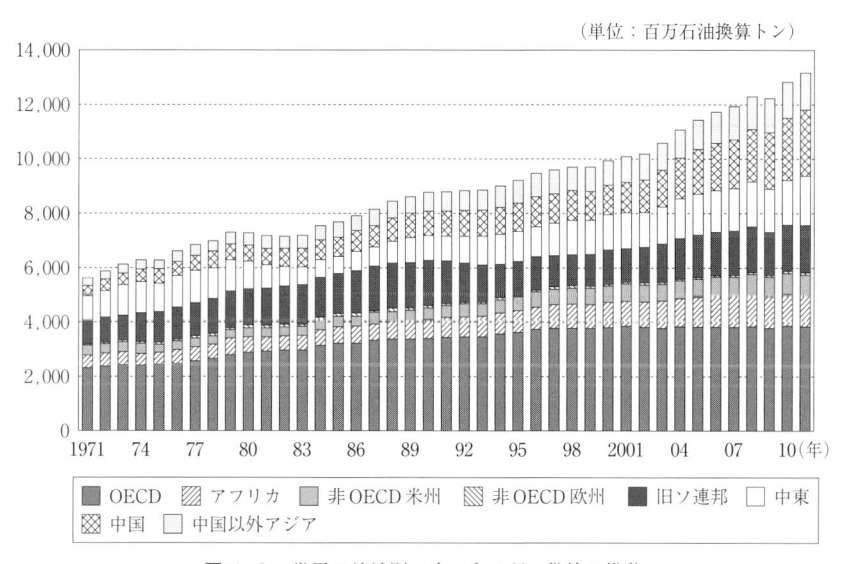

図10-3 世界の地域別一次エネルギー供給の推移

凡例:OECD／アフリカ／非OECD米州／非OECD欧州／旧ソ連邦／中東／中国／中国以外アジア

(出所) 図10-2に同じ。

然ガスの21％であるが，その次は離れて原子力の5％となっている（図10-2）。また国別には，中国と米国が圧倒的に多くこの両国で世界の36％を占める。次いでロシア，日本，ドイツ，ブラジルの順となっている。ロシアは伝統的な石油・ガスの生産国であったが，ソ連崩壊後の経済的混乱から1990年代には生産量を減らした。しかしプーチン大統領の下で2000年代に生産体制を再構築すると，原油・ガス価格の高騰とともに生産量を増やしてきた。また2000年代にはアフリカも生産量を増やしている（図10-3）。中でもアンゴラは，中国の支援を受けて原油生産を急増させてきた。

2 伝統的なエネルギー政策の目的

　化石燃料の埋蔵地は世界各地に偏在しており，種類ごとに埋蔵地が異なる。このため，石炭は豊富に採掘可能で国内自給できる国でも，自動車燃料としての石油やガスは輸入に依存せざるをえないかもしれない。つまり，必要とする種類のエネルギーをすべて国内で自給できる国は少ない。しかもエネルギーは，国民の生活や産業の発展，軍事力の維持強化に死活的に重要な役割を担っている。そこで多くの国は，エネルギーを単なる国際商品（コモディティ）ではなく**戦略物資**と見なし，エネルギーの長期かつ安定的な確保を国家戦略の重要な要素に位置づけてきた。具体的には，輸入国では，産出国や輸送ルートに立地する国との友好関係を維持するとともに，エネルギー源とその供給源の多元化・分散化を進め，低価格での調達と特定の産出国への過度な依存をやめることを目的としてきた。他方産出国は，埋蔵するエネルギー資源の効率的な発掘と，高価格での供給をエネルギー政策の目標としてきた。

　ところが，ローマクラブが1972年に『成長の限界』を公表すると，近い将来の化石燃料の枯渇が問題として認識されるようになった。『成長の限界』では，コンピュータシミュレーションに基づいて，自然資源の消費が経済成長と同じペースで成長すれば，将来自然資源は枯渇し，再生可能資源の再生能力を破壊して，経済成長は停止することを示した。そして実際に1973年に第一次石油危機が発生し，原油価格が高騰したことで，『成長の限界』は現実的なシナリオ

として受け止められた。そこで原油輸入国は、輸入依存度の低下と自給率の向上（**エネルギー安全保障**）をエネルギー政策の目的に加え、その手段として省エネ、エネルギー効率性の向上、原子力発電および再生可能エネルギーの開発・普及を推進してきた。現在では産油国も、原油枯渇後の成長を維持するために、化石燃料消費の削減や非化石燃料エネルギーへの転換を推進している。

3　エネルギーの生産・消費にともなう環境問題

　エネルギーの生産・（電力・都市ガスへの）転換・消費は様々な環境問題を引き起こす。化石燃料の採掘や水力発電ダムの建設は、大規模な住民の非自発的移住や地域で共同利用してきた土地や資源の乱開発と環境破壊を引き起こし、自然環境や地域社会を破壊してきた。またウラン鉱山周辺では放射能による健康被害の発生が指摘されている。

　化石燃料の燃焼は、二酸化硫黄や窒素酸化物、**粒子状物質**（PM）、揮発性有機化合物（VOC）などの大気汚染物質や、二酸化炭素やメタンガスなどの気候変動の原因物質を排出する。これらの大気汚染物質は、排出源の地元で大気汚染を引き起こして気管支ぜんそくなどの健康被害をもたらすほか、酸性雨や光化学オキシダントを発生させて国境を越えた広域での健康被害、湖沼の酸性化、農作物や森林の生育の阻害・枯損を引き起こす。特に石炭は硫黄、窒素、灰を含むことから、石炭火力発電所は石油火力発電所よりも深刻な大気汚染、排水、騒音、廃棄物の環境汚染を引き起こす*。また燃焼残渣としての石炭灰の処分には広大な用地が必要となる。さらに貯炭や石炭移動段階では、備蓄量で原油よりも2倍以上の量を確保する必要がある半面、空間の効率的利用が困難なことから、石油火力発電所の2倍以上の貯蔵用用地を必要とする。しかも粉塵の飛散や自然発火、騒音による周辺環境の悪化のリスクもある。天然ガスは、大気汚染物質や二酸化炭素の排出は少ないものの、採掘や輸送の際にメタンガスを排出する。

　　＊　石炭の中には微量に水銀が含まれているものもあるため、水銀汚染のリスクもある。

原子力発電所は，発電では二酸化炭素をほとんど排出しない。その半面，地震や津波，その他人為的要因などで全電源を喪失すればメルトダウンを起こし，大量の放射性物質を放出する。しかも数十年程度の管理によって放射能の量が半分以下に減少する**低レベル放射性廃棄物**（使用済み核燃料）を排出する。この中にはまだ使えるウランや新たに生成されたプルトニウムがある。このため，再処理してウラン・プルトニウム混合燃料（MOX燃料）を生産すると，原子力発電所で再度燃料として使用することが可能ではある。しかし，再利用できない放射能の高い廃液（**高レベル放射性廃棄物**）が同時に生成される。これは，近づけば数分で死ぬほどの強い毒性を持ち，放射能の量が半減するのに十万年以上を要する。2013年末現在，使用済み核燃料の埋立最終処分場を決定したのは，スウェーデンとフィンランドのみで，高レベル放射性廃棄物の最終処分場は日本を含め先進国では全く決まっていない*。このため，原子力発電所はしばしば「トイレのないマンション」と呼ばれている。

* 米国は，1987年にネバダ核実験場の南西部に隣接するユッカマウンテンを高レベル放射性廃棄物の埋立処分場に決定し建設を始めたが，2009年に計画を中止した。日本は，2000年に特定放射性廃棄物の最終処分に関する法律（特廃法）を制定し，自治体の立候補を促したが，住民の反対などもあり，結果的に立候補する自治体はなかった。

　再生可能エネルギーも，二酸化炭素の排出量は少ないか，あるいはほとんどない。バイオマスは燃焼すれば二酸化炭素を排出するものの，それは成長過程で蓄積・吸収していた二酸化炭素を排出することなので，差し引きゼロ（カーボン・ニュートラル）と言える。その半面，不完全燃焼すれば一酸化炭素中毒を引き起こす。また風力発電は，バードストライクや日照障害，低周波振動による健康被害を引き起こすほか，高所から落下する危険性もある。

4　エネルギー・環境・気候変動統合政策

　エネルギー安全保障の確保やエネルギーの生産・消費にともなう環境費用を低下させる政策は，以下の4つに大別される。

(1)エネルギー生産・輸送・発電設備建設にともなう環境影響の未然防止。
(2)汚染物質の排出やエネルギーの合理的利用に関する規制強化。
(3)エネルギー価格の引き上げ。
(4)エネルギー構造の転換。

1　規制基準の強化

　エネルギー生産および発電にともなう汚染物質の排出を削減する政策手段としては，エネルギー生産・発電施設から排出される汚染物質に対する規制や，化石燃料に含まれる硫黄分規制などの燃料規制があげられる。そして規制を確実に達成させる政策措置として，石油精製技術や電気集じん装置，**排煙脱硫装置，排煙脱窒装置**などの末端処理技術，汚染物質の排出が少なく燃焼効率の高いボイラーといった環境保全型技術の開発・導入に対する補助金や減税，低利融資が，また企業が排出基準を守っているかどうかを常時確認する手段として**オンライン自動連続モニタリング設備**の設置義務が，しばしば組み合わされて実施されてきた。

　日本では，上記の規制に加えて，大気汚染政策および省エネ政策として工場に対する**エネルギー管理者**配置義務やエネルギー原単位の改善要求が，導入された。そして気候変動対策が求められるようになると，家電などの製品や住宅に対する**省エネルギー基準**の設定，個々の機器を基準設定時に商品化されている製品の中で「最も省エネ性能が優れている機器」の性能以上に設定することを求める**トップランナー方式**，省エネ基準やトップランナー基準を満たした度合いを消費者に情報開示する**省エネラベリング制度**などを導入してきた*。そしてリーマンショック後の2009年には，省エネ基準やトップランナー基準を満たした家電や住宅の購入を促すために，エコポイント制度という購入補助金を供与した。

　　* これらの措置は，日本ではすべてエネルギーの使用の合理化に関する法律（省エネ法）で規定されている。

2　価格の変更

　エネルギー消費量の削減，ないしその伸びの抑制は，エネルギー生産・転換施設の新設の必要性を小さくし，化石燃料やウラン・プルトニウムの採掘・燃焼量の減少を通じて汚染物質の排出削減をもたらす。効率的に機能しているエネルギー市場では，埋蔵量が枯渇すれば価格が上昇するため，需要は抑制される。しかしエネルギー価格が上昇すると，各国は新たな油田やガス田，掘削技術，代替エネルギーを開発するなどして，エネルギー価格の著しい高騰を抑制してきた。このため，2度の石油危機やイラク戦争後の時期を除くと，市場は需要を抑制するほどの価格調整機能を果たしてこなかった。

　そこで，エネルギー需要を抑制する目的でエネルギー税が導入され，また補助も縮小・撤廃されてきた。また環境保全・気候変動影響緩和の観点から，エネルギー消費に対する環境税や炭素税も導入されてきた。ところがエネルギーは国民の生活に直結しており，国民の多くは代替エネルギーの入手は困難なため，価格の引き上げは実質所得を減らすことになる。しかも所得水準の低いほど所得に占める割合が増える。国民の合意を得て導入しようとすれば，税率や補助金の削減率は低く設定せざるをえず，しかも法人税・所得税・社会保障支払など他の負担の削減と組み合わせて環境財政改革として実施せざるをえなかった。このため，エネルギー税・補助政策のみでは，化石燃料から他のエネルギーへの代替はあまり進まなかった。

3　エネルギー構造転換

　化石燃料の消費抑制と環境・気候変動緩和の2つの目的を同時に達成する別の政策手段として，代替エネルギー，すなわち原子力や再生可能エネルギーの開発や利用に対する補助や規制緩和があげられる。

　原子力発電の推進策としては，技術の開発や実用化に対する補助，政府による用地買収や周辺住民との合意形成，廃棄物の再処理工場や貯蔵施設，高速増殖炉の建設・運営などがあげられる。これらの政策は，電力事業者にとっての原子力発電の費用を低下させ，天然ガスや石炭による発電よりも原子力発電の方がもうかるように費用構造を変えることができる。

他方,再生可能エネルギーの推進策としては,**固定価格買取制度**と**固定枠制度**があげられる。固定価格買取制度は,電力の小売りを行う事業者に再生可能エネルギー電力を固定価格で一定期間調達を義務づけるものである。買取価格を再生可能エネルギーの種類別に発電費用を超える水準に設定すれば,発電費用の比較的高い太陽光や風力発電にも多数の事業者が利益を求めて参入する。このため,再生可能エネルギーの急速な普及と,学習効果・規模の経済性を通じた発電技術の開発,発電費用の低下が期待できる。その半面,買取価格は電力料金に上乗せされて消費者に転嫁されるため,買取価格の高い再生可能エネルギーの発電量が増えるほど,消費者の負担も増加する。

これに対し固定枠制度は,電力の小売りを行う事業者に,販売電力量に応じて一定割合の新エネルギー等電力の利用を義務づけるものである。既存の電力事業者は自ら,あるいは入札を行って発電費用の低い再生可能エネルギーを調達するため,費用効率的に再生可能エネルギーを普及することができる。その半面,利用義務量が小さく設定されると,電力需要は伸びず,その半面既存の電力事業者が自家発電で枠を埋めてしまい,独立事業者からは買い取らなくなるかもしれない。このため,多額の初期投資を必要とする風力発電や太陽光発電,地熱発電への新規参入は少なくなり,初期投資費用の低い再生可能エネルギー,例えば廃棄物発電やブラジルで生産されたバイオ燃料による発電が優先される。

5　日本のエネルギー・電力政策の展開

1　伝統的なエネルギー政策

日本は,第2次世界大戦前は,伝統的な薪炭と国内石炭,そして日清戦争後は撫順などの中国東北部産の石炭と国内の水力発電に大きく依存していた。そこで電力が国家管理されるようになる1939年以前は,電力会社は主に水力発電と中長距離送電に依拠して地域ごとに供給を行いつつ,互いに激しい競争を行っていた。1950年代には黒部ダムや佐久間ダムなど大規模な水力発電ダムも開発されたものの,新規の建設が困難になり相対的に費用が上昇したこと,火力

発電の発電容量と効率性が向上したことから火力発電が急速に普及し，1963年には火力発電の設備出力が水力発電を上回った。1960年代に安価な原油の輸入が確保できるようになり，福岡県の三井三池炭鉱や北海道の夕張炭鉱など大きな炭鉱事故が頻発するようになると，石炭から石油へのエネルギー転換を国策として推進するようになった。この結果，日本のエネルギーの輸入依存度は高まり，90％を超えるようになった。

2　石油危機と環境政策

ところが**四日市公害訴訟**で原告が勝訴し，地方自治体で環境政策の強化を訴える候補者が首長に当選すると，大気汚染政策が強化され，汚染の少ない燃料への転換が求められるようになった。そこで低硫黄重油への転換が推進された。しかし低硫黄重油の供給量には限りがあり，中小企業が入手するのは容易ではなかった。そこで電力・ガス・鉄鋼5社はインドネシアの国営石油公社プルタミナ社との間で液化天然ガス（LNG）の長期売買契約を締結し，大企業や発電所は**排煙脱硫**・排煙脱窒装置の設置と天然ガスへの転換で，中小企業は低硫黄重油でそれぞれ大気汚染対策を進めるようになった。

さらに2度の石油危機に直面し，国際的にも石油火力発電所の新設が禁止された。この結果，エネルギー政策の中核は，供給源の多様化と自給率の向上へとシフトした。そこで中東の原油を代替するエネルギーとしてインドネシアやマレーシアの天然ガスに着目し，日本に運搬できるようにするために液化技術やLNG専用運搬船の開発や受入基地の建設を支援してきた。

この結果，都市ガスや発電用の燃料は石炭・石油からLNGへと転換し，その一次エネルギー供給の占める割合は上昇した（図10-4）。そして1977年までは10％以下であった電力供給量に占める割合も1984年に20％を超え，2000年代には30％近くまで上昇した（図10-5）。

同時に，使用後に再利用可能という点で半国産エネルギーとなりうることから，ウランやプルトニウムを原料とした原子力発電所，使用済み核燃料の再処理工場（青森県六ヶ所村），加工したMOX燃料を燃料とする高速増殖炉（もんじゅ）の建設を進めてきた。そして大気汚染対策の進展や「工場制限三法」（工

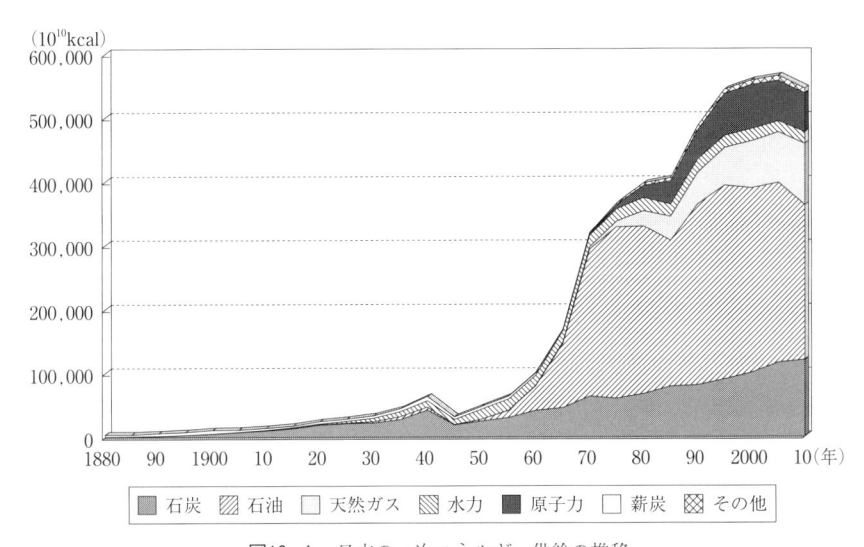

第10章　エネルギー政策を環境の視点から考える

図10-4　日本の一次エネルギー供給の推移
（出所）日本エネルギー経済研究所計量経済ユニット編（2013）をもとに筆者作成。

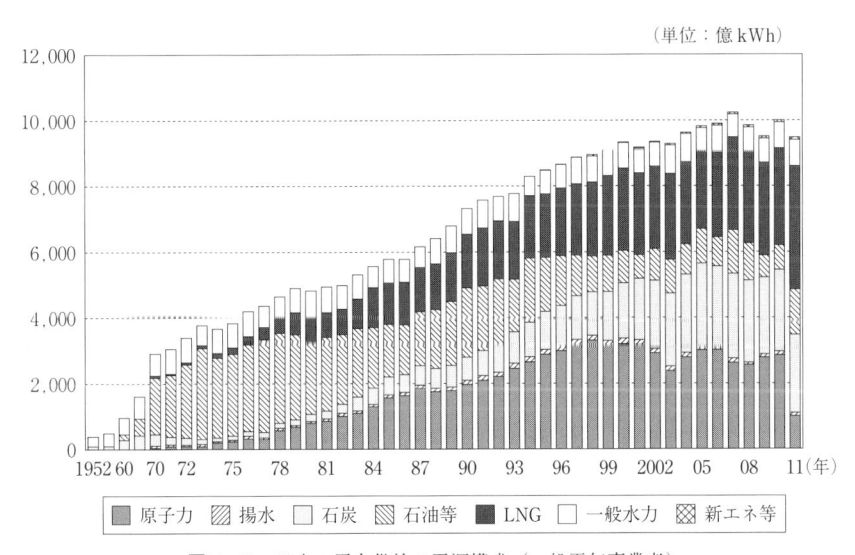

図10-5　日本の電力供給の電源構成（一般電気事業者）
（注）　独立電力事業者および自家発電を除く。
（出所）資源エネルギー庁『エネルギー白書2013』。

業再配置促進法，工業等制限法，工場立地法）により，最大の需要地である大都市近郊に火力発電所を新設することが困難になる半面，電力需要は増え続けた。このことから，この両方を満たすために，大都市の遠方に原子力発電所を新設する計画を立てた。そこで**電源三法**（「電源開発促進税法」，「電源開発促進対策特別会計法」，「発電用施設周辺地域整備法」）を制定し，電力会社が消費者から上乗せ料金を徴収し，立地を受け入れた地方自治体にそれを供与して地域振興に資する財政メカニズムを構築して原子力発電所を着実に整備してきた。さらに2009年の国連気候変動特別総会演説で「2020年までに1990年比で温室効果ガスの25％削減」を国際公約すると，**エネルギー基本計画**を改定（2010年）して2030年の原子力発電の比率を50％以上にすることを目標として設定した。福島第一原発事故後に「25％削減」と両立する新エネルギー政策を策定する目的で**エネルギー・環境会議**を設立し，討論型世論調査を経て「2030年代の原子力発電ゼロ」を目標に掲げた「革新的エネルギー・環境戦略」を決定した。しかし閣議決定することはできず，2014年に安倍政権の下で改定されたエネルギー基本計画では，原子力発電は再度重要なベース電源と位置づけられた。

　他方，再生可能エネルギーへの転換は，天然ガスや原子力への転換と比較すると緩やかにしか推進されてこなかった。最初の本格的な政策は，第一次石油危機直後の1974年に公表されたサンシャイン計画で，石炭液化，地熱・太陽熱発電，水素エネルギーの技術開発を推進するものであった。しかしこれらの多くは技術開発が進まないか，本格的な普及には至らなかった。次いで実施されたのが，ソーラーシステム普及促進事業に代表される設備設置政策で，初期投資費用の高い再生可能エネルギーの設備設置に対して補助金や低利融資を行ってきた。ところが1996年を最後に政策は廃止され，結果新規設置数は低下していった。その後気候変動政策を推進するために政府の補助金で風況調査が実施され，利用量を拡大する政策が検討された。しかし導入されたのは，買取価格が大きく変動する固定枠制度であった*。しかも電力事業者に課された利用義務量は小さく，廃棄物発電も再生可能エネルギーに含まれ，制度によって認定された新エネルギー等電力設備のほとんどは既存設備であった。このため，水力および廃棄物発電を除く再生可能エネルギーの割合は１％を超えることはな

く，新規参入した独立事業者も採算が取れないものが多かった。

　＊　正式名称は「電気事業者による新エネルギー等の利用に関する特別措置法」で，2002年に成立し，2003年から施行された。

3　東日本大震災以降

　固定価格買取制度が導入されたのは，2009年のことであった。しかしこの時は，リーマンショック後の不況対策としての消費創出を目的としていたことから，対象は住宅に設置された太陽光発電で発電された余剰電力に限定されていた。太陽光・風力・小規模水力・地熱・バイオマスの全発電量を対象に固定価格買取制度が実施されたのは，福島第1原発事故後の2012年7月のことであった。この時は，「電気事業者による再生可能エネルギー電気の調達に関する特別措置法」で「発電事業者が受けるべき適正な利潤，及び法律施行前の再生可能エネルギー供給費用他の事情を勘案して定める」と明記したことから，先行して固定価格買取制度を運用してきたドイツと比較しても，買取価格は高い水準に設定された。

　この結果，再生可能エネルギー発電事業への参入が相次ぎ，2013年5月末までに約49万件，出力22ギガワット相当の事業が認可された。中でも太陽光発電は，短期間で設置が可能なことから，事業件数の99％，出力規模の93％を占めた。そして発電設備や発電量に占める再生可能エネルギーの割合も，2012年には上昇した（前掲図10-5）。

　ところが，2012年度に認可を受けた太陽光発電事業の内，2013年8月時点で実際に運転を開始したのは197.5万キロワットで計画の10％にも満たない＊。また風力発電も，環境影響評価に時間を要し，再生可能エネルギーに対する優先接続義務が課されておらず，送電網整備の費用負担が独立発電事業者側に課されており，かつ農地転用，水利権・漁業権との調整，利益分配を含めた地元の合意形成も容易ではないなどの理由から，必ずしも設置が進んでいるわけではない＊＊。このため買取価格の高い太陽光発電で送電網がいっぱいになり，発電費用の低い他の再生可能エネルギーの拡大余地がなくなることが懸念されている。

＊　「太陽光　稼働まだ1割」『日本経済新聞』2013年8月21日。
＊＊　送電網の制約に関しては，経済産業省は2013年に送電網の運営主体となる特別目的会社を設立した企業に送電網の新設に必要な費用の半額を補助する事業（初年度予算額250億円）を創設するなど，克服に乗り出した。

6　産業界の対応

　エネルギー・環境統合政策の導入は，企業に大きな影響を及ぼしてきた。
　第1に，製造業は生産過程や製品のエネルギー効率性を向上させ，**クリーナー・プロダクション**を進展させた。1973～96年に日本の国内総生産が約2倍になる中で，単位当たりエネルギー消費量は，製造業平均で40％改善し，エネルギー消費量の多い鉄鋼業でも30％改善した（図10-6）。そして2008年に地球温暖化対策推進法が改正され，事業者の排出抑制等に関する指針が策定されるなど，温室効果ガス削減に向けた取り組みの強化が求められると，工場のエネルギー消費を部署ごとに「**見える化**」してピーク電力の削減や工場全体のエネルギー消費量の削減を行うようになった。
　また家電製品のエネルギー消費量も，1973～93年の20年間に40～60％改善し，その後製品が大型化・多機能化する中でもエネルギー効率性を向上させている（図10-7）。さらに白熱電球よりエネルギー消費量の少ないLED照明や，自動省エネ制御運転を行う製品の開発・販売を積極的に行うようになっている。
　第2に，電力会社は，火力発電所の省エネを通じてエネルギー効率を高めてきた。具体的には，天然ガスによる**コンバインドサイクル発電**（ガスタービンを回し終えた後の排ガスの余熱を使って水を沸騰させ，蒸気タービンで再度発電する方式）や**コジェネレーション**（**熱電併給**），亜臨界圧や超臨界圧，超々臨界圧発電といった発電容量100万kWを超える高温・高圧・大容量の**高効率石炭火力発電技術**の導入も進めてきた。ただし，夏期のピーク需要が高まったこと，原子力発電の比重が高まりベースロード電源と位置づけられたことから，火力発電はピーク需要対応の電源としての役割を担うことになった。そこで電力会社は，熱効率が50％を超え，かつ起動停止などの運転操作も迅速・容易なコンバイン

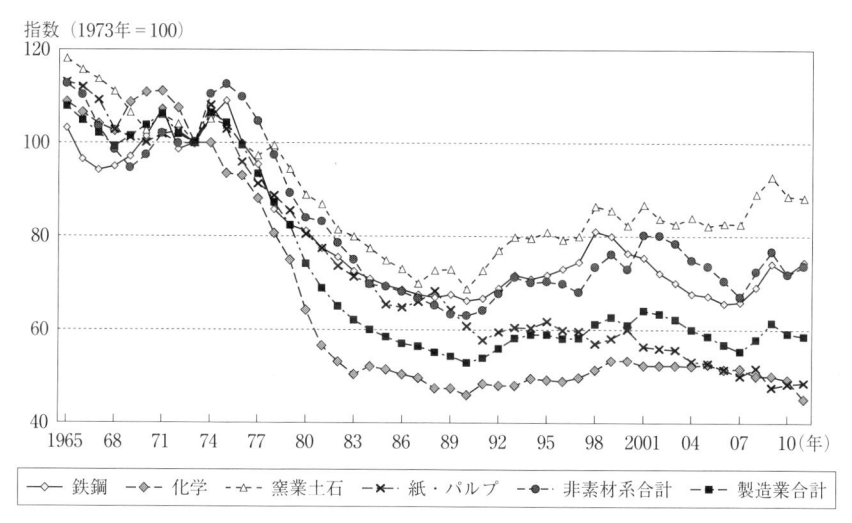

第 10 章 エネルギー政策を環境の視点から考える

図10-6 日本の製造業の鉱工業生産指数（IIP）当たりエネルギー消費原単位
(出所) 図10-4に同じ。

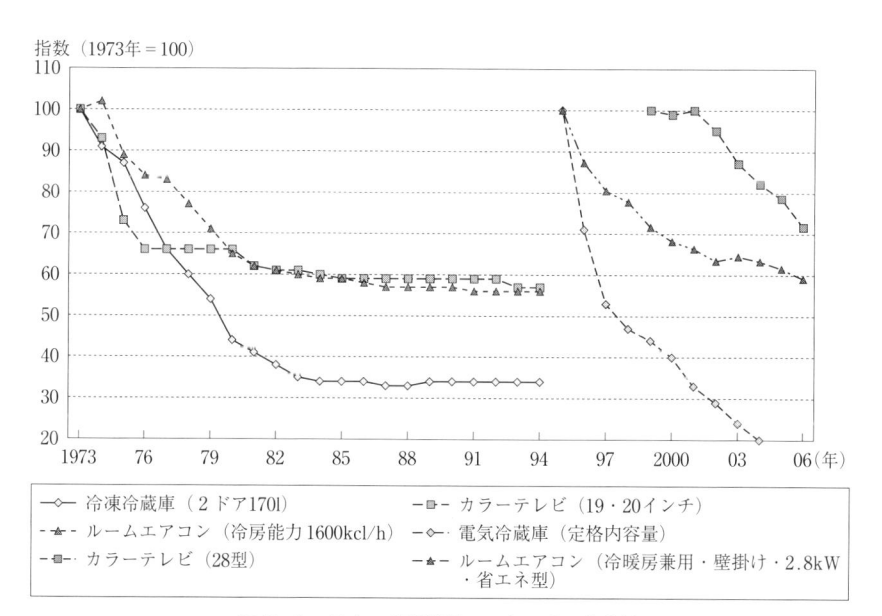

図10-7 日本の家電製品のエネルギー効率性
(出所) 図10-4に同じ。

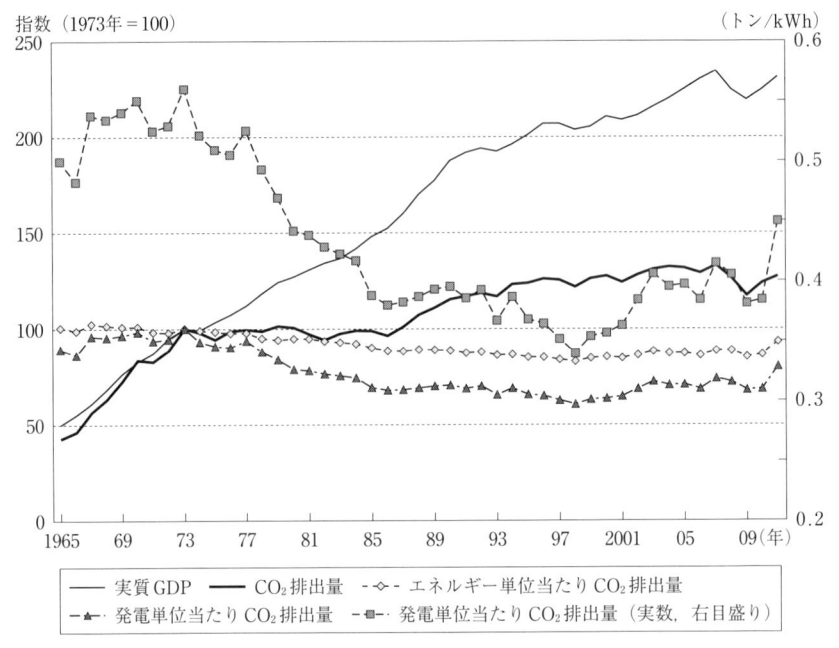

図10-8 日本のエネルギーおよび発電単位当たりCO_2排出量
(出所) 図10-4に同じ。

ドサイクル発電を積極的に導入するようになった。またコンピュータ導入によるオンラインの保守による熱管理や，品質管理活動の一環としての省エネ対策などのソフトの対策も進めてきた。この結果，定算GDPの成長にもかかわらず，発電単位当たり二酸化炭素排出量は1973〜96年に35％低下した*（図10-8）。

* ただし1998年以降は，石炭火力発電比率の上昇や，トラブル隠し・中越沖地震・東日本大震災などで原子力発電所が停止したことにともなう火力発電比率の上昇などにより，発電単位当たり二酸化炭素排出量は上昇している。

第3に，大気汚染対策技術や再生可能エネルギー技術を世界に先駆けて開発・実用化しようとしてきた。排煙脱硫装置は，1960年代には原理は明らかにされていたものの，実用化されていなかった。世界で最も早く実用化・商業生産を開始したことで，日本の国内の多くの発電所や大企業に設置され，さらに

1980年代以降酸性雨対策を強化したドイツや米国に多く輸出される等，環境産業として成長した（森，2009）。またコンバインドサイクル発電や超臨界圧発電技術も，初期は海外メーカーとのライセンス契約による生産であったものの，次第に技術力を向上させて国産化・技術開発を進め，台湾やインドなどに輸出をしている。太陽電池は，設備設置補助により，生産も設置も2000年半ばまでは世界一であった。ところが，欧州での需要拡大を契機にドイツや中国企業が生産設備への投資を増強し，その原料のシリコンの長期調達契約を進める中で，日本は設備設置補助を廃止し，日本企業もあまり積極的に設備投資を行わなかった。このため，日本企業は軒並み世界シェアを落とした。また風力発電タービンは，三菱重工業など少数の企業が生産および海外事業展開を行っているものの，国内設置の多くは国外企業から調達している。

7　今後の展望と課題

今後は，一方で新興国における化石燃料需要の拡大や天然ガスの輸入の増加による貿易赤字の拡大と円安基調*が，他方で原子力発電所増設や廃棄物処分場建設に対して社会的合意を得ることが困難な状況が続くことが予想される。しかも大気汚染政策や気候変動政策は強化されこそすれ，緩和は期待できない。

*　米国で始まったシェールガス革命の恩恵が日本にも届けば，天然ガス輸入による貿易赤字も縮小すると期待されている。

こうした状況に対応しつつ，エネルギー需要を満たす政策として，再生可能エネルギー普及への期待は高まっている。しかし，再生可能エネルギーは気象条件に左右され，需要の変動に柔軟に対応できるわけではない。再生可能エネルギーの供給量が増えるほど，送電網に関わる負荷は増大し，電力会社が火力発電所でピーク需要調整を行う現行の方式は技術的に困難になる。このため，電力需要に応じて時間帯ごとに電力料金を変え，家庭などに設置した再生可能エネルギーからの供給を増やしつつ，需要側でもピーク調整を行うシステムを導入することが不可欠となる。これを実現するには，消費者が電力消費量を把

握し，時間帯ごとに変動する料金に即応できるように，従来のアナログ式誘導型電力量計を，通信機能を活用して自動検針を行う**スマートメーター**に切り替え，既存の送電網を**スマートグリッド**，すなわち，IT技術を駆使して電力を供給と需要の双方から調整する次世代型の電力網に転換しながら，サイバー攻撃対策を行う必要がある。そして，変動と不確実性を予測するオペレーション・ツールや，1日前・1時間前・リアルタイムといった多様な取引市場など，柔軟な対応を可能にするきめ細かな制度の整備もあわせて必要となる。

他方で需要が少ない時にも再生可能エネルギーは生み出される。これを有効活用するには，広域での**電力融通**と貯蔵機能の拡充が有効である。ただし日本では，東日本と西日本で周波数が異なっておりその変換設備の能力が小さく，また津軽海峡を通る送電網の容量が小さいなど，広域融通を可能にする条件は整備されているわけではない。そこで，揚水発電用の水の汲み上げや，水素を生成して専用施設に貯蔵して家庭用コジェネレーションなどで活用する方法，あるいは家庭用燃料電池に貯蔵して別の時間に使用するといった貯蔵技術が注目されている。現在，世界各地でこうした新たな電力システムを構築するための実証実験が行われているが，日本は電池メーカーの数が多く技術力も高いため，この分野での国際的な開発競争に積極的に参入している。

再生可能エネルギー推進政策は，こうした新たなシステムへの転換を必要とするだけでなく，所得分配に対して逆進性を持ちうる。再生可能エネルギーが化石燃料に対して割高な現状では，再生可能エネルギーの供給が増えるほど買取負担も増え，その分電気料金も高くなる*。しかも家庭用の太陽電池や燃料電池を設置して売電収入を得られるのは，初期費用を負担できる高所得層に限定される。このため，再生可能エネルギー供給設備を供給できない低所得層から設置した高所得層への所得移転が起こることになる。

* スペインと韓国では再生可能エネルギーの買取価格の差額補填を消費者ではなく政府ないし電力公社が行っていたことから，再生可能エネルギーの普及とともにその赤字が拡大した。このことが，両国が固定価格買取制度を廃止する大きな要因となった。

そこで，個別の製品や日常の行動に止まらない省エネ，言い換えればエネル

ギー消費量の抜本的な削減に真剣に取り組むことが必要となる。これを推進するには，工場や住宅など建築物ごとにより厳しい省エネ基準を設定し，新設や更新の際に遵守を徹底すること（⇨第12章）や，熱利用を含めるとエネルギー効率性の高いコジェネレーションを地域ごとに普及させる政策が重要となる。そしてコジェネレーションの燃料に木質チップなどのバイオマスを活用すれば，化石燃料消費をさらに削減することも可能となる。

　エネルギー消費量を削減することは，決して夢物語ではない。現にドイツは，1980年代以降最終エネルギー消費量を減らしてきている。

　ただしエネルギー消費量の削減政策を日本で実施するには，既存の電力の地域独占供給体制や，電気とガスの二元エネルギー供給システムを抜本的に再構築することが必要となる。2013年に改正電力事業法が成立し，2015年の全国規模で電力需給を調整する「広域系統運用機関」の設立，2016年の電力小売りの参入の全面自由化，2018～20年の**発送電分離**という3段階の電力市場の自由化に向けた一歩を踏み出した。この改革がどの程度実現して「異業種」が発電や熱電併給事業，さらには**ネガワット取引**と言われる節電事業に参入して利益を上げることができるか，そして現在大都市圏しか敷設されていないガスのパイプライン網の整備がどこまで進展するかが，実現の鍵を握っているように思われる。

8　まとめ

(1) エネルギー政策の目標は，廉価で大量かつ安定的な供給とエネルギー安全保障という伝統的なものに，省エネ・エネルギー効率性の向上，エネルギー源の多様化が加わり，近年さらに発電機器・システムの育成・輸出といった国際競争力の強化が加わった。

(2) エネルギーの生産・消費における環境問題を解決する政策手段には，生産・発電施設建設・消費における環境影響の未然防止措置や，汚染物質の排出やエネルギーの合理的利用に関する規制強化，エネルギー価格の引き上げ，エネルギー構造の転換があげられる。日本はこれらの政策を実施す

▶▶ **Column** ◀◀

世界のエネルギー価格決定権をめぐる競争

　エネルギーの安全保障を考える上で重要となるのが，エネルギー価格，特に石油価格の価格決定権が誰にあるのかである。

　1950年代までは，英国・米国・オランダなどの国際石油資本（メジャーズ）7社が原油の採掘と流通を寡占的に支配し，価格決定権を握っていた。国際石油資本は先進国の需要増加に対応して原油を増産し，低価格で供給したために，産油国政府は利益配分が少ないと不満を抱いていた。そこで産油国は1960年に石油輸出国機構（OPEC）を結成し，国際的なカルテルを形成して価格引き上げを図った。そして第一次石油危機を契機にOPEC加盟国は国内の油田・パイプライン・製油設備を国有化するとともに，国際石油資本の意向に関係なく価格を引き上げて，価格決定権を奪取した。

　ところが1979年のイラン・イラク戦争を契機とした第二次石油危機により先進国の経済成長が鈍化し，先進国で省エネや代替エネルギーの開発，備蓄の拡大，非OPEC加盟国での産油量の拡大により石油の国際価格は低迷し，OPEC加盟国の価格決定権は低下した。

　2003年のイラク戦争以降，中国やインドなどの新興国の需要増加や気候変動政策としてのガスへのエネルギー転換と相俟って石油・ガス価格が再び高騰すると，OPEC加盟国の影響力も再び強まった。ところが北米でのシェールガス・石油革命の影響が世界に拡大すると，影響力に陰りが見え始めている。　　　　（森　晶寿）

る中で，効率的な火力発電設備や汚染防止技術を開発し，それらを国際競争力を持つ商品にしてきた。その半面，再生可能エネルギーは積極的には推進してこなかった。

(3) エネルギー・環境・気候変動統合政策を再生可能エネルギーを増やすことで進めるには，その障害となっている電力システム上の障壁を克服する改革が不可欠である。

引用参考文献

資源エネルギー庁『平成24年度エネルギーに関する年次報告（エネルギー白書2013）』
　（http://www.enecho.meti.go.jp/about/whitepaper/2013html　最終アクセス2014年

7月1日)。

日本エネルギー経済研究所計量経済ユニット編 (2013)『エネルギー・経済統計要覧 2013』省エネルギーセンター, 2013年。

森　晶寿 (2009)『環境援助論——持続可能な発展目標実現の論理・戦略・評価』有斐閣。

IEA (2009) *Energy Balances of Non-OECD Countries 1970-2007 CD-ROM*, Paris: IEA.

——— (2011a) *Energy Balances of Non-OECD Countries 2011*, Paris: IEA.

——— (2011b) *World Energy Outlook 2011*, Paris: IEA.

——— (2013) *Energy Balances of Non-OECD Countries 2013*, Paris: IEA.

さらなる学習のための文献

石井　彰 (2011)『エネルギー論争の盲点——天然ガスと分散化が日本を救う』NHK出版新書。

植田和弘・梶山恵司編著 (2011)『国民のためのエネルギー原論』日本経済新聞出版社。

大島堅一 (2010)『再生可能エネルギーの政治経済学——エネルギー政策のグリーン改革に向けて』東洋経済新報社。

大野輝之 (2013)『自治体のエネルギー戦略——アメリカと東京』岩波新書。

杉山大志監修, 加治木紳哉 (2010)『戦後日本の省エネルギー史——電力, 鉄鋼, セメント産業の歩み』エネルギーフォーラム。

脇阪紀行 (2012)『欧州のエネルギーシフト』岩波新書。

(森　晶寿)

第11章
交通政策を環境の視点から考える

1 経済成長・交通・環境問題

　産業革命以降の工業生産力の拡大による経済発展や軍事活動には，物資や人員の大量・迅速・安価な輸送が不可欠であった。そこで，経済発展や軍事活動に派生する交通需要を満たすために，鉄道や船舶などの**集合的交通手段**の整備と高速化，サービス供給とその増加が交通政策の目的とされた。鉄道会社も，沿線に娯楽施設や住宅を建設することで，同一方向に集団で移動する旅客需要を積極的に増やし，収益を増やしてきた。

　20世紀，特に第二次世界大戦後になると，乗用車やトラックなどの**個別的交通手段**が大量に生産されるようになり，安価に利用できるようになった。この結果，道路交通に対する需要が急速に増加した。その一方で，公共部門が運営していた鉄道事業は，効率性の低下や設備の老朽化・更新投資の遅れが著しくなった。そして鉄道が敷設されていない都市郊外に住宅や大型店舗が多く立地するようになると，自動車による移動は生活に不可欠となった。さらにジャスト・イン・タイム方式の導入や宅配サービスの充実にともない，貨物輸送が小口化して頻度も高まり，輸送量が増加した。この結果，日本では道路需要は1990年代まで旅客・貨物とも急速に増加したが，その半面鉄道による輸送需要は，都市部と新幹線による旅客需要を除き，1970年代以降減少してきた（図11－1および図11－2）。そこで日本をはじめいくつかの国では，非効率性の改善を掲げて鉄道事業は民営化され，競争原理が導入された。

　自動車による運輸の増大は，大量のエネルギーを消費し，混雑を発生させるほか，大気汚染や騒音，振動，温室効果ガスの排出などの環境問題を起こす。

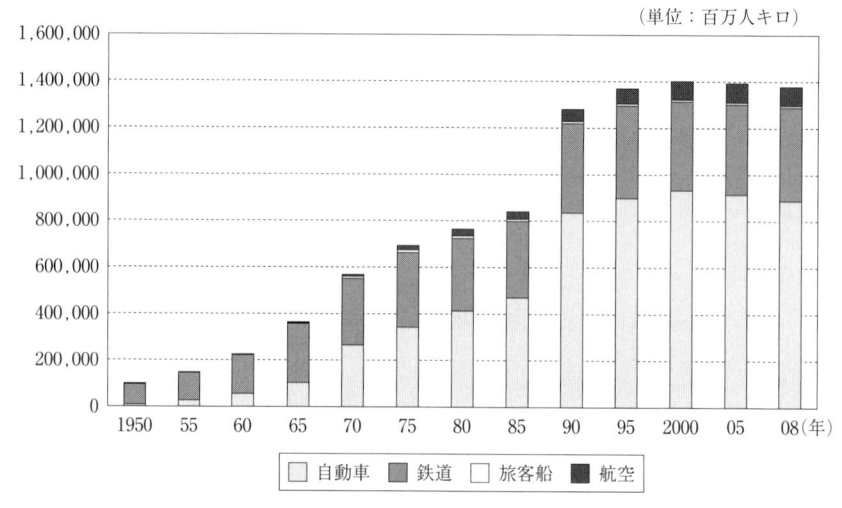

図11-1 日本の旅客輸送量の推移

(単位：百万人キロ)

凡例：自動車／鉄道／旅客船／航空

(注) 1987年に自動車に軽自動車が新たに含まれたため，1986年以前の統計とは連続していない。
(出所) 国土交通省『交通関係統計資料集』(http://www.mlit.go.jp/statistics/kotsusiryo.html 2013年7月2日アクセス)。

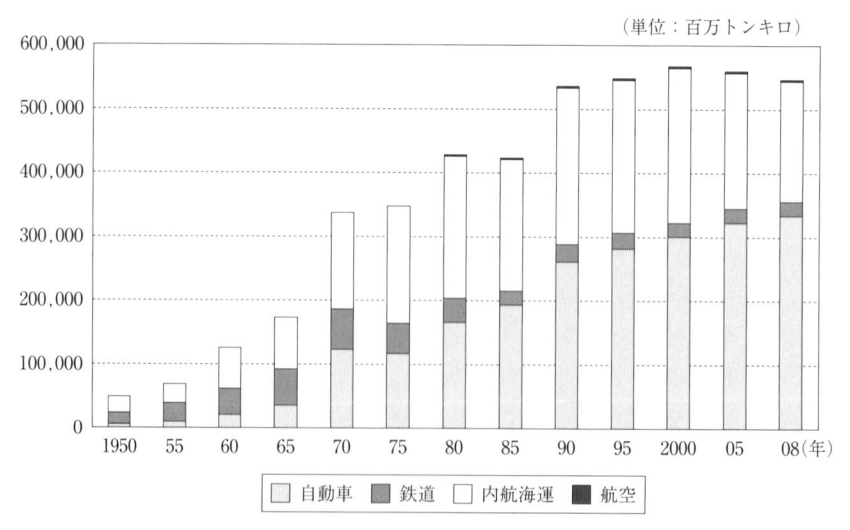

図11-2 日本の貨物輸送量の推移

(単位：百万トンキロ)

凡例：自動車／鉄道／内航海運／航空

(注) 1987年に自動車に軽自動車が新たに含まれたため，1986年以前の統計とは連続していない。
(出所) 図11-1に同じ。

表11-1　EUにおける交通部門の外部費用の推計

	旅　客 人キロ当たりユーロ		貨　物 トンキロ当たりユーロ	
	道　路	鉄　道	道　路	鉄　道
混雑による遅延	0-30	n.e	0.75	0.05
事　　　故	0.1-2.5	0.05	0.2-0.9	0.02
大 気 汚 染*	0.1	0-1.5	0.7-0.9	0-1.1
気 候 変 動	0.2-0.4	0-1.5	0.2	0-0.1
騒　　　音	0.1-0.8	0.1-0.8	0.1-1.1	0.1-0.5
水 質 汚 濁	0.04	0.002	0.09	0.02
ライフスタイル	0.3-0.6	0.1-0.3	0.2-0.3	0.1
自 然・景 観	0-0.25	0-0.16	0-0.1	0-0.02
計	1.6-35.6	0.3-4.4	2.3-4.4	0.3-1.9

（注）　*：健康・物的・作物・エコシステムへの悪影響を含む。
（出所）　Maibach et al（2008）.

また，その建設も利用可能な土地や野生生物の生息地を奪い，景観や生態系を損ねる。欧州では，旅客に関しては人キロ当たり1.6～35.6ユーロ，貨物輸送に関してはトンキロ当たり2.3～4.4ユーロの環境費用を発生させていると推計されている*（表11-1）。

* 環境被害（外部負経済）に対応するための課税（ピグー税）の導入を提唱したアーサー・セシル・ピグー（Arthur Cecil Pigou, 1877-1959）が生きていた時代は，鉄道は木炭や石炭を燃料とした蒸気機関車が主流であった。蒸気機関車はエネルギー効率が低く大量の煙を排出して健康や環境に悪影響を及ぼしていた。このため，都市の住民は，当時都市中心部に鉄道駅を建設することに反対し，結果多くの鉄道駅は郊外に設置された。こうした問題に対処するために，電気を動力源とする電車やディーゼルを燃料とする機関車への転換が進められた。結果，現在鉄道の単位当たり環境費用は道路に比べて小さくなっている。

日本でも道路需要の拡大は周辺に大気汚染を引き起こし，沿線住民に深刻な健康被害をもたらしてきた。まず燃焼効率を高めるために燃料に人工的に鉛を添加していたが，これは鉛を含む排気ガスの排出をもたらし，子どもの脳の発

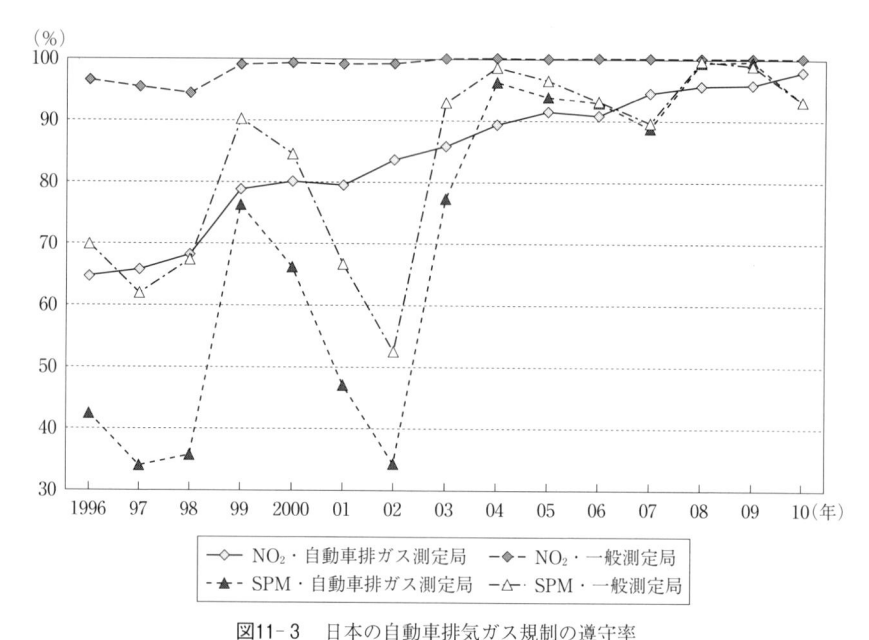

図11-3　日本の自動車排気ガス規制の遵守率

（出所）環境省『環境白書』，『環境・循環型社会白書』，『環境・循環型社会・生物多様性保全白書』（各年版）をもとに筆者作成。

達障害を引き起こした。また燃料に含まれる硫黄分や排気ガスに含まれる窒素酸化物（NOx）は，直接気管支ぜんそくなどの健康被害をもたらすほか，光化学オキシダントを発生させてより広範な健康被害や農作物・建築物への被害をもたらす。特にディーゼル車は，二酸化炭素の排出は少ない半面，黒煙を排出しつつ大量の二酸化窒素と粒子状物質（PM）を排出するなど，深刻な健康被害を起こしうる。日本では，ディーゼル車の排気ガスに対する規制が相対的に緩く，しかも遵守率が低かったことから，沿線住民は健康被害に苦しんできた*（図11-3）。そこで，健康被害が特に深刻であった大阪・西淀川，川崎，尼崎，名古屋，東京では，工場だけでなく国道を管理する国や高速道路を管理する道路公団を相手取って大気汚染訴訟が起こされた。結果，地方裁判所では原告（被害者）勝訴の判決が出され，これらの判決や，東京都の「ディーゼル車NO作戦」を契機に，道路公害対策が本格的に始まった。

* 日本の二酸化窒素の環境基準は，産業界の圧力により，1978年にそれまでの1時間暴露0.1〜0.2ppmから1時間値の1日平均値0.04〜0.06ppmのゾーン内またはそれ以下に「緩和」された。この結果，多くの地域で環境基準が達成されたが，その後の排出増加により，達成率が低下していた点に留意する必要がある。

2 交通環境政策

こうした交通に伴う環境悪化を緩和するための政策は，4つに大別することができる。

(1) 新たな道路の建設
(2) 自動車走行にともなう汚染物質排出の削減
(3) 自動車保有・走行費用の引き上げ
(4) 公共交通機関の拡充

1 新たな道路の建設

都市中心部の走行を回避するバイパス道路の建設は，渋滞減少とそれによる**時間費用**の節約のほか，中心部での事故や騒音，大気汚染の減少などの環境上の便益をもたらす。

他方で，建設・運営・維持費用や土地収用費用のほかに，バイパス道路の沿線で事故や騒音，大気汚染の増加，土地利用の変化による環境劣化・生態系への悪影響などの環境費用を発生させる。長期的には，渋滞回避のために自動車利用を抑制していた人々が自動車を利用するようになる誘発需要を喚起し，時間費用の節約の便益を相殺するかもしれない。

環境影響評価と**費用便益分析**は新たな道路建設にともなう環境影響を緩和し，最も費用対効果の大きな事業を選定する手段である。しかし日本では，事業内容を決定した後に環境影響評価や費用便益分析を実施することが多く，環境影響の削減や社会的合意形成の手段としてはあまり効果的には使われてこなかった。

2　自動車走行にともなう汚染物質の排出削減

　自動車走行にともなう汚染物質の排出を削減する政策手段としては，排気ガスに含まれる窒素酸化物と粒子状物質の規制強化，ナンバープレートや車種による自動車走行禁止区域の設定，燃費規制の強化，燃料規制，特に軽油に含まれる硫黄分の規制強化があげられる。また，汚染物質の排出が少なく燃費の高い「エコカー」の技術開発や購入促進を目的とした補助金や減税も，この政策手段に含まれる。

3　自動車所有・走行費用の引き上げ

　自動車所有の費用を引き上げる政策手段としては，自動車の購入時に支払う自動車登録税，所有に課される自動車（所有）税，駐車場の設置義務や駐車場税，自動車ナンバープレートのオークションなどがあげられる。自動車検査登録（車検）の制度化も，結果的に自動車所有の費用を高めることになる。そして，規制基準や燃費基準に応じた自動車（所有）税率や車検頻度を設定すれば，規制基準の緩い自動車の所有費用をさらに引き上げ，厳しい規制基準を達成している自動車への乗り換えを促すことができる。

　自動車走行費用を引き上げる政策手段としては，特定区間の走行に対する**道路課金（ロードプライシング）**やEUの貨物トラックを対象としたユーロビニエット指令に見られる距離別課金制度，自動車燃料税などをあげることができる。

4　公共交通機関の充実

　自動車所有・走行費用が高くなっても，自動車利用を代替する交通手段が拡充されておらず，あるいはその利便性が高くなければ，自動車所有・走行に対する需要を減らすことは困難である。しかも移動が制約される交通難民も発生する。そこで，代替移動手段として公共交通機関の拡充と利便性を向上させる政策を同時に実施することが重要となる。

　公共交通機関を拡充する政策手段としては，公共交通の運行数・頻度・速度の向上，ライト・レール・トランジット（LRT）やバス高速輸送システム（BRT），バス専用レーンの設置などによる道路空間の民間利用から公共交通利

用への再配分,乗り換えに要する待ち時間や走行時間の短縮があげられる。

3　日本の政策対応

1　伝統的な交通政策

　日本の交通政策の中心は,道路に重点を置いた交通社会資本整備と,運輸業に対する需給調整規制に置かれてきた(西村・水谷,2003)。特に道路に関しては,1954年から建設省の国土開発幹線自動車道建設審議会(当時)で国土開発幹線自動車道などの建設・整備を審議し,道路整備五箇年計画を作成しつつ,揮発油税,自動車取得税,自動車重量税などを財源とする**道路特定財源制度**を創設するなど景気に影響を受けない安定的な財源を拡充してきたことから,道路整備を強力に推進された。さらに1990年代には,バブル景気崩壊による不況対策として公共事業が推進される中で,国・地方自治体の予算からも膨大な資金が道路建設に配分された(図11-4)。

　その半面,道路整備事業では環境汚染などの外部費用はあまり考慮されてこなかった。建設省が道路事業の『費用便益分析マニュアル(案)』と『客観的評価指標(案)』を策定したのは1998年であった。その後のマニュアルの改定の中で,時間節約の価値の原単位は大幅に小さくなって,算定される便益は縮小した。しかし,恣意的な便益の過大評価や費用の過小評価,情報公開と市民参加手続きの不十分さ,第三者機関による審査制度の欠如に対する批判は続いている。しかも便益が費用よりも大きければ投資対象とするという基準を採用しているため,環境影響が多くの不確実性をともなうことを考慮すると,環境や健康を守る機能を十分に果たしているとは言い難い。

　また環境影響評価は1997年まで法制化されておらず,地方自治体の条例の中で運用されてきた。しかし,環境影響評価のプロセスに住民参加や公聴会,情報公開は必ずしも規定されておらず,環境専門家の意見も必ずしも意思決定に反映されるわけではなかった。しかも建設区間は道路整備五箇年計画の決定やそれを政府予算に反映させる箇所づけの際に決められていたため,費用便益分析や環境影響評価は,予め決定された事業計画に合致するように調整されてい

(億円)

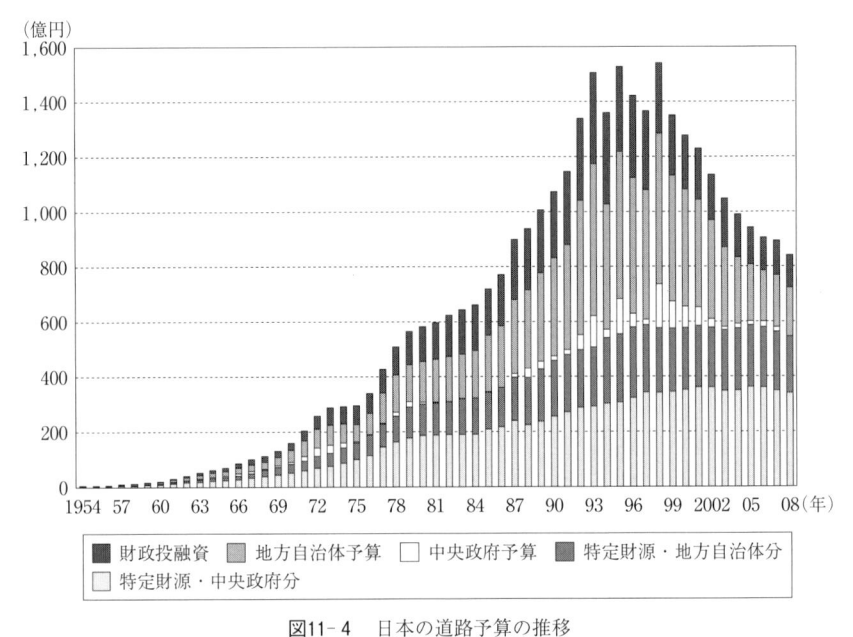

図11-4 日本の道路予算の推移

凡例: ■ 財政投融資　■ 地方自治体予算　□ 中央政府予算　■ 特定財源・地方自治体分　□ 特定財源・中央政府分

(出所) 国土交通省道路『財源構成の推移』(http://www.mlit.go.jp/road/ir/ir-funds/pdf/data3.pdf　2014年6月25日アクセス)をもとに筆者作成。

るとの批判もなされた。

こうした環境悪化や合意形成手法に対する批判が高まったことで，建設に反対する住民が増加し，合意を得るのに時間を要するようになり，建設費用を高騰させた。そこで2011年に環境影響評価法が改定され，道路・鉄道などの建設事業において，始点・終点は所与とするものの，経路に関しては検討段階で環境影響評価を行うことが規定された*。

* 財政赤字の拡大と，実際には採算がとれない「無駄」な道路建設とそれを運営する道路公団に対する国民の反発の高まりを受けて，国・地方自治体は道路整備予算を大幅に削減し，道路公団を分割し，道路特定財源を一般財源化した。

しかし道路特定財源の一般財源化は，揮発油税，自動車取得税，自動車重量税を支払っている自動車利用者の反発を招き，その引き下げが求められている。また2012年の笹子トンネルの崩落事故を契機に，老朽化対策や維持補修・更新予算の不

足が声高に叫ばれるようになり，2012年末に発足した安倍政権では，新設を含めた道路予算が増額された。

　他方鉄道は，自動車よりも単位当たり外部費用は小さいものの，道路と比較して建設費用が膨大となることや，整備のための特定財源を持っていないこと，さらに国鉄が民営化され不採算路線を廃止・縮小したことから，新幹線と地下鉄を除くと政府予算による投資はほとんど行われなくなった。こうした中で，公共交通機関に対して補助金を供与する地方自治体は増えてきている。しかしこれは過疎化と経済活動の縮小などから運行路線の縮小・廃線，運行頻度の低下と運賃の値上げが続き，これが自動車利用を増やし，公共交通機関の維持を財政的に困難にして，さらに公共交通機関の利便性を悪化させるという悪循環を断ち切り，市民の通勤・通学の足を支えることを目的としており，必ずしも環境劣化の防止を目的としているわけではない。

2　交通環境政策

　こうした伝統的な交通政策をベースとしながらも，大気汚染や気候変動問題への対応の必要性から，政府は自動車から鉄道への**モーダルシフト**を促す施策を打ち出してきた。旅客輸送においては，環境的に持続可能な交通（EST）モデル事業を実施し，その中でLRTの導入や**パーク・アンド・ライド**の実施を支援している。パーク・アンド・ライドとは，都市郊外に自動車専用駐車場を設置し，そこと都心部を往復・周遊する公共交通機関を導入し，低料金で移動サービスを提供することで，人々の移動の自由を保障しつつ都心部への自動車の乗り入れを制限し，渋滞解消と汚染物質の排出削減を同時に達成する措置である。

　また物流では，経済産業省と国土交通省が業界団体と共同で「グリーン物流パートナーシップ会議」を立ち上げ，モーダルシフトやトラック輸送の効率化等を荷主と物流事業者が連携して行う事業を支援してきた。また省エネルギー法を改正して，荷主・輸送事業者に省エネルギー計画の策定とエネルギー使用量の報告を義務づけた。

しかしこうした対策は，短期的に環境改善効果をもたらすわけではない。そこで自動車走行にともなう大気汚染の著しい地域を対象とした技術的対策が優先的に進められた。具体的には，まず**自動車NOx・PM法**を1992年に制定し，首都圏，大阪・兵庫圏，愛知・三重圏で排ガス基準に適合しない車を対象地域内に使用の本拠を置くことを禁止した。東京都・埼玉県・千葉県・神奈川県の全域および大阪府・兵庫県の一部地域では，自治体がディーゼル車規制条例を制定して，基準に適合しない車の走行を禁止した。また西淀川・尼崎・川崎の市街地道路の大型車走行を削減する目的で，2001年に阪神高速道路と首都高速道路の臨海部の路線を走行するETC搭載の大型車に通行料金の割引を行うという**環境ロードプライシング**を導入した*。

* 日本の自動車専用道路の多くは距離別課金制度を導入しているが，これは新設の自動車専用道路の建設・運営費用の回収を目的としており，環境保全を目的としたものではない。

同時にNOxおよびPMの排ガス規制も強化してきた。最も汚染物質の排出が著しいとされるディーゼル重量車に対する規制値を例にとると，窒素酸化物は1989年から2009年の20年間に10分の1の水準に，EUや米国と比較して遅れていたPMも2009年には1994年に初めて導入された時点の規制値の50分の1の水準に設定された（図11-5，図11-6）。

また第二次石油危機後に導入していた燃費基準も，京都議定書採択後の1999年に省エネ法を改正して**トップランナー基準**を導入し，自動車メーカーに2005年度（ディーゼル車）ないし2010年度（ガソリン車）までに区分ごとの自動車の平均燃費値が燃費基準を満たすように燃費性能を改善することを求めた。そして2006年には，重量車にもトップランナー基準を導入し，2007年には2015年を期限とした新燃費基準を導入した。

さらに，EUや米国の規制の強化の動きを受けて，日本も軽油・ガソリンに含まれる硫黄分の規制を強化してきた。石油連盟も規制強化に先駆けて規制基準を達成した軽油・ガソリンを開発し，サルファーフリー燃料として販売するようになった（図11-7）。

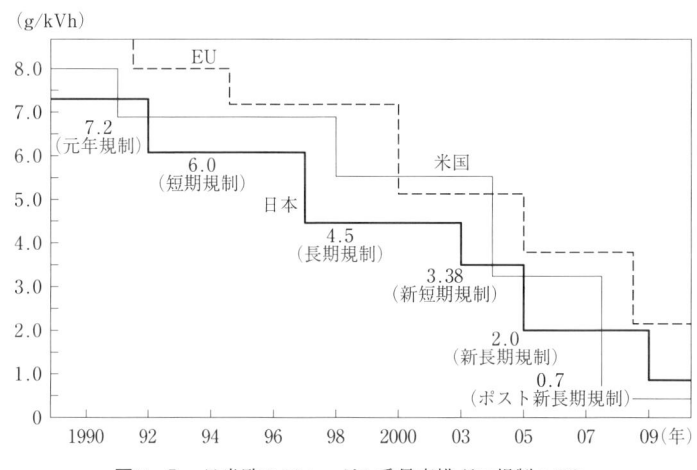

第11章　交通政策を環境の視点から考える

図11-5　日米欧のディーゼル重量車排ガス規制：NOx

(出所)　図11-5に同じ。

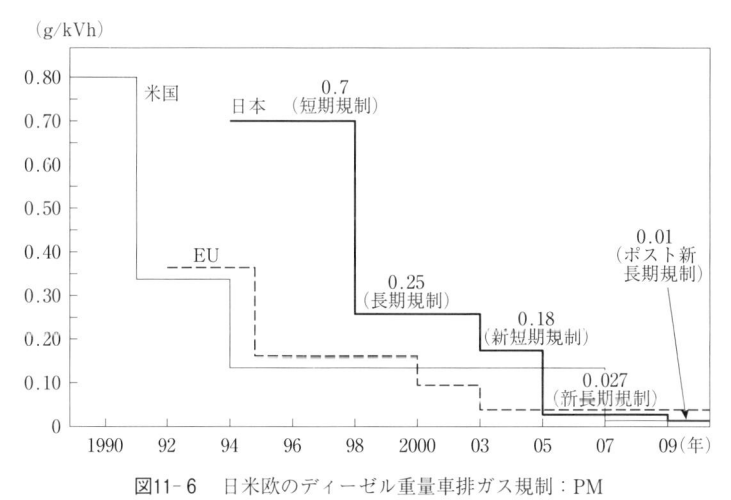

図11-6　日米欧のディーゼル重量車排ガス規制：PM

(出所)　東京都環境局HP(http://www.kankyo.metro.tokyo.jp/vehicle/air_pollution/diesel/plan/results/list.html　2014年1月6日アクセス)をもとに筆者加筆・修正。

217

図11-7　日米欧の軽油の低硫黄化規制

（出所）　図11-5に同じ。

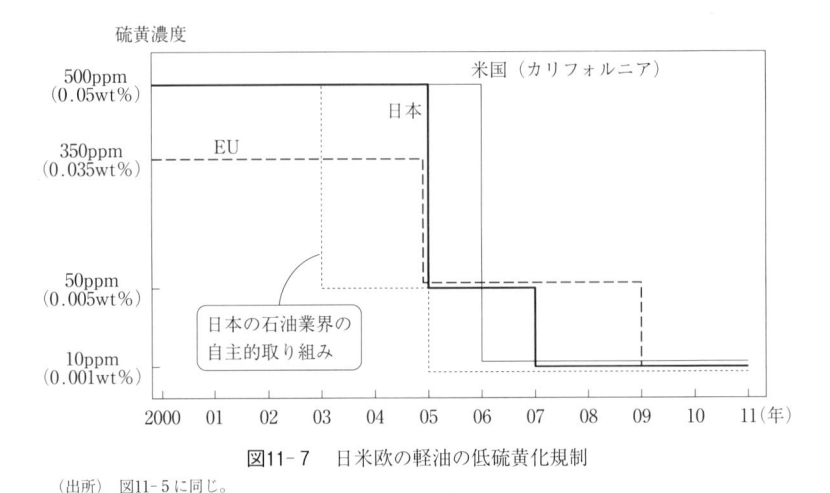

4　企業の対応

　近年の人口動態および産業構造の変化に加え，交通環境政策が導入されるようになると，交通に関わる企業の活動も変化してきた。

　第1に，建設業は，従来型の土木工事中心の公共事業に依存することは困難になった。1980年代までは地域開発とそれを促す手段としての道路建設が，政界・財界・官僚・学界一体となって進められてきた。さらに1990年代には不況対策として公共工事への予算配分が増えたことから，地方の建設業は海外に移転した製造業の受け皿となり，公共事業への依存度を高めてきた。そして2014年現在でも，1万1520 kmの国土開発幹線自動車道整備計画を保持している。

　しかし，「無駄な公共事業」に対する国民の批判が高まると，2003年以降，道路予算を削減，道路特定財源の廃止・直轄事業化を進めてきた。しかも民主党政権では，高速道路整備計画を凍結した。この結果，バイパス道路の建設を環境対策として続けることは，以前ほど説得力を持たなくなっている。

　他方で，東日本大震災（2011年）や笹子トンネル天井板落下事故（2012年）を契機に，老朽化した道路の補修・耐震補強の必要性が認識されるようになっ

た。

　こうした公共事業の流れの転換を受けて，維持補修の容易な道路の建設や，維持補修費を含めたライフサイクルでの費用効率性の高い道路建設技術の開発が模索されている。

　第2に，大都市での通勤ラッシュと満員電車に対応するために，鉄道会社は鉄道の複線化・複々線化，運行会社間の相互乗り入れを進め，運行頻度の向上と待ち時間を短縮させてきた。こうしたサービスの向上は，道路による環境費用の増加を抑制してきた。

　その半面，無線系の信号システムなどの最先端の技術開発や設備投資，着席割増料金や IC カードを活用した戦略的プライシングなどの顧客志向のサービスの開発や導入といった，さらに鉄道利用を増やすための措置は導入されているわけではない。運賃が低水準に規制されていることから，財政的にこうした投資が困難なことも一因である（阿部，2008）。

　その上，鉄道会社が従来採用してきた，沿線での娯楽施設の建設・運営や不動産開発と鉄道延線・運行との相乗効果を図るビジネスモデルも転換を迫られている。都心部とその郊外でも，人口減少や地価上昇期待の低下，工場等制限法・工業再配置促進法の廃止による都心部への大学や生産・生活拠点の回帰等により，郊外の不動産開発事業から大きな収益を上げにくくなっている。そこで鉄道会社は，駅ナカビジネスの開拓や鉄道駅周辺の再開発による大型ショッピングモールの建設など，新たなビジネスモデルを追求している。

　第3に，物流システムを環境に配慮したものに転換している。運送業者や宅配業者は，駐停車時のアイドリングストップを義務づけ，トラックからリヤカー付き電動自転車による配送の転換を進めている。例えばヤマト運輸は取り組みをさらに進め，京福電鉄と共同で貨物を台車ごと電車に積み込むことで，トラック輸送を路面電車とリヤカー付き電動自転車の組み合わせによる輸送に代替するというモーダルシフトを実現した。

　製造業でも，車両大型化による積載量アップや長距離輸送での鉄道輸送への切り替えといった企業単独で取り組むことのできる対応や，グループ企業でのトラック共同輸送の拡大は進めてきた。香川松下電工のように，帰り便を利用

した輸送の効率化とモーダルシフトを実践する企業も現れた*。

* 詳しくは国土交通省『環境行動計画2008』(www.mlit.go.jp/common/000026183.pdf　2014年1月6日アクセス)参照。

　企業との共同輸送や異業種共同モーダルシフトは，原材料や部品・ロットなどの企業秘密に関わる情報が他企業に漏洩するとの理由から，必ずしも積極的には取り組んでこなかった。しかし日本貨物鉄道・日本通運・全国通運・全国通運連盟は，大規模なモーダルシフトを実現するために，利便性の高いJRの31フィートコンテナ専用シャトル列車をチャーターし，多数の荷主企業や運送事業者が参加できる共同運用システムを構築した。そしてこのシステムを活用して，住友電工と古河電工，パナソニックと住友電工のように，共同モーダルシフトを進める企業も現れている。

　第4に，自動車製造企業による，汚染物質の排出が少なく燃費の高い「エコカー」の開発競争が一段と加速している。日本では，トヨタとホンダがハイブリッドカーやプラグイン・ハイブリッドカーの開発・商業生産を行っているほか，マツダは直噴ディーゼルエンジン車を，日産と三菱自動車は電気自動車の開発・商業生産を行うなど，各メーカーが異なるタイプのエコカーの生産競争を行っている。水素と酸素のみを原料として走行する**燃料電池車**については，多額の開発費用と水素ステーションのインフラ整備費用を要することから，世界の自動車メーカーと連合を組んで開発競争を行っている。

　同時に，中山間地など移動に自動車が不可欠な地域に居住する自動車の安全運転が困難な交通弱者向けの移動手段として，新型コムスや電動車いすなどの開発も進められている。

5　残された課題

　日本の交通政策の最も基本的な課題は，交通に関する基本的な考え方が定められていないことにあった。これまでは，新幹線や道路，空港などの特定の交通機関に特化した整備計画と特定財源は存在し，交通モードごとに管轄する政

府の部署は異なっていた。このため交通政策の目的・目標は設定されず、様々な交通モードの賢い利用という観点から政策や制度が設計されることも少なかった。

しかし現在、交通には利便性・円滑化・効率化の向上だけでなく、交通の増加にともなう環境影響の削減や、**交通（移動）基本権**の確保、すなわち、高齢者・障害者・妊産婦等および乳幼児を同伴する保護者の円滑な移動の保障も求められるようになっている。この社会的要請に応えるためには、交通基本法や交通基本計画を策定し、自動車に依存しない移動手段を充実させることが必要となる。

こうした交通基本権の考え方が浸透しているのは、フランスである。フランスは、移動の権利を低価格で公共交通サービスを提供することで保障し、公共交通機関の赤字を電力や道路の黒字や政府予算で補填している。また公共交通機関の利用に地域環境定期券を発行して、環境対策としても活用している。

ところが、すでに居住空間が都市郊外にスプロール化し、自動車利用を前提としたライフスタイルに移行した現在の日本で、交通基本権を保証する政策を短期間で導入するのは経済的にも社会的にも容易ではない。2013年に**交通政策基本法**が成立し、2015〜21年を対象とした交通政策基本計画が策定されることになっている。しかし、過疎地に居住する人々の交通アクセスを確保するのは財政的に困難として、交通基本権の保証は明記されなかった。

しかも2012年には、2020年の温室効果ガス削減目標を、2009年に決定した1990年比25％削減から、原子力発電の稼働ゼロを前提として3.8％減少（1990年比3.0％増加）に改訂した（⇨第8章第3節 3 ）。この結果、温室効果ガス排出削減の観点から交通体系や交通政策を抜本的に見直し、厳しい施策を実施しなくても、目標は達成できることになった。

こうした中で、環境影響の相対的に大きい自動車に依存しなくても自由な移動ができ、豊かな生活を過ごすことのできる環境を整備する推進力をどのように確保していくのか。そして国民がどれだけ自動車に依存しないライフスタイルに移行していくことを受け入れることができるのか。今まさに問われている。

▶▶ *Column* ◀◀

ライト・レール・トランジット（LRT）

　CO_2 排出や大気汚染・騒音の削減といった環境対策のため，あるいは渋滞や駐車場不足といった問題の解消のため，自動車の使用を減らし，公共交通機関の利用を増やすことが，都市交通の課題となっている。

　公共交通機関としては，都市鉄道，地下鉄，バスが代表的であるが，鉄道や地下鉄は，輸送力は高いものの，駅間距離が長く駅へのアクセスが不便であり，建設費も高額となる。バスは細かく停留所を設けられるのでアクセスはしやすいが，輸送力や定時運行の面で劣り，排気ガス・騒音の問題も残る。一部の都市ではモノレールも導入されているが，高架上に設けられる駅へのアクセスという面では使いやすいとは言えない。

　こうした長所短所のバランスが比較的とれている公共交通機関として，近年LRTに注目が集まっている。LRTは，従来から都市にあった路面電車の派生形とも言えるもので，バスに比べて輸送量が大きく CO_2 排出が少なく，鉄道や地下鉄に比べて建設費が安く，停留所も細かく設けられるという長所を持つ。さらに，LRTと呼ばれるものは，これまでの路面電車に比べて，一般に以下のような新しい特徴も持つ。

　第1に，市街中心部の交通を担うだけでなく，市街中心部と周辺部とを直接結ぶ役割を果たす。そのため，第2の特徴として，数両を連結し，従来の路面電車に比べて大量輸送に対応するとともに，郊外では専用軌道を走行して，比較的高速な運転にも対応していることが多い。第3に，低床型車両を導入するなどして，高齢者や障害者，子ども連れなどの乗客が利用しやすくしている。第4に，ゾーン制運賃などを採用し利便性を図っているケースが多い。このような特徴により，市街周辺部から中心部への移動の利便性を向上させ，他の交通政策とも連動させて，自動車の中心部への乗り入れを抑制することをねらっている。

　LRTは，フランス・ストラスブール市（**写真11-1**）をはじめ，第12章で紹介するドイツ・フライブルク市（トラムをLRT化）などの事例が有名であるが，ほかにもヨーロッパの諸都市，およびアメリカやカナダの一部の都市で導入が進んでいる。日本では，第12章で紹介する富山市（富山ライトレール）や，広島市（広島電鉄）などの例がLRTに相当すると言われている。これらはいずれも，市街中心部では道路上に敷設された併用軌道を，郊外では専用軌道を走行する。（竹歳一紀）

第11章　交通政策を環境の視点から考える

写真11-1　ストラスブール市のLRT
(出所)　筆者撮影（2013年3月2日）。

6　まとめ

(1) 交通政策の目的は，安価で大量かつ迅速な輸送の確保であったのが，環境問題や気候変動問題の深刻化に対する懸念が高まるとともに，持続可能な交通へとシフトしてきた。
(2) 交通環境政策の手段には，新たな道路の建設，自動車走行にともなう汚染物質排出の削減，自動車保有・走行費用の引き上げ，公共交通機関の拡充の4つがある。日本ではこの中で新たな道路の建設が最も重視されてきた。また低公害車の普及も推進されている。その半面，モーダルシフトへの取り組みは本格化しておらず，自動車による移動の費用は相対的に安価なままである。結果，企業の取り組みも，鉄道会社，製造業，自動車会社が個別に実施可能で利益を生み出す範囲に止まっている。
(3) 日本でも交通政策基本法が成立したが，従来の縦割り型政策をどのように統合し持続可能な交通を実現するのかは引き続き課題である。

引用参考文献

阿部　等（2008）『満員電車がなくなる日』角川 SSC 新書。

西村　弘・水谷洋一（2003）「環境と交通システム」寺西俊一・細田衛士編『環境保全への政策統合』岩波書店，97-124頁。

Maibach et al (2008) *Handbook on Estimation of External Cost in the Transport Sector, Internalisation Measures and Policies for All external Cost of Transport (IMPACT) Version 1.1*, CE Delft.

OECD (2002) *OECD Guidelines towards Environmentally Sustainable Transport*, Paris: OECD.

さらなる学習のための文献

五十嵐敬喜・小川明雄（2008）『道路をどうするか』岩波新書。

上岡直見（2007）『脱・道路の時代』コモンズ。

宇沢弘文（1974）『自動車の社会的費用』岩波新書。

片野　優（2011）『ここが違う，ヨーロッパの交通政策』白水社。

（森　晶寿）

第12章
都市づくりを環境の視点から考える

1　都市化と環境問題

1　経済発展にともなう都市化

　産業革命以降，都市では大規模な製造業が発展し，大量の工場労働力を必要とするようになった。そのため，人口が農村から都市へ移動するようになり，増加した人口が必要とするサービスを供給する産業が都市に集積して，その労働需要により都市ではさらに人口が増加していった。こうしたプロセスにより大都市が発展し，産業革命が起こった欧州に続いて，米国，アジアと経済発展が進むにつれて，世界の各地で都市への人口集中が起きてきた。

　2011年現在の世界の都市人口は36億3200万人と推定され，これは世界の全人口の52％を占める（図12-1）。今や世界の半分以上の人々が都市に居住していることになる。この比率は，1980年には39％であった。人口の都市への集中という流れは，止まることなく続いていると言える。さらに，2030年に都市人口は49億8400万人に，2050年には62億5200万人に増加すると予測されている。2050年の時点では，都市人口が世界人口の3分の2を占めることになる。

　2011年現在，大陸別で都市人口の比率が最も低いのはアフリカの40％，次いでアジアの45％であるが，2010年から2030年までの20年間で，アフリカでは年平均3.2％，アジアでは同1.9％の割合で都市人口が増加していくと予測されており，今後はアフリカ，アジアにおいて，経済発展にともなう人口の都市集中が急速に進んでいくと見込まれる（図12-2）。

　現在人口1000万人以上の巨大都市はアジアに多く，上海，北京，ソウル，ムンバイ，郊外人口も含めると，重慶，東京，コルコタ，デリー，ジャカルタ，

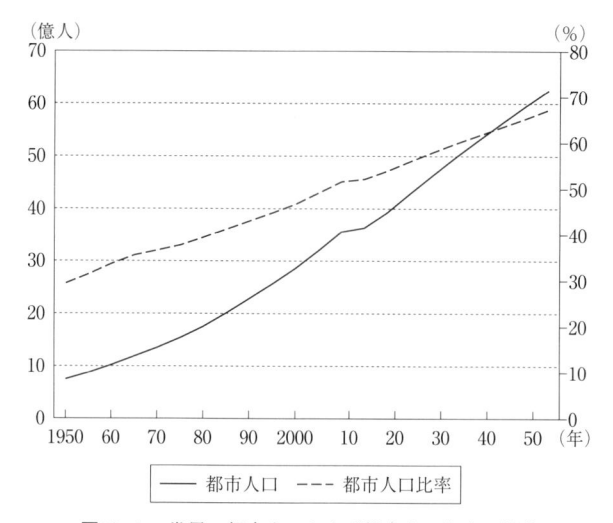

図12-1　世界の都市人口および都市人口比率の推移

(出所) United Nations "World Urbanization Prospects: The 2011 Revision" をもとに筆者作成。

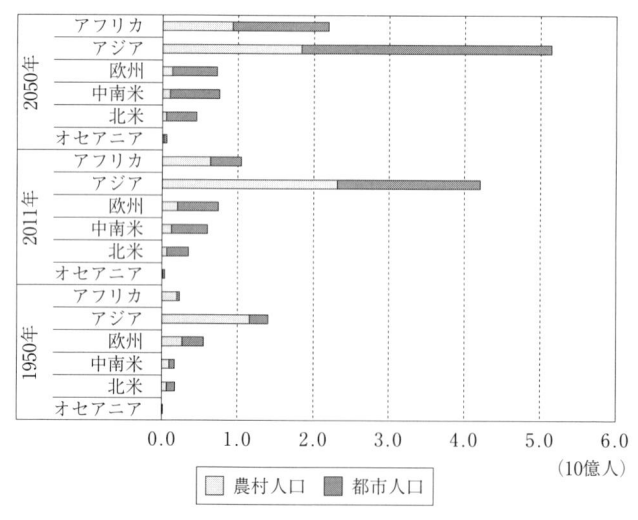

図12-2　各大陸の農村・都市人口

(出所) 図12-1に同じ。

第12章　都市づくりを環境の視点から考える

イスタンブールなども1000万人以上の**巨大都市圏（メガロポリス）**となっている。アジア以外では，ニューヨーク，ロサンゼルス，メキシコシティ，サンパウロ，モスクワなどである。特に20世紀後半以降は，経済発展がこうした巨大都市圏を形成し，それがさらに経済発展の原動力になるという現象が見られる。

2　都市化がもたらす環境問題

　都市に集まる人口は，様々な資源を消費し，多くの廃棄物を排出する。このことから，都市が大きくなるにつれて必然的に環境問題が発生する。ここでは，都市化がもたらす環境問題を概観する。

　まず，都市にとって水に関する問題は重要である。多くの大都市は物資の運搬や用水の確保に便利な河川の近辺に立地している。しかし，生活用水や工業用水のために自然河川からの取水では不十分になってくると，ダムや水路を建設し，安定的に水を確保することが必要になってくる。それは地形の改変や河川流量の変化をもたらし，自然環境を劣化させることになる。

　また，用水確保のため，地下水を過度にくみ上げ続けると，**地盤沈下**の問題が生じる。日本でも，東京都江東地区では大正初期から，大阪市西部地域では昭和初期から，地下水のくみ上げによる地盤沈下が発生した。高度経済成長期には，都市化・工業化によって地下水のくみ上げがさらに増加したことで地盤沈下が加速し，首都圏や阪神地域以外でも同様の被害が見られるようになった。1967年に制定された公害対策基本法では，地盤沈下は典型7公害の1つに指定された（⇨第4章第2節 1 ）。

　こうした用水の確保にともなう環境問題のほかに，生活排水や工業廃水による河川や湖沼，海の汚染も，都市化による大きな環境問題である。都市化や工場集積のスピードに下水道の敷設や処理能力が追いつかないことが，**水質汚濁**という環境問題を発生させる大きな原因である。水質汚濁の問題が日本で深刻化した1960年代半ばにおける全国の下水道普及率（人口比）は10％に満たなかった。浄化槽なども普及しておらず，この頃の生活排水はほぼ垂れ流し状態であったと言える。

　次に，**廃棄物問題**も都市化による環境問題として，水質汚濁と同様の現象が

見られる。すなわち，人口や工場・商店の増加に廃棄物処理が追いつかないのである。その結果，途上国の都市では廃棄物が河川などに不法投棄されたり，空き地に放置されたりして衛生上の問題が起きている。また，経済発展が進んで廃棄物の収集や焼却などの処理が適切に行われるようになっても，都市化の広がりで最終処分場の確保が難しくなるという問題が起きる。廃棄物の処理は都市行政にとって大きな負担となっている。

前項であげたような巨大都市圏は，自動車という交通機関の発達によって可能になったとも言える。途上国の都市でも自動車やオートバイは経済活動を支える必需品であり，先進国ではそれに加えて個人の移動手段としても自動車が普及している。このような自動車やオートバイの増加により，排気ガスによる**大気汚染**や，**騒音・振動**といった環境問題が発生する。そして，道路や公共交通機関の整備の遅れによる自動車の集中や交通渋滞は，そうした問題をさらに深刻化させる（⇨第11章第1節）。

この他，近年では，自動車や空調の普及で都市の中から発生する熱が増えていることや，緑地が少なく地面がアスファルトやコンクリートで固められて，太陽熱の吸収と放射が増えていることなどの原因により，都市の気温が周囲よりも高い状態にある現象が生じている。これを**ヒートアイランド現象**と言う。ヒートアイランド現象によってさらに空調を行うことが必要になり，エネルギー消費と排熱が増えるという悪循環も起きる。ヒートアイランド現象は，局地的な豪雨の発生増加といった微気象の変化をもたらす原因とも言われている。

3　無秩序な都市化による問題

前項で説明した都市化による環境問題の多くは，無秩序で急速な都市化によって深刻化する。無秩序な都市化の結果生まれるものの1つに**スラム**がある。都市に流入し貧困化した住民は，居住条件が悪く地価の安いところ，あるいは不法占拠可能なところに集中して住むようになる。こうして居住環境が劣悪な特定の場所に貧困な住民が密集して住むスラムが形成される。スラムでは，住居に加えて上下水道，電気，ゴミ処理といったインフラも整備されず放置され，衛生状態も劣悪なケースが多い。

第12章　都市づくりを環境の視点から考える

　一方，都市が発展していくにつれて，中心部にはオフィスや商業施設が集積するようになり，地価が上昇するため，中心部の居住人口は減少し，地価の安い周辺部の人口が増加する。これがいわゆる**ドーナツ化現象**である。ドーナツ化現象により，周辺部から中心部への通勤者が増加して道路交通が混雑したり，下水道の整備が周辺部の人口増加に追いつかなかったりといった問題が生じる。また，都市の拡大にともなって，都市郊外で虫食い状に無秩序に宅地化が進むことを**スプロール化現象**という。スプロール化現象によって，農地から道路や宅地の商業地への転用が無秩序に行われ，農業生産条件や自然環境が劣化する，といった問題が発生する。

　都市づくりを環境の視点から考える場合に，まず重要となるのは，このような無秩序な都市化を防ぎ，環境に配慮した**都市計画**に沿った都市づくりを進めることである。しかし，これには住民の財産権をある程度制限することも必要となり，合意を得るのが困難であったり時間がかかったりすることから，都市化のスピードに間に合わないことが多い。これが様々な都市環境問題を生じさせる大きな原因と言える。

2　都市空間の計画的利用

1　土地利用計画によるゾーニング

　都市化による様々な問題を防ぐには，本章第1節 3 で述べたように，まず都市計画に沿った秩序ある都市化を進めることが重要である。その基本となるのが**土地利用計画**である。日本の場合，**国土利用計画法**に基づき，都道府県が土地利用基本計画を定めることになっている。土地利用基本計画は，各都道府県の区域について，都市地域，農業地域，森林地域，自然公園地域，自然保全地域の5地域に区分する。このうち都市地域は，**都市計画法**に基づく**都市計画区域**として指定されることが相当な地域とされる。

　都市計画区域は都道府県が指定し（2つ以上の都府県にまたがる場合は国が指定），マスタープランを作成する。このマスタープランによって，整備・開発・保全の方針が定められる。都市計画区域では，まず**市街化区域**と**市街化調**

整区域に区分される。市街化区域は優先的かつ計画的に市街化を進める区域,市街化調整区域は市街化を抑制する区域で,開発行為は原則として抑制され,都市施設の整備も原則として行われない。こうした区分を行うことにより,スプロール化による無秩序な市街化が進むのを防止している。ただし,都市計画区域の中で未区分の土地(非線引き区域)も残っている。

さらに,市街化区域は利用目的に応じた用途地域の指定をうけることになる。これは,**住居専用地域**,**住居地域**,**商業地域**,**工業地域**など全部で12種類あり,それぞれの地域で建てられる建物の用途や建て方などが制限される(表12-1)。例えば,第一種低層住居専用地域では,低層の住居と幼稚園・小中高校は建てられるが,大学や商工業施設は建てられない。逆に工業地域では,住居や学校は一切建てられない。このように都市の中で用途区分を行うことで,騒音・振動・悪臭といった公害問題の発生を防ぎ,快適な環境(アメニティ)を維持するとともに,交通その他インフラを効率的に整備することができる。

この他,もう一段細かな土地利用計画として,**地区計画**がある。これは,それぞれの地区の特性に応じた良好なアメニティを形成するために,市町村が主体となって策定するものである。そのために,地区施設(生活道路,小公園,広場,遊歩道など)の配置,建物の建て方や街並みのルール(用途[緩和も含む],容積率,建ぺい率,高さ,敷地規模,セットバック,デザイン,生垣化など),保全すべき樹林地といったルールが定められる。

地区計画は,土地所有者の3分の2の同意などを条件として,土地所有者やまちづくり協議会など住民からの提案も可能となっており,その策定に当たっても公聴会などを通じて住民の意見を反映させることになっている。土地利用計画によって財産権が制限されるため,こうした住民の合意を形成するプロセスが,都市計画の策定に際しては重要な点となる。

2 都市緑地の保全

都市のアメニティ(快適な環境)を向上させ,またヒートアイランド現象を緩和するためにも,都市において緑地を確保し保全することが重要となる。日本では1973年に,緑地保全や緑化,都市公園の整備を推進する目的で都市緑地

第12章 都市づくりを環境の視点から考える

表12-1 各用途地域内における建築物の主な用途制限

例示	第一種低層住居専用地域	第二種低層住居専用地域	第一種中高層住居専用地域	第二種中高層住居専用地域	第一種住居地域	第二種住居地域	準住居地域	近隣商業地域	商業地域	準工業地域	工業地域	工業専用地域
住宅、小規模の兼用住宅												■
幼稚園、小・中・高等学校											■	■
神社、寺院、教会、診療所												
病院、大学	■	■									■	■
2階以下かつ床面積150m²以内の店舗、飲食店（※を除く）	■											
2階以下かつ床面積500m²以内の店舗、飲食店（※を除く）	■	■										
上記以外の物品販売業を営む店舗、飲食店（※を除く）	■	■	☆	☆	★	★	★				●	●
上記以外の事務所等	■	■	■									
ホテル、旅館	■	■	■	■							■	■
カラオケボックス（※を除く）	■	■	■	■	■							
劇場、映画館（※を除く） ※劇場、映画館、店舗、飲食店、遊技場等で、その用途に供する部分の床面積の合計が10,300m²を超えるもの	■	■	■	■	■	■	◇				■	■
キャバレー、ナイトクラブ等	■	■	■	■	■	■	■	■			■	■
2階以下かつ床面積300m²以下の独立車庫	■	■	■									
倉庫業の倉庫、上記以外の独立車庫	■	■	■	■								
自動車修理工場	■	■	■	■	○	○	△	▲	▲			
危険性・環境悪化のおそれがやや多い工場	■	■	■	■	■	■	■	■	■			
危険性・環境悪化が大きい工場	■	■	■	■	■	■	■	■	■	■		

□ 建てられるもの　■ 建てられないもの

（注）※☆印については、3階以上または1,500m²を超えるものは建てられない。○印については、作業場の床面積が50m²を超えるものは建てられない。★印については、3,000m²を超えるものは建てられない。△印については、作業場の床面積が150m²を超えるものは建てられない。◇印については、客席部分が200m²以上のものは建てられない。●印については、作業場の床面積が300m²を超えるものは建てられない。▲印については、物品販売店舗、飲食店が建てられない。

（出所）国土交通省「みらいに向けたまちづくりのために――都市計画の土地利用計画制度の仕組み」。

保全法が制定されたが，2004年に改正され，**都市緑地法**となった。この法律では，緑の基本計画の策定，緑地保全地域制度，緑地協定，市民緑地制度などについて規定されている。

　また，都市緑地法により保全や整備の対象となる緑地とは別に，都市に残存する農地を都市緑地として計画的に保全することも，**生産緑地法**に基づく政策として行われている。市町村は，市街化区域内の農地で良好な生活環境の確保に相当の効果があり，農林業の継続が可能な条件を備えている一定面積以上の区域について，**生産緑地**を定めることができる。生産緑地に指定された農地では，その管理者は農地として管理しなければならず，宅地造成や建築物の新増築などの行為は制限される。その代わり，税制面での優遇をうけることができる。このような生産緑地は，市民農園や学童農園といった市民の憩いの場として使われるケースも増えてきている。

　こうした緑地に加えて，防災あるいは市民の活動のためにオープンスペースとしての公園を整備することも，都市のアメニティを向上させるために不可欠である。**都市公園**には，住区基幹公園（身近で小規模な街区公園，住んでいる地域を代表する近隣公園や地区公園）から都市基幹公園（総合公園，運動公園），大規模公園（広域公園，レクリエーション都市），国営公園まで様々な種類がある。

　全国の都市公園面積は約12万 ha，1人当たり $10.0\,\mathrm{m}^2$ である（国土交通省，2013）。政令指定都市平均では1人当たり $6.6\,\mathrm{m}^2$ となり，東京特別区では $3.0\,\mathrm{m}^2$，都市公園以外の公園を含めても1人当たり $4.5\,\mathrm{m}^2$ で，これは，ニューヨーク（$18.6\,\mathrm{m}^2$），ロンドン（$26.9\,\mathrm{m}^2$），ソウル（$11.3\,\mathrm{m}^2$）と比べると著しく低い。都市公園等（緩衝緑地なども含む）の総面積や人口当たり面積は，年々増加しているものの，東京・大阪・名古屋など日本の主要都市では，人口当たりの公園・緑地面積が他の先進国の大都市に比べて小さい。緑やオープンスペースが乏しいために，都市空間にゆとりがあまり感じられず，ヒートアイランド現象の深刻化も懸念されている。

3 持続可能な都市づくり

［1］ 中心市街地の再生とコンパクトシティ

　都市の発展にともなって，市街地が外へ向かって拡大していく一方，都市の中心地では商業施設やオフィスだけが残るようになる。これが本章第1節［3］で述べたドーナツ化現象である。中心地では夜間人口が減少し，さらに自動車の普及により郊外の大規模ショッピングセンターへ人が集まるようになって，中心市街地においても商業の衰退や，ひいては治安の悪化も見られるようになる。また，都市の外延的拡大は，開発行為による自然環境の破壊や，自動車交通量の増大による道路の渋滞，それにともなう騒音や大気汚染などの環境問題と非効率なエネルギー消費を引き起こす。道路や下水道など拡大するインフラ整備には多額の財政負担が発生し，経済的に見ても非効率な都市化が進むことになる。

　こうした問題に対して，中心市街地を再活性化させ，商業施設とともに夜間人口を増加させることが，日本を含め多くの先進国の都市における課題となっている。そして，単なる中心市街地の経済活性化にとどまらず，都市を立体的に集積させて土地の高度利用と省エネルギー化を図り，都市の広がりをコンパクトにして周辺地域の自然環境を保全しようというのが，**コンパクトシティ**の考え方である。

　コンパクトシティの目的としては，①自動車交通の抑制と公共交通の利用促進による化石燃料消費の削減，②スプロール化の抑制による都市周辺地域の自然環境保全，③高密度化と混合用途化による中心市街地活性化，歴史・文化遺産の保存，地域コミュニティの形成，などがあげられる。

［2］ フライブルク市に見るコンパクトシティへの取り組み

　コンパクトシティの概念は，1990年代から特に欧州を中心に注目されてきた。様々な実践例がある中で，よく知られているのがドイツのフライブルク市である。ここでは，1970年代から自動車の普及にともない，交通渋滞が発生し，駐

写真12-1 車の乗り入れが禁止されているフライブルク市街中心部
(出所) 筆者撮影 (2012年2月29日)。

車場の問題がある市街中心部の商店の利用が減少して，経済的にも沈滞するようになった。これに対して，市街中心部への自動車の乗り入れを全面的に禁止する一方，**トラム（路面電車）**を整備して利用しやすくし，公共交通機関を利用して市街中心部に買物に来るように誘導した（写真12-1）。

まず，トラムの路線を郊外に延伸すると同時に郊外の駅に無料の駐車場を設け，**パーク・アンド・ライド**として，自宅からトラムの駅までは自動車で，そこからはトラムで市街中心部へ向かうようにした。合わせて，**レギオカルテ（環境定期券***）を導入してトラムやバス利用の費用を抑える一方，市街中心部の駐車料金を高く設定し，公共交通機関の利用を経済的にも誘導した。また，ショッピングに人が集まるように中心部の町並みを整備するとともに，商店の上部を比較的割安なアパートとして，中心部に居住する人を増やしていった。

　＊　無記名で誰でも使用可，週末は家族やグループ単位で割引になるといった特典がある。

フライブルク市は，環境への取り組みが盛んなことでも知られるが，コンパクトシティの概念が普及する以前から，自動車による交通問題や環境問題への対応策として，中心市街地の再生と公共交通機関の利用を推進してきた。これ

が，省エネルギーや再生可能エネルギーの利用も含めた持続可能な都市づくりにつながっていったと言える。

3 日本におけるコンパクトシティを目指した都市づくり

日本でも地方都市を中心に，自動車が普及して郊外型ショッピングセンターに人が集まる一方で，中心市街地が寂れていることが問題になっている。また，これらの多くの都市では人口減少や高齢化が進み，郊外に住む高齢者の買物や通院のための移動が困難になること，またそれへの対応に行政コストがかかることも問題になっている。積雪地では都市面積の拡大は行政による除雪コストも増加させる。そうした背景から，日本でも近年コンパクトシティを標榜した都市づくりが試みられている。

これには，2006年に**まちづくり三法**が改正されたことが後押しになっている。まちづくり三法とは，ゾーニング規制に関する都市計画法，大規模小売店舗立地法（**大店立地法**），および中心市街地の活性化に関する法律（**中心市街地活性化法**）である。都市計画法の改正では，ゾーニング規制の強化が図られ，市街地周辺部への大規模商業施設の立地が制限された。一方，中心市街地活性化法の改正では，中心市街地の活性化計画について政府の認定制度が設けられ，認定を受けた計画に関しては，補助金や税の優遇など手厚い支援措置がとられることとなった。大店立地法は，床面積 $1000m^2$ 以上の大型店舗の立地について規制するものであるが，他の2つの法律の改正に合わせて，中心市街地における大型店舗の出店に際する規制が緩和された。

改正された中心市街地活性化法による**中心市街地活性化基本計画**の最初の認定は，富山市と青森市である（2007年）。富山市では，1970年からの35年間で，人口集中地区の面積が2倍に増加する一方で，人口密度は3分の2に減少し，全国の県庁所在地で最低の40.3人/km^2 になった。市街地が薄く広く拡大していき，自動車交通への依存度が極めて高くなって鉄道やバスが衰退し，高齢者など自動車を持たない市民にとっては生活しづらい街になってきた。またこれにともなって，中心市街地が空洞化し，都市全体の活力も低下してきた。さらに，道路・公園・下水道などの除雪を含めた管理費用や，福祉やごみ収集の巡

回費用など，市街地が薄く広がることによる都市管理コストも上昇してきた。

　こうしたことから富山市では，2002年から「公共交通を軸としたコンパクトなまちづくり」を目指すようになった。まず，既存の鉄道を改良してLRT化し（⇨第11章コラム），運行頻度の増加などダイヤの見直し，駅の増設や改良，パーク・アンド・ライド用の駐車場および駐輪場の整備といった利便性の向上を図った。この他，市内電車の環状運転化や，中心市街地でのコミュニティバスの運行といった公共交通の活性化策を進めている。

　富山市のコンパクトシティを目指した都市づくりは，公共交通機関の利便性向上のほか，中心市街地における賑わい拠点の形成，まちなか居住の推進が柱となっている。このために，**市街地再開発事業**を行うとともに，公共交通沿線に新たに住宅を建設したり取得したりすることに助成金を出すなどしている。富山市の「公共交通を軸としたコンパクトなまちづくり」は2008年に環境モデル都市の指定も受けた。

4　スマートシティ

　環境に配慮した省エネ・省資源型の新しい都市づくりとして，**スマートシティ**が近年注目を浴びている。スマートシティの特徴として，**スマートグリッド**（次世代送電網）や新エネルギーなどの新しい技術を取り入れていること，エネルギーだけでなく，水や廃棄物，交通など都市インフラすべてが関連していることがあげられる。また，次節で解説する環境配慮型建築も重要な要素となる。

　スマートシティのプロジェクトは世界各国で進められているが，新都市型と再開発型に大きく分けられる。新都市型は，それまで都市がなかった所に，新しい技術やシステムを取り入れた新しい都市を建設するもので，新興国によく見られる。有名な事例として，アラブ首長国連邦のアブダビで進められているマスダール・シティのプロジェクトがあげられる。マスダール・シティでは，すべての電力が風力や太陽光などの再生可能エネルギーで賄われるほか，海水を淡水化して利用，そのほとんどを再利用する。廃棄物についてもゼロエミッション化を目指している。

　中国でも，天津や，河北省の曹妃甸（そうひでん）など，いくつかの新都市型スマートシテ

ィのプロジェクトが進められている。天津生態城（エコシティ）プロジェクトは，日本円で総額3兆7500億円を投じ，2020年までに人口35万人の都市をつくる計画である。水や廃棄物のリサイクルや再生可能エネルギーの利用，クリーンな交通機関，景観緑化などがその内容である。

再開発型は，既存の都市に新技術を導入して省エネ・省資源化を図るもので，よく知られているのはオランダ・アムステルダム市の事例である。エネルギー消費量をコントロールするための情報を提供する**スマートメーター**の導入による消費電力の可視化，照明・冷暖房・セキュリティ機能を高めた**スマートビルディング**への転換，港湾・船舶間の電力充電，電気自動車の普及，充電ポイントの拡充，ゴミ収集における電気自動車の利用などがその内容である。

日本でも，経済産業省により「次世代エネルギー・社会システム実証地域」の公募が行われ，横浜市，豊田市，けいはんな学研都市（京都府），北九州市の4地域で，2010年からスマートシティの社会実証が実施されている。エネルギー使用の可視化（見える化）や，家電・給湯機などの制御，EV（電気自動車）と住宅の連携，蓄電システムの最適設計，EV充電システムや交通システムなど，それぞれについての実証実験を行うとともに，これらを組み合わせ，地域におけるエネルギー利用の全体最適を図る**地域エネルギー・マネジメント・システム**（Community Energy Management System: CEMS）を構築するのが目的である。

スマートシティは，都市のエネルギー消費や環境負荷を軽減し，持続可能な都市づくりに向けた実験的なプロジェクトであると同時に，新しい環境技術と環境ビジネスの市場を開拓するものである。このことから，政府と環境関連企業両者からの関心が世界的に高まっている。

4　環境に配慮した建築

1　建築の省エネルギー政策

前節では，環境に配慮した都市づくりについて，主に都市計画の側からの政策と事例を紹介したが，近年，都市の消費するエネルギーおよびそれにともなうCO_2排出が，都市の環境問題として重要視されるにつれて，都市を構成す

る要素である建築物を省エネルギー型にしていくことが,政策としても必要とされている。本章第3節 4 で解説したスマートシティのプロジェクトにおいても,省エネビルや省エネ住宅は不可欠のものとなっている。

日本の2011年における CO_2 の部門別排出量を間接排出量*で見ると,業務その他部門が21％,家庭部門が16％を占める。1990年に比べて排出量は業務その他部門が51％,家庭部門が48％の増加であり,部門別に増加率を比較するとそれぞれ第1位と第2位である(環境省,2013)。ビルや住宅の省エネルギー化によって,これらの部門からの CO_2 排出量を抑制することが期待できる。

* 発電や熱の生産にともなう排出量を,その電力や熱の消費者からの排出として計算したもの。すなわち,使用した電力から,それを発電する際に排出される CO_2 量に換算している。

工場やオフィス・店舗などのエネルギー使用については,第二次石油危機後の1979年に制定された「エネルギーの使用の合理化に関する法律(省エネルギー法)*」による規制をうける。本法律の2008年の改正では,これまで工場・事業場単位で行われていたエネルギーの管理を,事業者(企業)単位で行うこととなった。これにより,小規模なオフィスやコンビニエンスストアなどでも,事業者全体として省エネに取り組むことが求められるようになった。

* 2014年の改正で「エネルギーの使用の合理化等に関する法律」と名称が変更されている。

また,省エネルギー法の下で建築の**省エネルギー基準**も定められている。2013年からの改正により,ビルなど住宅以外の建築については,建物の外皮(外壁や窓)の断熱性や設備のエネルギー効率について定めた基準から,建物全体の省エネルギー性能を評価する基準(一次エネルギー基準)になった。住宅についても,外皮の熱性能基準と建物全体の省エネルギー性能基準になった。床面積 $2000m^2$ 以上の全建築については,新築,大規模改修を行う際,このような省エネ基準を満たす措置の届出をする必要がある。また,$300m^2$ 以上 $2000m^2$ 未満の建築についても,2010年以降は新築時に省エネ基準を満たしていることの届け出義務が課せられている。

第12章　都市づくりを環境の視点から考える

2　建築の省エネルギー対策

　前項で示したように，近年，地球温暖化対策および原発事故以降の省エネ対策として，建築の省エネルギーが政策として強く求められるようになっている。建築の省エネルギー対策として様々なことが行われているが，ここではそのうちのいくつかについて簡単に見ていく。

　まず，エネルギー供給のために**コジェネレーションシステム**を採用する事例が増えている。これは，建物の中でガスエンジンやガスタービン，ディーゼルエンジンにより発電し，その時に発生した熱を回収して冷暖房や給湯に用いるシステムで，エネルギー効率を大幅にアップすることができる。比較的大きな建物に導入されることが多かったが，最近ではエコウィルと称する住宅用のコジェネレーションシステムが東京ガスや大阪ガスなどのガス会社から販売されている。

　建築の省エネルギーには，このような高効率のエネルギー設備や空調・照明機器の導入だけでなく，それらを需要に応じてコントロールすることが有効である。そのために，**BEMS**（Building Energy Management System）の導入が注目されている。これは，各種センサーによって，ビル内の配電設備，空調設備，照明設備，換気設備，OA機器等の電力使用量をモニターし制御を行うシステムである。

　これと同様の住宅向けのシステムが**HEMS**（Home Energy Management System）である。HEMSの場合には，太陽光発電装置や電気自動車，家庭用蓄電池ともうまく連携して，太陽光パネルで発電した電気を蓄電池に蓄えてさらに電気自動車に充電する，あるいは電気自動車の蓄電池から家庭用に電気を供給するといったことを容易にする。このようなBEMSやHEMSをさらに地域で連携させて制御することが，本章第3節 4 で述べたCEMSにつながる（図12-3）。BEMSやHEMSの導入には経済産業省の補助金があり，家電機器，住宅，住宅設備，通信機器など様々な分野の企業がビジネスチャンスと捉えている。

　また，省エネルギーのコンサルタントを行い，それによって節約されたエネルギー費用の一部を収益として受け取るというビジネスも広がってきている。

スマートコミュニティのイメージ

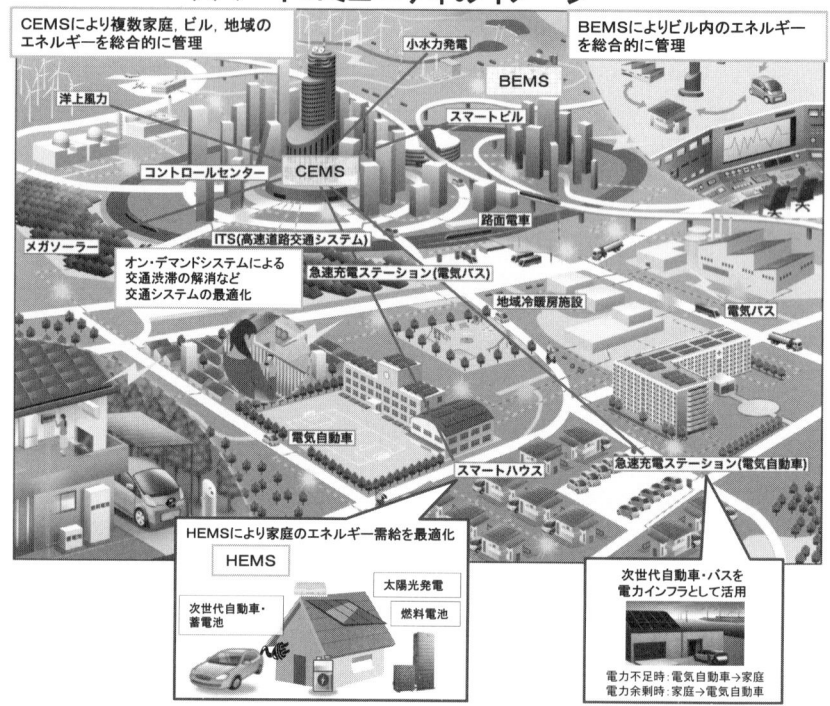

図12-3　CEMS・BEMS・HEMS の連携によるスマートコミュニティのイメージ
(出所)　経済産業省「スマートコミュニティのイメージ」。

これは，ESCO (Energy Saving Company) 事業と呼ばれるもので，省エネルギー診断，省エネ設備の設計・施工，資金のアレンジ，設備の保守などの内容から成る。

3　環境に配慮した建築に対する認証制度

環境に配慮した建築（グリーンビルディング）であることを第三者機関に認証してもらうことで，その建築の資産価値が向上することが期待される。それは，単なるイメージアップということではなく，グリーンビルディングであることにより光熱費や水道費が少なくて済む，あるいは住み心地や使い勝手が良いと

いった理由からである。このような認証制度として，日本の建築物総合環境性能評価認証制度（CASBEE 評価認証制度），アメリカのLEED，イギリスのBREEAM などがある。

　CASBEE は建築物総合環境性能評価システムという名の通り，省エネルギー性能だけを評価するものではなく，使いやすさやアメニティ性能も含めた総合的な評価となっている。評価項目としては，室内環境として，化学物質やアスベストへの対策，分煙など喫煙の制御，昼光の利用，室温の制御，騒音対策，サービス性能として，バリアフリーや耐震性，部材や部品の耐用年数など，室外環境として，生物資源の保全と創出，敷地内緑化などの敷地内温熱環境の向上，環境負荷低減性として，自然エネルギーの利用・雨水の利用・リサイクル材の使用・有害物質を含まない材料の使用，などが含まれる。

　この評価項目にあるように，環境に配慮した建築としては建築材料も重要である。断熱材等に使用されていた**アスベスト（石綿）**は，飛散した繊維を人が吸い込むことで，がんなどの健康被害が出ることから，現在使用が禁止されているが，以前に建てられた建築に使用されているアスベストへの対策が問題となっている（⇨第3章第2節 4 ）。また，シックハウス症候群*が問題となったこともあり，接着剤や塗料に使用されている揮発性有機化合物など，化学物質の使用にも配慮が求められるようになった（⇨第6章第1節）。この他，2000年に公布された**建設リサイクル法**において，リサイクル材の利用が促進されている。

　　* 化学物質を主因とする建物内の空気汚染による体調不良のこと。新築やリフォーム後の建物で起こりやすい。

5　まとめ

　経済発展にともなう都市化により発生する環境問題について概観し，それに対する都市空間の計画的利用のための政策，コンパクトシティやスマートシティなど持続可能な都市づくりに向けた取り組み，環境配慮型建築への施策などを解説した。

(1) 経済発展にともない，先進国だけでなく発展途上国でも都市化が進んでおり，そこでは，水の不足と汚染，地盤沈下，廃棄物，大気汚染，騒音・振動といった環境問題が発生している。
(2) 問題発生の大きな原因は無秩序・無計画な都市化にあり，この点からもゾーニングや緑地保全など都市の空間利用計画は重要な政策である。しかし，これには住民の財産権の制限がともなうため，合意形成が難しい問題となる。
(3) 都市が与える環境負荷を小さくするため，あるいは人口の減少・高齢化にともなう行政コストの節減のため，欧州や日本において，コンパクトシティの考え方による都市づくりが注目されている。
(4) エネルギー，交通，水，情報など様々な分野の新技術を組み合わせて，環境負荷の軽減を図るスマートシティの取り組みが始まっており，ビジネスチャンスとしても注目されている。
(5) 環境配慮型建築を普及させるため，省エネルギー基準や認証制度などの施策が進められている。

引用参考文献

環境省（2013）「2011年度（平成23年度）の温室効果ガス排出量（確定値）〈概要〉」（http://www.env.go.jp/earth/ondanka/ghg/2011gaiyo.pdf 2013年12月7日アクセス）。

経済産業省「スマートコミュニティのイメージ」（http://www.meti.go.jp/policy/energy_environment/smart_community/doc/smartcommu.pdf 2013年12月7日アクセス）。

国土交通省（2013）「平成24年度末都市公園等整備及び緑地保全・緑化の取組の現況（速報値）について（参考資料）」（https://www.mlit.go.jp/common/001021379.pdf 2013年12月7日アクセス）。

――「みらいに向けたまちづくりのために――都市計画の土地利用計画制度の仕組み」（http://www.mlit.go.jp/common/000234476.pdf 2013年12月7日アクセス）。

United Nations (2012) "World Urbanization Prospects: The 2011 Revision." (http://esa.un.org/unup/ 2013年12月7日アクセス)。

第 12 章　都市づくりを環境の視点から考える

▶▶ *Column* ◀◀

スマートシティの社会実証プロジェクト

　本章第3節 4 で述べたように，日本ではスマートシティの社会実証プロジェクトが横浜市，豊田市，けいはんな学研都市（京都府），北九州市の4地域で行われている。これは，2010年から2014年までの5年計画で，スマートグリッドおよびスマートシティのための技術から，仕組み，ビジネスモデルまでを検証しようとするものである。

　このうち「横浜スマートシティプロジェクト（YSCP）」は，みなとみらい21エリア，港北ニュータウンエリア，横浜グリーンバレーエリアを中心とした横浜市全域で，対象となっている戸建て住宅，マンション，商業ビル，業務ビル，大規模工場の各レベルでのエネルギー・マネジメント・システム（HEMS, BEMS, FEMS）を，地域エネルギー・マネジメント・システム（CEMS）として統合を図ろうというものである。

　2013年夏からは，HEMSを導入した1500世帯以上を対象に，デマンド・レスポンスについての国内最大規模の社会実証実験が開始された。これは，電力需給の逼迫することが予想される日の前日に各家庭にメールで節電を要請したり，ピーク時の電気料金を高く設定することで節電を促したりするものである。また，商業ビル・施設間で節電や自家発電した分の電力量を入札によって売却できる「ネガワット取引」も試みられている。

　その他，豊田市のプロジェクトは新しい交通利用形態の提供をセットで推進しており，けいはんな学研都市のプロジェクトは，学研都市に所在する学術研究機関の高い技術力や発信力を活用している。北九州市では，多様な新エネルギー導入などのプロジェクトが進められている。

　以上4地域のプロジェクトは，各地域の産業および施設の集積といった特徴を生かしつつ，住宅メーカーや電機メーカー，自動車メーカー，半導体メーカー，エネルギー関連企業，大手不動産会社，総合商社など幅広い業種の企業が参加している。そして，これら地域での実証実験の成果をもとに，スマートシティのインフラ技術やビジネスモデルを，国内他地域へ展開，もしくは海外に輸出することを目指している。

（竹歳一紀）

さらなる学習のための文献

　宇沢弘文・國則守生・内山勝久編（2003）『21世紀の都市を考える――社会的共通資本としての都市 2』東京大学出版会。
　日本建築学会編（2007）『地球環境時代のまちづくり』丸善。
　花木啓祐（2004）『都市環境論』岩波書店。
　村上　敦（2007）『フライブルクのまちづくり――ソーシャル・エコロジー住宅地ヴォーバン』学芸出版社。

（竹歳一紀）

第13章

農業政策を環境の視点から考える

1　農業政策の目的と内容

1　農業政策の目的

　農業は人間の生存に必須の食料を生産する産業であり，食料確保が国としての存立の基盤条件である。したがって，自国民の食料需要を賄うため，また自国での食料供給能力を維持するため，農業の発展・保護政策が実行される。その一方で，国民の所得が上昇するにつれて，食料に対する支出割合は低下する（エンゲルの法則）。したがって，GDP（国内総生産）に占める農業の比率は，経済発展にともなって低下するのが普通である（図13-1）。

　この時，農業就業者数の比率が同じように低下しなければ，農業の労働生産性は相対的に低下し，農業就業者の所得も相対的に減少する。実際，年齢や教育，就業機会など様々な理由により，農業から工業やサービス産業への労働力移動は不完全にしか行われず，農業部門の労働生産性は低いまま，兼業農家や高齢専業農家が中心となった農業が営まれる。こうした現象が特に顕著に現れているのが，もともと家族経営が中心で経営規模もそれほど大きくない，日本や欧州諸国である（表13-1）。

　これらの国々では，自給率がどのようであれ，国民の食料需要はさしあたり満たされており，財政負担により農業を保護する目的は，農地と農民を維持・保護して，国際的な食料供給リスクに備えることと，地域経済を維持して国土の保全をはかることに求められる。さらにこれらを背景にした政治的な圧力も加わり，食料需要を賄うための**農業保護政策**は，農民保護政策にその内実を変えてしまう。

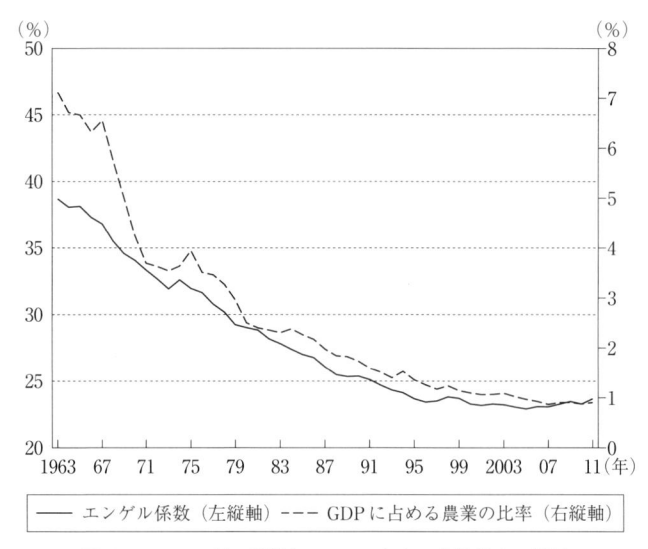

図13-1　エンゲル係数とGDPに占める農業比率の推移

(注)　1：エンゲル係数＝食料消費支出／消費支出。ただし，農林漁家世帯を除く2人以上の世帯における1世帯当たりの支出である（暦年）。
　　　2：GDPに占める農業の比率は，各年度の数値である。
(出所)　総務省「家計調査」，農林水産省「農業・食料関連産業の経済計算」，内閣府「国民経済計算」をもとに筆者作成。

表13-1　主要国の農家1戸当たり平均経営耕地面積

（単位：ha）

日　本	米　国	ドイツ	フランス	イギリス	オーストラリア
2.27	169.6	14.1	55.8	52.6	2970.4

(注)　1：日本は2011年の値。それ以外は2010年の値。
　　　2：日本以外は採草・放牧地面積を含む。
(出所)　農林水産省「海外農業情報──主要国農地面積」。

　しかし，低い生産性の農業部門を保護し続けると，保護政策によって価格が高く維持された食料を購入する消費者の負担が大きくなる。食料価格を低く維持しようとすれば，農業就業者の所得を保障するための財政負担が大きくなる。これらの負担を減らすためには，農業部門の生産性向上を目的とした，いわゆる**農業構造政策**を実行する必要がある。農業生産性向上のためには，農家1戸当たりの経営規模を大きくすることや，収益性の高い生産物へ経営転換を図る

といったことが必要であり，農業構造政策は，様々な手段でそれを誘導しようとするものである。

2 食料増産政策の内容

　発展途上国でとられる農業政策は，人口の増加と経済発展にともなう食料需要の増加に対し，食料価格の上昇を防ぎながらそれを満たすために，**食料増産政策**が主になる。食料増産政策の内容は，農地を増やすことと，品種改良や灌漑の普及により単位面積当たりの収穫量を増やすことなどである。これらは個別の農家で行うことは困難であるため，政策として行われる必要がある。

　日本でも，第二次世界大戦中および戦後の食料不足の時代から，高度成長期末期に至るまで，一貫して主食である米の増産政策が実施された。例えば，日本で2番目に大きな湖であった秋田県の八郎潟は，1957年から20年にわたり米の増産政策のために埋め立てられ，大規模な水田に変わった。同様に，浅い海や湖沼を干拓して農地に変える事業は，瀬戸内海沿岸や有明海沿岸，琵琶湖周辺，千葉県の印旛沼など各地で行われた。旧ソ連では第二次世界大戦後，食料増産政策の一環として乾燥地帯にあるカザフスタンの草地を灌漑し，穀物生産基地として国家的に開発を行った。ここでは，水さえあれば米づくりに適した気象条件であったので，河川を利用して灌漑を行うことにより，大規模な米づくりが行われた。

　こうした農地開発のほかに，高収量品種の開発・導入も政策として行われた。有名なものは**緑の革命**である。これは，国際的な協力の下で開発された高収量品種を導入し，灌漑と化学肥料の投入とを合わせて，小麦や米の増産を図るものである。1950年代以降，メキシコ，インド，パキスタン，フィリピンなどで実行され，インドやパキスタンでは小麦の単位面積当たり収量が1950年からの30年間で約3倍に増加，この地域での飢饉の発生を抑えるのに大きな貢献があったとされる。

　日本でも，1960年代までは，米の収量を高める品種改良やその普及が進められた。これに，灌漑施設の整備，化学肥料や農薬の普及も加わって，10a当たりの米収穫量は，1950年頃には300kg強であったが，1970年頃には420～

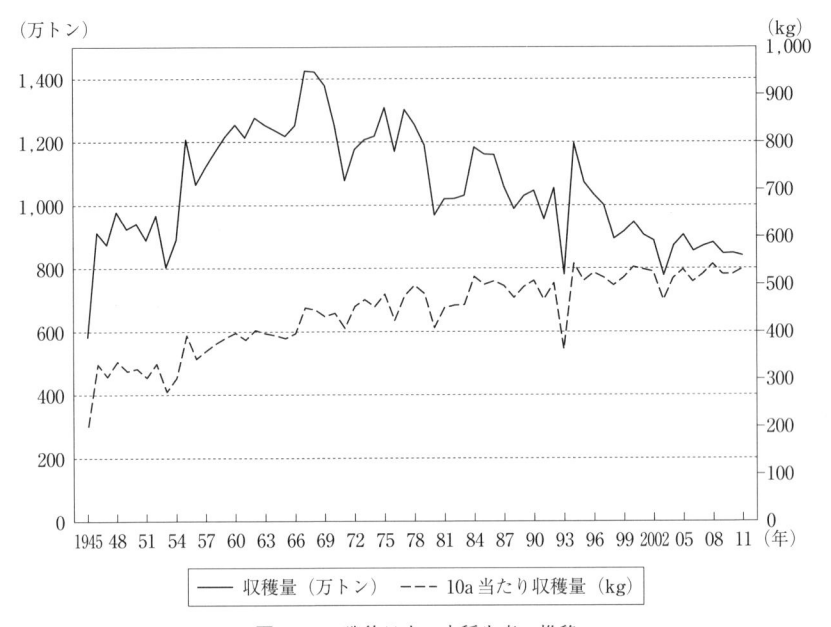

図13-2　戦後日本の水稲生産の推移

(出所)　農林水産省「作物統計」累年表をもとに筆者作成。

30kgにまで増加した（全国平均）。米の作付面積は生産調整政策が始まる1969年に317万haでピークに達し、収穫量は1950年の941万トンから、ピークの1967年には1426万トンにまで増加した（図13-2）。もちろん、日本の場合には次に述べるような米の保護政策があったことも大きな理由である。

3　農業保護政策の内容

　農業保護政策の内容としては、農産物の生産者受け取り価格を高く設定し、その価格で政府が買い取る、または市場価格との差を補填するような農産物価格支持政策、安価な外国産農産物が国内市場に流入するのを防ぐ保護貿易政策などが主なものとなる。

　日本の場合、主食である米は、第二次世界大戦中の1942年以降、**食糧管理制度**の下に置かれていた。これはそもそも戦時中の食糧統制を目的に始まったもので、戦後すぐの食料不足の時期には、主食である米の需給と価格安定が主な

目的であった。その後も，主食の安定供給を目的として，米の輸入は制度が廃止される1995年まで一部の例外を除いて禁止する一方，農家の所得保障のため，米の生産費をもとに生産者価格が決定され，その価格で政府が無制限に買い取ることを保証していた。

　このような米の保護政策によって，米生産は経済的にも有利になり，前項で述べたような生産性の向上や作付面積の拡大を推し進めたこともあって，米の自給率100％が維持された。しかし高度成長期に入って国民の所得が向上し，米よりも畜産物への需要が増加したことで，1960年代後半には米が大幅に余剰となり，財政負担が重くなる事態になった。このため，**減反**（**生産調整**）や転作に加え，大規模化による生産性向上などの農業構造政策がとられるようになったのである。

　こうした中で，市場流通の部分を拡大するなど食糧管理制度も様々な修正を加えながら維持されていったが，1993年の GATT **ウルグアイラウンド農業合意**を受けて，1995年からはそれまでの食糧管理法に代わって**食糧法**（「主要食糧の需給及び価格の安定に関する法律」）が施行された。これにより，政府による全量管理を基本とした食糧管理制度から，部分管理による**食糧制度**に移行した。米の貿易については，1995年からは**ミニマムアクセス**と呼ばれる最低限の輸入が義務づけられ，さらに1999年からは関税化により，関税を支払えば輸入は自由となった。しかし，設定された関税は1kg当たり341円，率にして778％（当時）であり，ミニマムアクセス以外の輸入は現在まで事実上制限されている。

　このような農業保護政策を行っているのは日本だけではない。北米やオーストラリアに比べて経営面積が小さく労働生産性で劣る EU では，域内では自由貿易を進める一方，**共通農業政策**（CAP）により，EU 域外から安い農産物が流入するのを防ぎ，農家の所得保障を行ってきた。輸入制限や関税，競争力の劣る農産物への価格支持，農家への**直接支払い**などがその内容である。こうした政策により，EU は域内での食料自給を達成する一方，多額の農業補助金が費やされている。この財政問題や，GATT や WTO での農業交渉により，輸入制限や関税を緩和し，生産量とは切り離された（デカップリング）直接支払い

や，後で紹介するような環境保全と結びついた補助金に比重を移している。

　米国の農業経営規模は日本やEU諸国と比べればはるかに大きく，食料輸出国となっているが，主な食料について価格がある水準以下になった場合は，政府が農家に差額を支払う制度があり，また生産調整と組み合わせた農家への直接支払い制度などもあわせて，農業経営を手厚く保護している。これもやはり農民による政治的な圧力を背景にした農業保護政策である。このように，食料輸入国・輸出国問わず，ほとんどすべての先進国で，農業保護政策がとられているのが現状である。

2　農業政策と環境問題

1　農業政策が与える環境への負の影響

　本章第1節 2 で見たような食料増産政策が環境へ与える負の影響として，まず**農地開発**による自然環境の破壊があげられる。日本の各地で行われた，浅い海や湖沼を干拓して農地に変える事業は，多くの生物の生息地を奪う結果になった。しかし，米の生産過剰にともなう政策転換や環境破壊に対する関心の高まりから，近年日本ではこうした**干拓事業**はあまり行われなくなってきている。島根県の中海で1963年以降実施されてきた干拓事業は，環境破壊に対する反対運動もあり，2002年には淡水化事業が中止され，その後干拓事業自体も廃止されている。

　旧ソ連カザフスタンでの農地開発では，もともとの土壌の条件や灌漑水の管理などの問題から，土壌に塩類が集積し，農作物の栽培ができなくなる土地が大規模に発生した。こうした農地は現在ほとんどが放棄されているという。

　また中国では，1970年代末から農業・農村改革が行われ，それまでの人民公社による集団的農業経営から，個々の農家による土地請負制に移行していった。これは，土地の公有制はそのままに，農家が割り当てられた土地を耕作し，販売収入が多くなるほど農家の手取りも多くなるという仕組みである。これによって農家の農業生産へのインセンティブは増加し，中国の農業生産高は増加，農家の所得も向上した。しかし一方で，そのような農業生産へのインセンティ

ブは，過剰な耕作や牧畜を発生させるという弊害も生み出した。その結果，長江流域やそれより南の地域では，傾斜地での無理な耕作が進んだことにより**表土流出**や洪水の被害が発生し，北西部の乾燥地域では，過耕作や過放牧により森林破壊や砂漠化が進行した。現在では，こうした問題に対する対策もとられてはいるが，いったん進行した環境破壊を修復するのには，多大な労力と時間が必要となる。

　こうした農地の開発・拡大による環境破壊のほか，土地生産性の向上を図る政策が引き起こす環境問題もある。緑の革命が行われたインドやパキスタンの小麦地帯，特に乾燥地帯で灌漑により小麦が栽培された地域では，やはり灌漑水の管理不適切に化学肥料の多投なども合わさって，塩類が土壌に集積する現象が発生し，収量が減少するという問題も発生している。

　化学肥料を大量に生産できるようになったことは，農業生産の飛躍的な増加につながったが，他方では，過剰な肥料投入による問題も引き起こすようになった。過剰な化学肥料の投入は，上記のような土壌への塩類集積を発生させて作物の生育を妨げるほか，土中に**硝酸態窒素**が滞留し，地下水が汚染されたり，作物が吸収したりして，それを摂取する人や動物に健康被害が出る可能性が指摘されている。

　また，20世紀に入ってから，様々な近代農薬が発明され，農作物の病虫害や除草の手間を劇的に軽減する働きをした。しかし，農薬の人体への影響や，他の生物への影響も問題となった。人体への直接的な影響を別にすれば，農薬の環境への影響は，生態系への悪影響と言うことができる。農薬により，農業に有害無害を問わずある種の動植物が死滅することは，それ自体生物多様性の減少であり，生態系の連鎖が崩れることで，思わぬ動植物による農作物の被害が発生することがある（⇨第9章第1節 1 ）。

　本章第1節 3 で述べたような農業保護政策が環境に与える負の影響は，農業保護が必要以上に農業生産を行わせることによって上記のような問題が発生する，間接的なものとして考えることができる。すなわち，農業保護政策によって，過剰な作付けや化学肥料・農薬の多投入による土壌の劣化や水資源の不足・汚染などが進行する懸念がある。

2　農業政策により保全される環境

　自然に手を加え，かつ自然の力を利用する農業は，それを継続することで自然環境とのバランスをとってきた。すなわち，持続可能な農業である限り，農業を行うことが，人の手が加わった二次的な環境を保全することになる。例えば，傾斜地につくられた棚田や牧草地は，そこで耕作を続けていくことによって，土壌の流出や斜面の崩壊，それによる洪水の発生などが防がれる。またこうした傾斜地の保全は，結果として多様な動植物を育む環境を保全し，また景観を保全することにもなる（⇨第9章第2節 3 ）。

　これらは，**農業・農村の多面的機能**と呼ばれるもので，農業による正の**外部効果**（あるいは外部経済）の典型例である。すなわち，農業を行うことにより，市場を経由せずに付随的な便益が発生していると考えられる。日本における農業・農村の多面的機能を貨幣額で評価しようという研究によると，洪水防止機能が年間3兆5000億円，河川流況安定機能＊が年間1兆4600億円，保健休養・やすらぎ機能が年間2兆3800億円などとなっている（農林水産省「農業及び森林の多面的機能の貨幣評価」）。

　　＊　水田の灌漑用水を河川に安定的に戻すことによって，河川の流量を安定させる機能。

　これらの機能は，農業生産が持続的に行われていることにより発揮されるもので，農業生産が放棄された場合には，逆に様々な悪影響が発生する。まず，棚田での耕作や傾斜地での牧畜が放棄された場合には，土壌の流出や斜面の崩壊などが起き，土砂災害や水害が発生したり生物の生育環境が損なわれたりする。また，都市部や平地においても農業の採算性の悪化などで**耕作放棄地**が増加した場合，雑草が繁茂したりそれにともない病虫害が発生したりして，継続している農業生産に被害を与える。さらには農地周辺で保たれてきた生態系が崩れ，生物多様性の減少にもつながる。

　したがって，農業保護政策により農業生産を維持することは，農業・農村の多面的機能を維持することにつながる。しかし，保護貿易政策によって食料の国内価格が国際価格よりも高くなる分は消費者の負担となり，価格支持政策に

よって生産者価格が市場価格よりも高くなる分は政府の負担となる。こうしたコストを減らし，なるべく小さな社会的負担で農業・農村の多面的機能を維持するためには，保護貿易や価格支持によるのではなく，生産者に生産費用を直接補償する直接支払い政策によって農業生産を維持することが，大きなメリットを持つ。直接支払い政策についての詳細は，第3節で述べる。

3 環境問題の農業への影響

本節 1 および 2 では，農業政策が環境に及ぼす影響について説明したが，ここでは，環境問題により農業がどのような影響を受けるのかについて述べる。これは自然の影響を受ける農業という産業に特徴的であり，その影響への対応として農業政策が必要となる場合があるからである。

環境問題の影響としてまず考えられるのは，都市化・工業化による水の汚染，さらにそれにともなう土壌汚染により，農作物に被害が出ることである。高度成長期以降，各地で工業化や都市化が進んだことで河川や湖沼の汚染が深刻化し，そこから取水する農業用水の汚染も大きな問題となった。汚染された水や土を栽培に用いると，生育不良になったり，作物に重金属や硝酸態窒素などが蓄積されて食用に適さなくなったりする。水田などの作業環境も悪化し，これも農業経営に影響する。こうした問題への対応として，工業廃水や都市生活排水に対する浄化設備や下水道の普及といった施策のほかに，農業用水施設の整備や**農業集落排水事業**による生活排水の浄化などの農村整備事業が実施されている（⇨第4章第3節 3 ）。

さらに環境問題の農業への影響として近年懸念されているのは，地球温暖化とそれにともなう気候変動による影響である（⇨第8章第1節 2 ）。IPCC（気候変動に関する政府間パネル）は，温室効果ガスによる地球温暖化や気候変動の予測，およびそれによる様々な影響についてレポートを出している。2007年に出された第4次評価報告書の中では，気候変動による作物生産への影響として，低緯度地域，特に乾季のある熱帯地域では，気温が1〜2℃上昇するだけで，作物の生産性が低下し飢饉のリスクが高まると報告されている。一方，中緯度から高緯度地域では，1〜3℃の上昇では作物の生産性は上昇するが，それ以

上の気温上昇では作物の生産性が低下すると予測されている。

気温の上昇により，それぞれの作物の生産に適した地域が移動することになる。例えば温暖な地域で栽培される温州ミカンは，日本では現在，静岡県や愛媛県，和歌山県，および九州の沿岸部が主な産地となっている。しかし，温暖化が進むと，生産適地は，山陰や北陸さらに南東北にまで広がる一方，九州では気温が上がりすぎて栽培に適さなくなるという予測もある。こうした産地の移動の過程では，それまでになかった病虫害に見舞われたり，温度変化で品質が変わったりすることが考えられる。また干害や水害の被害が増加することも予想される。

すなわち，温暖化による農業への影響という場合には，気候の変化そのものによる生物学的な影響だけでなく，それに付随して生じる現象による農業経営への経済的影響も考慮する必要がある。産地の変化に農業経営が対応できなければ，産地は移動できず消滅することになるだろう。このような影響に対しては，気候の変化に対応した新たな作物の導入や新たな産地形成を図る政策が必要となるが，それについての検討はまだ十分になされているとは言えない。

3　農業環境政策

1　条件不利地域での直接支払い

本章第2節 2 で説明したように，農業には食料生産以外に多面的な機能があり，いわゆる外部便益をもたらしている。そのための農業保護は一定の正当性を持つ。しかし，多面的機能を重視して農業を保護するのであれば，保護貿易政策や価格支持政策によって消費者や財政に大きな負担を与えるよりも，多面的機能の維持に有効な部分，つまり環境保全に欠かせない農業生産を選択的に保護するほうが効率的である。

農業の多面的機能の維持のため，生産量とは切り離す形（デカップリング）で**直接支払い**（あるいは直接所得補償）により農家に所得補償を行っている代表的な例が，EUの条件不利地域での直接支払いである。これは，1975年から導入されており，条件不利地域での農業生産を継続することで，①農村社会を維持

すること，②農村の自然を保全すること，③環境保全のために持続的な農業を維持増進することを目的としている。

　条件不利地域とは，傾斜や標高の条件が厳しい地域，土地の肥沃度が低い土地などである。こうした地域での農業生産性は低く，競争力に劣るため，上記の目的のために農家に直接補助金を支払う制度である。補助金の額は，生産量とは関係なく，農地面積に対する支払いである。補助金を受ける条件として，①決められた面積以上の農地面積で営農をしていること，②1回目の補助金受給後最低5年間営農を継続すること，③持続可能な農業によって環境を保全し，農村の自然を維持できる通常の農法を実践することが定められている。

　日本でも，同様の考え方に基づき，農業生産条件が不利な中山間地域等での農業生産と農業・農村の多面的機能を維持する目的で，**中山間地域等直接支払制度**が2000年度から導入されている。この制度の基本的な内容は，生産条件の悪い農用地，例えば急傾斜地や小区画・不整形な田などにおいて，集落協定や個人協定に基づいて5年間以上継続して農業生産活動を行う生産組織や農業者に対し，面積当たり単価により国および地方公共団体が交付金を支払うものである。対象作物に制限はないが，交付条件として，一定の要件の下での農用地保全体制の整備や地域の実情に即した農業生産継続活動などが課せられる。基本交付単価は，例えば急傾斜地の田については，国と地方公共団体あわせて10a当たり年額2万1000円（上限）となっている。

　この制度の2012年度の実績は以下の通りである。交付対象となった面積は，全国で68万2404 ha，うち田が31万785 ha，畑6万4273 ha，草地29万2503 haであるが，草地のほとんどは北海道である。同年現在の全国の田の面積は247万 ha なので，その28％が対象となっている計算である。集落協定数は2万7352，個別協定数は497で，ほとんどが集落協定により集落単位で生産活動の維持や農用地の保全についての取り組みを行っている。交付総額は538億4500万円で，都府県における1集落協定当たりの交付額は167万円，参加者1人当たりの交付額は7.6万円となっている。

　日本の場合，このような交付金額を見る限りでは，条件不利地域での農業生産の継続に十分なインセンティブになっているかはかなり疑問である。先に述

べたEUの条件不利地域での直接支払い制度の1経営当たり給付額は，2002年のドイツで約2200ユーロ（約28万円），同年のフランスで約4200ユーロ（約55万円）となっており（岸，2006），日本に比べるとかなり手厚い給付額となっている。

2　環境保全型農業への直接支払い

　EU共通農業政策における直接支払いは，条件不利地の保全を目的とするもののほかに，それ以外の地域を対象とする単純に所得補償を目的としたものがある。この直接支払いを受けるための条件として，1999年から**クロス・コンプライアンス（環境遵守事項）**が課されており，2005年からはそれがさらに拡充・強化されている。環境についての遵守事項としては，地下水保護，硝酸塩（硝酸態窒素）汚染からの水の保護，自然生息地・野生動植物の保全などがある。その他，公衆と動物の健康，疾病の届出，動物福祉についてもそれぞれ遵守事項が定められている。環境への配慮が直接支払いを受ける契約条件となっているのである。

　EUでは，このクロス・コンプライアンスを超えて，さらに積極的に環境保全型農業の取り組みを行うことに対しての直接支払い制度も導入されている。これは国や地域によって内容が異なるが，大きく分けると，環境規制地域への支払いと農業環境および動物福祉に関する支払いの2つがあげられる。環境規制地域への支払いは，環境について制限の設けられた地域における農業を保護するためのもので，最低5年間の生産継続や持続可能な農業によって環境を保全し，農村を維持できる通常の農法を実践するなど，条件不利地域への直接支払いと同様な条件が課されている。環境規制地域は各国が独自に定義することとなっている。

　農業環境および動物福祉に関する支払いは，①環境やその景観，自然資源，土壌や種の多様性の保全や改善と共存可能な農業の推進，②環境親和的な粗放農業や低投入な草地システムの管理，③農地の景観や歴史的な外観の維持，などを目標としている。具体的な内容は各国の裁量で決められるが，クロス・コンプライアンスの導入にともない，その遵守事項をさらに強化したものが多い

ようである。例えば，オーストリアでは，硝酸塩による水汚染を防ぐために，クロス・コンプライアンスとして冬季の施肥が禁止されている。この期間を2週間延長することに対して環境支払いが行われる。

日本では，2007年度から**農地・水・環境保全向上対策**として，一定のまとまりのある地域で活動を行う組織（農家や地域住民を中心に，農協，都市住民，NPO等の参画も可）による，①農地・水路等の資源の基礎的な保全管理活動（基礎活動）と，②生物多様性保全，景観形成などの農村環境の保全のための活動（農村環境保全活動）に対し，対象となる農地面積に応じて交付金が支払われている。活動の例としては，遊休農地の発生状況や施設の劣化状況等を確認し，耕作可能な状態に農地を保全管理することや，植栽によって景観形成を行うことで地域環境の保全を図ることなどがあげられている。2012年度末現在で，全国1万8662組織，約146万haの農地が交付の対象となっており，2013年度予算では約280億円が計上されている。

農地・水・環境保全向上対策では，上記のような組織の活動に対して支払われる交付金のほかに，個別農家の環境保全活動に対して支払われていた部分があった。これを2011年度から，以下に説明する環境保全型農業直接支援対策として切り離し，一部内容を改正した上で**農地・水保全管理支払交付金**という名称に変更している。

環境保全型農業直接支援対策は，エコファーマーの認定を受けている農業者等が，農地土壌への炭素貯留に効果の高い営農活動や，生物多様性保全に効果の高い営農活動に取り組む場合に支援を行う仕組みである。具体的な内容は，①カバークロップ（主作物の栽培期間の前後のいずれかに緑肥等を作付けする取り組み），②炭素貯留効果の高い堆肥の水質保全に資する施用，③有機農業となっている。いずれも営農面積に対しての交付であり，単価は有機農業の場合で，10a当たり国・地方それぞれから4000円，計8000円である。

3 農業環境政策のコストとベネフィット

GATTウルグアイラウンド農業合意においては，価格支持や生産補助金など，貿易や生産に直接影響を与える国内保護政策を「黄の政策」として削減対

象とする一方，そうでない政策を「緑の政策」，「青の政策」として削減対象から除外した。こうした内容は，GATTの後を受けて1995年に成立したWTOの農業協定として引き継がれている。本章第3節1および2で述べた条件不利地域における直接支払いや環境保全型農業に対する直接支払いは，「緑の政策」に区分され，削減の対象とはならない。このことから，EUをはじめ近年では日本でもこうした形の補助金を増やす傾向にある（⇨第7章第3節1）。

ただし，このような政策については以下のことに留意して見る必要がある。1つは，直接支払いの水準である。少なすぎると条件不利地域での農業あるいは環境保全型農業が持続不可能となって政策の意味がなくなってしまう。しかし，多すぎると財政面で大きな負担になる。日本の直接支払い制度の場合，営農を継続するインセンティブを生むような支払い水準とは言えない。その一方で，交付金の支払い対象となっている農地は全農地面積のかなりの部分を占めており，いわば薄く広く補助金をばらまく形になっていることは否めない。

もう1つは，環境保全のために農業がどうしても必要なのかという点である。たしかに農業には多面的機能があり，農業生産を維持することで多面的機能による便益がもたらされる。しかし，そうした便益は農業によってしか得られないものかどうか，あるいは農業保護のコストと見合うものであるかどうかについて，検証されるべきである。例えば，洪水防止機能は多面的機能の中でも大きな比重を占めている。しかし，それは農業ではなく森林にすることでもある程度代替可能であろうし，場所によってはダムや堤防の建設のほうが長期的に安上がりかもしれない。逆に，農業生産を継続するほうが多面的機能の発揮のために効率的な場合には，十分な直接支払いにより農業を保護していく必要がある。

GATTウルグアイラウンド農業交渉にともなって，農業の多面的機能についての重要性が日本で議論され始めたのは，今から約20年前である。この間，農家戸数は3分の2に減り，農業総産出額は3割減，耕作放棄地は約2倍に増加している（図13-3）。こうした変化を農業の多面的機能の面からあらためて評価する必要がある。その上で，たとえ直接支払いの形であっても補助金を薄く広くばらまくのではなく，多面的機能の維持や環境保全のために必要かつ効

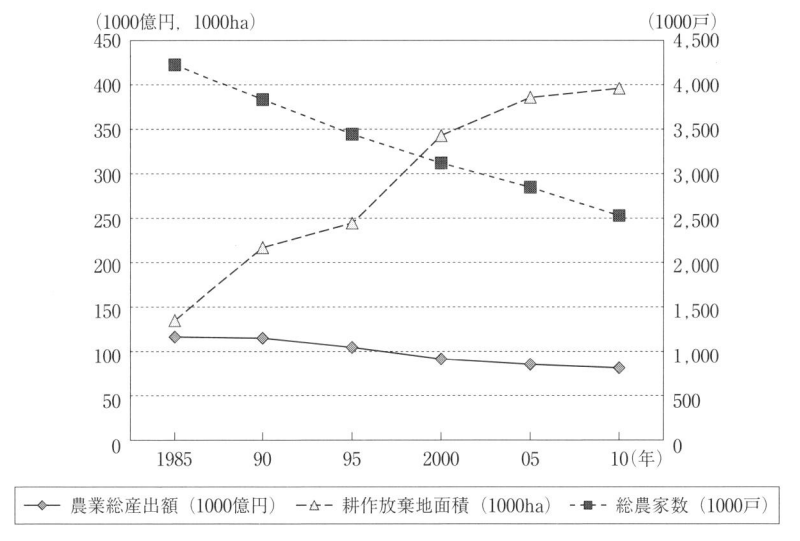

第 13 章　農業政策を環境の視点から考える

図13-3　総農家数，農業総産出額，耕作放棄地面積の推移
（出所）　農林水産省「農業センサス」「生産農業所得統計」各累年統計表をもとに筆者作成。

果的な対象にしぼって，農業生産維持に必要十分な額を給付していくことが求められる。

4　新たな付加価値による農業・農村の活性化

1　農業の六次産業化によるコミュニティビジネス

　農業の生産条件が不利な地域において，農業や農村から生まれる新たな付加価値によって農業・農村を活性化することが，補助金へ過度に依存することなく農業・農村を維持し多面的機能を発揮させるための重要な方策として注目される。地域の農家によるこうした活性化への取り組みとして，**農村コミュニティビジネス**をあげることができる。ここではまず，**六次産業化**による農村コミュニティビジネスを紹介する。

　六次産業化とは，生産（一次産業）に加えて，加工（二次産業），販売（三次産業）による付加価値を地域内で生み出すことにより，農家所得の向上や農村で

の就業機会の増加を図ろうとするもので，こうした取り組みを進める中から生まれた造語である（1＋2＋3＝6 あるいは 1×2×3＝6）。現在，農林水産省も様々な形でこの六次産業化を推進しており，多くの事例が紹介されている。その中から，和歌山県古座川町の農事組合法人古座川ゆず平井の里の事例を取り上げる（宮崎，2011）。

　和歌山県南部に位置する古座川町は，人口約3000人，四方を山に囲まれ，面積の95％が森林という山間の町である。古座川町では柚子が古くから栽培されていたが，柚子栽培面積の全国的な拡大によって価格が暴落し，大きな打撃を受けた。これをきっかけとして，それまでも柚子の栽培や加工を行っていた平井地区では，2004年に農事組合法人古座川ゆず平井の里を設立し，柚子の生産，加工，販売を一元化し，地域の特産品として育てている。具体的には，柚子をジャム，マーマレード，ジュース，シャーベット，アイスクリーム，柚子みそ，柚子たれなどに加工し，町内外の農産物直売所や旅館，インターネットで直接販売するほか，量販店やデパートにも卸している。

　この農事組合法人には，平井地区の83戸のうち62人が出資した。設立当初の年間販売額は6500万円であったが，2010年には1億2000万円に増加，柚子果実の使用量も1999年の20トンから2010年には140トンを超えるまでになり，さらに組合として生産を拡大していこうとする状況になっている。また，こうした生産・販売だけではなく，柚子こんにゃくづくり体験や柚子の収穫体験，集落の様子を紹介するミニコミ誌の発行など，外部との交流にも力を入れており，それが販売の維持拡大にもつながっている。

2　グリーンツーリズムによる農山村の活性化

　農村コミュニティビジネスとして次に紹介するのは，グリーンツーリズムである。これは，加工などで付加価値をつけた農産物を都会へ売ることよりも，都会から人に来てもらい，農村の景観や環境，文化などを付加価値として売ることに比重を置く。グリーンツーリズムとして農村にやってくる人たちの目的，逆に言えば農村の側の"売り"は，地域によって，農村景観であったり，農業体験であったり，農家レストランでの食事であったり様々である。もちろん，

先にあげたようなその地域でつくられた農産物加工品の販売が組み合わされる場合も多い。

　農村への滞在を目的とした観光は，欧米ではルーラルツーリズムやアグリツーリズムなどの名称で，それ以前から定着していたが，日本では1990年代から注目されるようになった。グリーンツーリズムは，日本でバブル崩壊後の農山村振興政策の1つとして政策的に進められる中で生まれた造語である。

　グリーンツーリズムが注目されるようになった当初から，代表的事例として取り上げられるのが，京都府美山町（現・南丹市美山町）である。美山町は，京都府の中央部に位置し，総面積の96％を山林が占め，過疎化が進行してきた山村であるが，町内にはかやぶき農家が多く残され，日本の農村の原風景と呼ぶべき景観を保ってきた。これが注目され，1992年に制定された美しい町づくり条例や美山町伝統的建造物群保存条例によって，景観保全が図られると同時に，観光資源としてアピールされるようになった。

　美山町の中でも特にかやぶき民家が集中して残され，1993年に国の重要伝統的建造物群保存地区に選定された北集落では，この景観を見るために訪れる観光客を相手に，北村きび工房，体験民宿またべ，かやぶき民俗資料館，お食事処きたむら，という4つの事業が任意団体の経営で行われてきた。2000年には，これら4つの任意団体が統合して法人化され，有限会社かやぶきの里が発足した。

　この有限会社には北集落の全44戸が出資し，正社員は全員北集落在住者である。この他に集落内外から30名弱のパートが雇用され，お食事処きたむら，北村きび工房，体験民宿またべ，特産品売店かやの里，かやぶき交流館の運営に当たっている。また，集落全戸により北村かやぶきの里保存会がつくられ，かやぶき民俗資料館の管理運営に当たっている。

　美山町を訪れる観光客は年間約70万人，北集落を訪れる観光客数は年間約25万人にものぼっている。その多くは日帰り客で，それにともなう問題も発生しているが，滞在型のグリーンツーリズムへの取り組みや，Uターン・Iターン者を増やす取り組みも行われている。住民の高齢化が依然進んでいるといった問題は抱えているものの，美山町のグリーンツーリズムは，山村におけるコミ

ユニティビジネスの1つの成功例を示していると言える。

5　まとめ

　本章では，農業政策の目的と内容を概説した上で，そうした農業政策が環境問題にどのように影響しているか，また農業政策と農業に関わる環境問題への政策とを統合した農業環境政策の内容について解説した。

(1) 経済発展にともなって，食料増産政策から農業保護政策へと，一国の農業政策は変化していく。
(2) 食料増産政策による農地開発や無理な作付け，あるいは農業保護政策による過剰生産が環境に負の影響を与えることがある。逆に，農業保護政策によって農業生産を維持することで保全される環境もある。
(3) 農業・農村の多面的機能を発揮するため，EUや日本では条件不利地域での農業生産に対する直接支払い制度が設けられている。
(4) 農家や農村が取り組む環境保全型農業に対して，EUや日本では直接支払い制度が設けられている。
(5) 農業・農村の多面的機能を維持し，補助金に依存せず農業・農村を活性化させる取り組みとして，六次産業化やグリーンツーリズムといった農村コミュニティビジネスが注目されている。

[引用参考文献]
　岸　康彦編（2006）『世界の直接支払制度』農林統計協会。
　総務省「家計調査」各年版。
　内閣府「国民経済計算」各年版。
　農林水産省「海外農業情報――主要国農地面積」（http://www.maff.go.jp/j/kokusai/
　　kokusei/kaigai_nogyo/pdf/area.pdf　2013年12月6日アクセス）。
　―――「作物統計」累年統計表。
　―――「生産農業所得統計」累年統計表。
　―――「農業及び森林の多面的機能の貨幣評価」（http://www.maff.go.jp/j/nousin/

第 13 章　農業政策を環境の視点から考える

▶▶ *Column* ◀◀

コウノトリ育むお米

　生物多様性のような環境保全に地域で取り組むと同時に，環境保全型農業を消費者にアピールすることで，農産物に付加価値をつけ販売するビジネスも注目されてきている。その1つとして，兵庫県豊岡市の「コウノトリ育むお米」の事例を紹介しよう。

　兵庫県の日本海側に位置する豊岡市は，日本で最後の野生のコウノトリが生息した場所である。コウノトリは明治以降，乱獲や河川改修・圃場整備による湿地の減少，農薬使用による餌となる水田の生物の減少などにより，大きく数を減らし，1956年には国の特別天然記念物に指定されたが，1971年には野生のコウノトリが絶滅した。以降は，豊岡市の施設でロシアからのコウノトリによる人工繁殖が行われた。1992年からは野生復帰計画が進められ，2005年からは試験放鳥が始まった。

　これにあわせ豊岡市では，野生のコウノトリが住みやすい環境をつくるため，有機肥料を使い，農薬を使用せず，冬季も水田に水を張る，といった農法での米づくりに取り組み，これに対しては，兵庫県も奨励金を支出した。こうして栽培された無農薬有機栽培米は，「コウノトリ育むお米」としてブランド化され，コウノトリを野生復帰させる施設である兵庫県立コウノトリの郷公園に隣接した豊岡市地域交流センター「コウノトリ本舗」で販売されているほか，通信販売も行われ，人気を博している。

　豊岡市では，これをきっかけに環境保全型農業を推進するほか，コウノトリツーリズムや，バイオマスタウン構想をはじめとした，豊岡市環境経済戦略を進めている。これは，生物多様性の保全に地域で取り組んだ結果，環境保全型農業をはじめとする新たなコミュニティビジネスにつながった事例と言うことができる。

（竹歳一紀）

noukan/nougyo_kinou/pdf/kaheihyouka.pdf　2013年12月6日アクセス）。
―――「農業・食料関連産業の経済計算」各年版。
―――「農業センサス」累年統計表。
宮崎　猛編（2011）『農村コミュニティビジネスとグリーン・ツーリズム』昭和堂。

「さらなる学習のための文献」

生源寺眞一（2006）『現代日本の農政改革』東京大学出版会。
寺西俊一・石田信隆編著（2010）『農林水産業を見つめなおす』中央経済社。
速水佑次郎・神門善久（2002）『農業経済論　新版』岩波書店。

（竹歳一紀）

第14章

環境政策を実現する制度とガバナンスを考える

1　各部門での環境政策の導入をどのように進めるか

　これまで見てきたように，環境問題の原因に抜本的に対処し，持続可能な社会を構築するためには，環境省が管轄する環境政策を強化し，充実させるだけでは十分ではない。エネルギー・交通などのインフラ政策，都市政策，農林水産業・鉱工業などの産業政策，水管理政策など，環境問題の原因をつくり出す政策の中に環境保全を組み込み，元々目指していた政策目的と環境保全を同時に達成できる**統合的環境政策手段**を導入していくことが重要である。この問題意識の下に，本書は，統合的環境政策手段の内容と実際に導入された政策手段を分野ごとに紹介してきた。

　しかし実際に統合的環境政策手段を導入するには，それを推進する主体や制度が不可欠である。導入を推進する主体としてまず考えられるのは，大統領や内閣総理大臣といった政治的リーダーである。政治的リーダーが理解を示し，イニシアティブをとれば，政権に対する国民の支持を背景に，統合的環境政策手段の導入を進めることは可能になるはずである。

　しかし政治的リーダーに依存するだけでは，統合的環境政策手段のいくつかは導入できたとしても，多様な分野の政策体系全体を環境保全型に変えることにはならない。政治的リーダーは多数の法案や政策を立案し政治プロセスを経て法制化しなければならず，統合的環境政策手段はその中の一部分でしかない。このため，導入される統合的環境政策手段は，政治的リーダーの政治的立場や関心の範囲に限定される。しかも4～5年ごとに選挙で民意が問われ，議会の

勢力図が変わるため，政策の重点や内容も変わっていくことになる*。

* 例えば韓国は，李明博政権時（2008～13年）には低炭素・グリーン成長を政策の中核に据えていたが，朴槿恵政権（2013年～）では前大統領との相違を際立たせるため，「創造的経済」を政策の中核とし，低炭素も環境も政策の重点項目から外した。

そこで，環境省以外の省庁が自らの政策の中に環境保全を組み込まざるをえなくする制度ないし制度的基盤を構築することが重要と考えられるようになった。政策のつくり方を変えるような制度を構築して新たな習慣を定着させれば，政治的リーダーのイニシアティブが弱くても，省庁が自ら政策体系の「グリーン化」を進めていくことが期待されるためである。

本章ではその制度として構想され実施されてきた，環境保全の権利と責務の明文化，政府機構改革，政策決定プロセスの改革，財政システムの改革の4つを取り上げ，その有効性と課題を述べる。

2　環境保全の権利と責務の明文化

まず考えられるのが，憲法や国家戦略の中で環境保全の権利と責務を明文化することである。憲法で**環境権**が明記されていれば，①国内外に対して環境問題を回避するための仕組みを備える国であることを宣言する効果を持ち，②法律による具現化を促し，裁判での救済を容易にし，③裁判所の違憲立法審査権を活用することで，環境に直接悪影響を及ぼし，あるいは悪影響を及ぼす行為を促す法律・規制・行政命令を，環境権を担保するものへと修正することを促す。

日本の憲法には環境権を明記した条文は存在せず，したがって裁判所の判決でも環境権を明確に認めたものは存在しない。裁判では，憲法第13条で規定されている個人の権利（人格権・財産権）の侵害を根拠に，被害者の救済が行われてきたにすぎない。また政府も，憲法第25条で規定されている健康で文化的な最低限度の生活を営む権利を保障する範囲で，環境保全の責務を負うと理解している。このため，国会や裁判所も，環境権担保の観点から法律や規制を見直

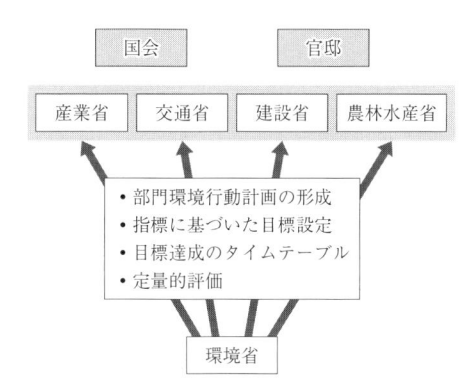

第 14 章　環境政策を実現する制度とガバナンスを考える

```
        ┌──────┐      ┌──────┐
        │ 国会 │      │ 官邸 │
        └──────┘      └──────┘
   ┌──────┬──────┬──────┬────────┐
   │産業省│交通省│建設省│農林水産省│
   └──────┴──────┴──────┴────────┘
       ↑     ↑      ↑       ↑
   ┌─────────────────────────┐
   │ ・部門環境行動計画の形成  │
   │ ・指標に基づいた目標設定  │
   │ ・目標達成のタイムテーブル│
   │ ・定量的評価              │
   └─────────────────────────┘
              ↑
         ┌────────┐
         │ 環境省 │
         └────────┘
```

図14-1　環境省主導型の環境政策統合のイメージ
（出所）　森（2013a, 28頁）をもとに筆者加筆・修正。

す誘因を持たず，環境省以外の省庁が環境保全を進めようとしても，法律に根拠がないことから，環境保全活動を実施する予算を獲得することは困難であった。

　環境基本法や環境保全に関する国家戦略を作成し，その中で政府の環境保全の責務の明文化することもまた，法律や規制，各省庁の政策目的の環境保全重視のものへの変更を促すことができる。この期待から世界的に展開されたのが，1992年の国連環境開発会議で採択された**アジェンダ21**であった。これは，環境劣化の現状の把握と環境保全のための国家計画・戦略の作成を促すもので，世界銀行は無償援助の供与継続を見返りとして，開発を重視する低所得国にもその作成を促した。この計画は幅広い利害関係者の参加を想定していたものの，基本的には環境省が計画を作成し，進捗管理を行うものであった。しかし環境省は多くの場合，他省庁と比べて行政上の地位が低く，行政権限が弱い。このため，他省庁は，既存の政策目的を修正してまで環境省主導で作成した計画の執行に協力をしたわけではなかった（図14-1）。結果，環境保全効果は限られていた。

　日本でも環境保全を担当する政府機構として環境庁が設立されたのは，公害国会が開催され公害対策に関する基本的な法律が制定された後の1971年のことであった。環境庁の権限は，各省庁が分散的に持っていたものを移管したもの

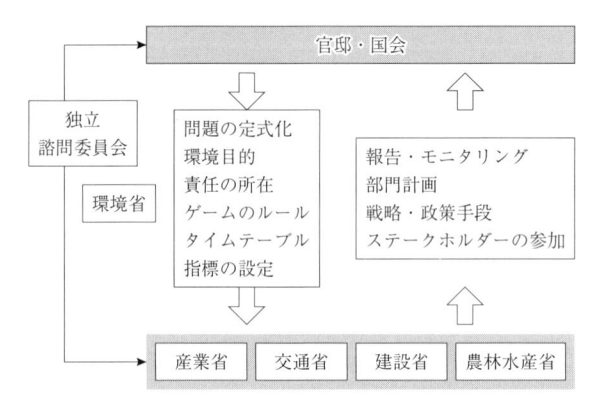

図14-2 官邸・国会主導型の環境政策統合
(出所) 図14-1に同じ。

であった。しかし移管された権限は公害防止と自然保護に限定されており，しかも下水道や廃棄物行政に関わる権限すら移管されなかった。さらに**環境影響評価法**を制定できなかったことから，国土計画や都市計画，インフラ整備の立案・実施時に環境配慮を義務づけることもできなかった。そこでアジェンダ21の採択という「外圧」を利用して，1993年に環境基本法を制定し，環境基本計画を策定した。しかしその内容は，経済的手法などの規制以外の政策手段の活用，地球環境保全等に関する国際協力，公害防止と自然保全を融合し環境行政の目的を環境負荷の削減に置くといった，環境庁の権限の拡大に関わるものが中心であった。

　この反省の下に，2002年の持続可能な発展に関する世界サミットで推奨されたのが，環境保全と開発や経済・社会面の関心を統合した**持続可能な発展に関する国家戦略**の作成であった。持続可能な発展に関する国家戦略では，多様な利害関係者の参加の下に官邸や国会が戦略を作成し，達成期限を設け，総合的指標を用いて進捗状況を定期的に点検する「**目標設定・達成期限・結果のモニタリング**」を制度化した。そして国会や行政機関から独立した委員会が進捗管理と点検を行い，進捗が遅れている分野については，環境省からのアドバイスを受けながら各省庁に業務内容の見直しや追加的な政策の導入を勧告するようにした（図14-2）。

第14章　環境政策を実現する制度とガバナンスを考える

　日本でも，2006年に作成された第三次環境基本計画で，作成プロセスで広範な利害関係者に意見を聴取し，総合的指標を導入するなど，持続可能な発展戦略に近づける努力がなされた。しかし達成期限は設定されず，環境省の下の中央環境審議会が作成・点検する方式を踏襲した。この結果，他省庁が環境政策を推進する当事者意識を高めることにはならなかった。

3　政府機構改革

　こうして憲法や環境基本法に環境保全の責任が規定されたとしても，それを具体的に担う部門が存在しなければ，環境政策は執行されない。そこで必要となるのが，各省庁が環境保全を推進できるようにするための政府機構改革である。

　政府機構改革にはいくつかの方法がある。最も穏やかなものは，各省庁が自らその内部に環境担当部局を設置することである。この部局は，環境省などとの協議を行うほか，当該省庁の政策や活動の環境影響を管理し，環境保全型の政策や活動をつくり出し，事業予算を獲得することを任務とする。日本では，経済産業省，資源エネルギー庁，国土交通省，農林水産省，文部科学省，総務省などに環境に関連する名前を持った部署が設置されてきた（**表14-1**）。

　逆に最も急進的なものは，環境省と他の省庁を統合・再編して新たな省庁を設立する改革である。例えば英国は1997年に省庁を再編して交通・地域・環境省を設立したが，2001年に狂牛病対策が喫緊の課題となると環境・食糧・農村省に再編し，気候変動政策を本格化させた2008年にはエネルギー・気候変動省を設立した。またオランダも，当初環境担当部局は福祉スポーツ省内に設置されていたが，1982年に公共住宅・空間計画省に移管されて住宅・空間計画・環境省となり，2009年の政権交代後に交通・公共事業・水管理省と統合して，インフラ環境省となった。

　その中間にあるのが，他省庁の一部の担当部門を環境省と統合する方法である。具体的には，ドイツでの経済省の再生可能エネルギー担当部門の環境省移管や，日本での厚生省（当時）のリサイクル担当課の環境省移管などがあげら

表14-1　日本の省庁における環境担当部署

省　庁	局	課
環境省		
経済産業省	産業技術環境局	環境政策課
資源エネルギー庁		省エネルギー対策課 新エネルギー対策課
国土交通省	総合政策局 水管理・国土保全局 〃 道路局 自動車局 海事局 港湾局	環境政策課 河川環境課 下水道部 環境安全課 環境政策課 安全・環境政策課 海洋・環境課
農林水産省	大臣官房 食料産業局 生産局 農村振興局	環境政策課 バイオマス循環資源課 農業環境対策課 農村環境課
文部科学省	研究開発局	環境エネルギー課
総務省	公害等調整委員会	

（注）　本表に掲載したのは，環境を明示的に部署の名前につけている課に限定している。
（出所）　各省庁のHP（2013年5月31日現在）をもとに筆者作成。

れる。

　政府機構改革は，その後各省庁が所管する法律や政策を，環境保全や持続可能な発展を目的とする内容への修正を促すこともある。英国では，環境・交通・地域省設立後の1998年に『統合交通白書』を公表し，交通政策の目標を「需要予測に基づいた交通インフラ整備」から，「持続可能な発展を支えるような方法での交通の選択肢の増加と移動の保障」へと転換した。ドイツでは，再生可能エネルギー担当部門の環境省への移管は，経済省が原子力発電の維持・推進を目的として再生可能エネルギー推進政策を抑制することを困難にした。このことが，社民党と緑の党の連立政権が2000年代前半に再生可能エネルギー推進政策を進展させることを容易にした。

　その半面，政府機構改革を行っても，必ずしも環境保全や持続可能な社会の構築に向けた省庁間の連携を緊密にするわけではない。環境保全は政策目的と

しては後から入ってきたために優先度が低く，また環境行政機構も他省庁よりも後から設立されたために行政上の地位が低いことが多い。このため省庁を統合しても，環境保全や持続可能な社会の構築といった政策目的が担当部署の間で共有され，各部署が協調して実施する体制が整備されていなければ，環境保全はその省庁の優先的な政策目標とはならず，必ずしも環境保全が省庁統合前よりも推進されるわけではない。

　この課題に対処するために，欧州ではトップダウン型の省庁横断型の組織や機構を設立した。英国は，各省庁に「環境大臣」を設置し，それを束ねる組織として副総理が主宰する環境閣議を設置して各省庁の持続可能な発展目標の達成に関する年次進捗報告書を作成する責任を負うこととした。ドイツも，グリーン内閣などハイレベルの環境意思決定プロセスや省庁横断型の作業グループを構築して，首相の気候変動政策に対するイニシアティブを支援できる機構を整備した。

　政府機構改革は，行政機構の改革だけにとどまらない。省庁横断型の取り組みを推進する上では，前掲図14-2に見られるように，国会による提案と監視も重要である。英国は下院に**環境監査委員会**を設置し，その調査・質疑権限を活用して，政府機関の政策や活動による環境影響を科学的および事実に基づいた知見により監査を行い，政府が提案する政策が環境保全や持続可能な社会，低炭素社会の構築にどの程度貢献するかを事前に評価し，実際の政策に反映させてきた。

　中央政府の省レベルでは政策が統合化されたとしても，都道府県や市町村では統合的政策への変更を理解せず，あるいは統合的政策を実施する体制を整備していなければ，効果的な執行は期待できない（前掲表14-1）。この意味で，地方自治体が統合的環境政策を担うことができるように行政機構改革を行うことも重要となる。

4　政策決定プロセスの改革

　こうした政府機構改革を行っても，各省庁の政策目的の中核に環境保全や持

続可能な社会の構築が明記されず，またすべての職員が統合的政策の目的を共有していなければ，必ずしも環境保全や持続可能な社会の構築に資する法律や規制を継続的に導入・強化することにはならないかもしれない。特に多くの国では，政権は通常4～5年ごとに選挙の洗礼を受け，場合によってはそれよりも短い期間で交代を余儀なくされる。そして前政権とは異なる独自の実績を出す目的から，交代後の政権は，前政権が発展させてきた政策を縮小・廃止することも多い。

この障壁を制度的に克服する政策手段として期待されているのが，**戦略的環境アセスメント**である。戦略的環境アセスメントとは，政策・計画・プログラムに関する提案が，すべての利害関係者の参加の下に，意思決定のできる限り早い段階で経済や社会的影響だけでなく環境影響も評価され，意思決定プロセスで考慮され，適切な対応がなされるように体系化されたプロセスである。

戦略的環境アセスメントの手続きを政策形成プロセスに導入したのが，欧州委員会であった。欧州委員会は，エネルギーや交通，農業などの各分野の中長期計画や法律・規制を持続可能性の観点から事前に評価する手続きとして，**インパクトアセスメント**を制度化した。そしてインパクトアセスメントの質の管理・向上と各総局による事前政策評価の支援を目的に，委員長の直轄組織として**インパクトアセスメント委員会**（Impact Assessment Board）を設立し，財政・産業・社会・環境の各分野の代表者によるドラフト審査と意見書を公表する責任を持たせた。また分野横断型の政策提案に関しては，提案部局以外に事務総局の戦略計画・企画部，他の関連する総局および外部の利害関係者が早期段階から政策提案の作成に関与できるように，**インパクトアセスメント運営グループ**（Impact Assessment Steering Groups: IASG）の設立を義務づけた。さらにドラフト作成の早期段階や評価段階で企業や市民など，様々な利害関係者が意見を提出し，それが考慮されるプロセスを設けて，政策立案プロセスの透明性を高めた（図14-3）。

日本も2007年に環境省が戦略的環境アセスメントガイドラインを公表し，深刻な環境影響をもたらす可能性の高い事業の枠組みを決める計画を影響評価の対象に加えた。しかしその検討範囲は個別事業の基本計画における位置と規模

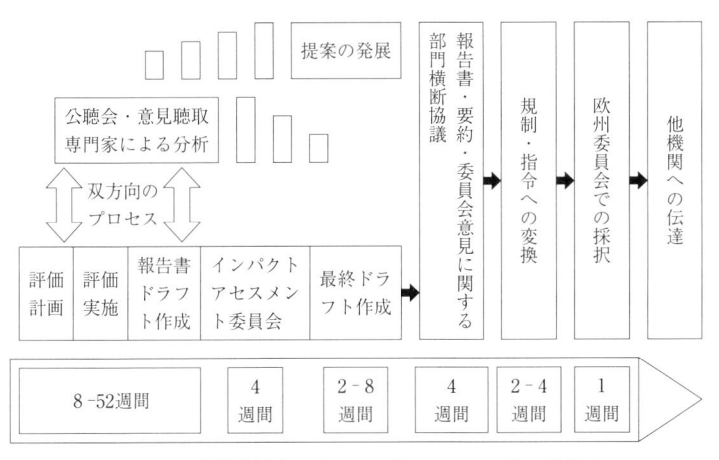

第14章　環境政策を実現する制度とガバナンスを考える

図14-3　欧州委員会のインパクトアセスメントの仕組み
(出所)　森(2013b, 102頁)。

に限定されており，欧州委員会が対象としている総合開発計画や，各省庁が策定し事業量の総量を規定する5カ年計画，土地利用計画などの事業の内容を拘束する計画は含まれていない。また環境省は必要に応じて環境影響評価書に対する意見を述べることができるものの，意見を述べるのは評価書が作成された後にすぎない。このため，計画はおろか個別事業の内容や設計に及ぼす影響は限定されている。

5　財政システムの改革

　統合的政策手段の実効性を向上させるためには，統合的環境政策手段を推進するプログラムや事業に予算を配分し，環境への悪影響をもたらす政策や活動への予算を減らす政策も有効と考えられる。

　日本では，1970年の公害国会で公害対策諸立法が法制化および改正強化された(⇨第3章)後，それらの法律の実効性を高めるために環境予算を増加した。政府の**環境保全予算**は1971年の1114億円から2001年に3兆484億円まで増加し，その後の財政赤字削減の中で，2011年の1兆2090億円へと低下した。そのうち，環境庁・環境省の占める割合は1999年までは3.9％にすぎず，60％以上を公共

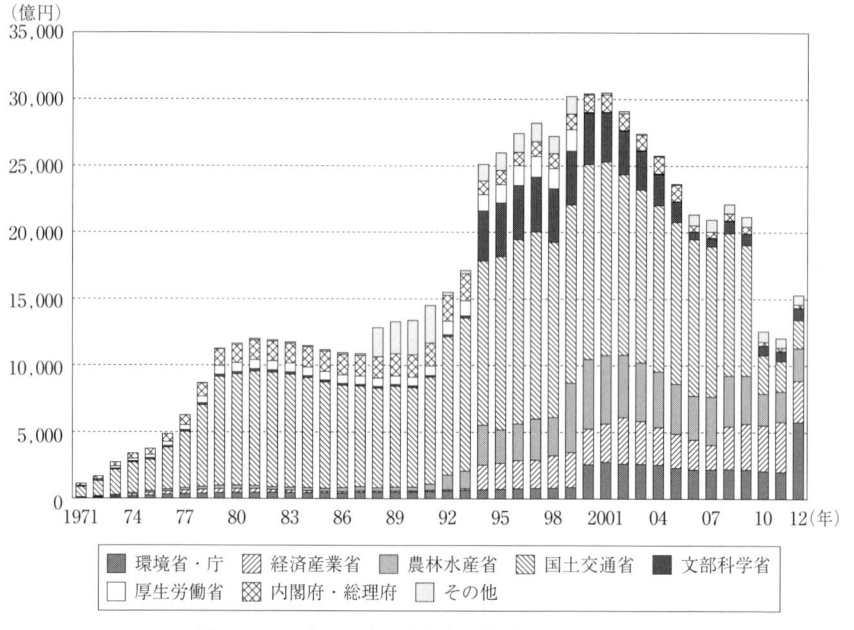

図14-4　日本の政府環境保全予算（1971-2012年）

（注）　1：各省庁が環境保全予算と判断して環境省に報告したものをまとめたもの。
　　　2：当初予算のみ。補正予算は含まない。
　　　3：1999年以前の総理府（現・内閣府）は、環境庁・国土庁・科学技術庁を除く。
　　　4：1994年以降の数値は、一般会計に加えて特別会計を含む。
（出所）　環境省『環境白書』および『環境・循環型社会・生物多様性白書』各年版のデータをもとに筆者作成。

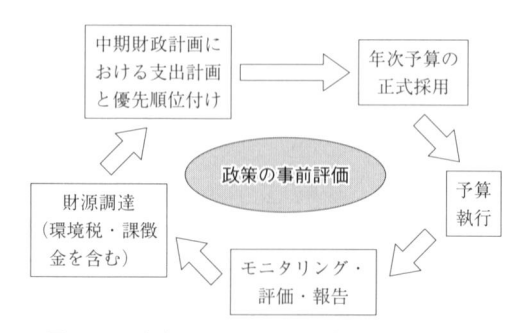

図14-5　財政のライフサイクル全体のグリーン化
（出所）　Wilkinson, Benson and Jordan（2008, 72頁）に一部加筆。

下水道の建設を管轄する建設省（当時）が占め，次いで廃棄物処理・処分場の建設を管轄する厚生省（当時）が占めてきた。また通産省（当時）は電源開発特別会計も活用して，省エネや原子力発電，再生可能エネルギーの開発を進め，農林水産省は国有林野事業特別会計も活用して，森林整備を進めてきた（図14−4）。

ところが，各省庁は互いの政策目的・ビジョンを共有することなく，それぞれ自らの管轄する予算を増加させてきた。このため，しばしば整合的でない政策目的や重複する内容に予算が配分されてきた。例えば交通政策では，環境保全予算で自動車排ガス対策を実施する一方で，道路特定財源で道路を新設し自動車の誘発需要を高めてきた（⇨第11章）。また環境保全予算の中でも，厚生省（当時）は都市衛生やダイオキシン発生の防止の観点から廃棄物の処理・処分場の建設や技術開発の予算を，通産省（当時）・環境省はリサイクル推進のための予算を確保してきた。

この事態を改善するためには，図14−5で示したように，財政システム全体を環境に配慮したものにつくり替え，管理するシステムを構築することが重要になる。つまり，まず政策目的・ビジョンを実現する観点から4〜5年間の**中期財政計画**を立案し，そこで全省庁の予算を含めた政府支出に優先順位をつける。この際に，持続可能な発展を政策目的・ビジョンとして明確に組み込む。これをもとに，毎年歳入見通しに基づいて省庁別・機能別の予算配分を決め，国会で承認を得た上で執行する。会計検査院や国会の決算委員会，総務省の政策評価等でその実績を精査した上で，その結果を次期中期財政計画に反映させる。このような財政サイクルを確立すれば，企業の環境マネジメントシステムと同様に，政府機関も持続可能な社会の構築という目標に向かって予算を戦略的に配分することが可能になる。

6　統合的環境政策手段の導入を推進する主体の強化

このような政策決定プロセスや財政システムの改革は，既存の政策体系やそこから権益を受けている受益者の既得権益を脅かす。そして既存の政策体系と

の調整の要求や既得権益の抵抗や反対が強いほど，改革は葬り去られるか骨抜きにされ，実質的な効果を持ちにくくなる。

こうした反対を乗り越えて政策を実現するには，環境政策を推進する主体，言い換えれば環境政策を推進することで便益を得られる主体を拡大し強化することが不可欠である。

そのためには第1に，市民，環境NGO，産業界，環境省などの政府機関，国会議員，科学者コミュニティなどが**環境政策コミュニティやネットワークを構築する**ことが重要となる。ネットワークを構築することで，環境政策コミュニティ全体の専門性と環境政策の提案能力を高めて政策立案プロセスに影響力を行使する能力を高めることが可能になる。ドイツでは，環境NGOは財源，法人格，科学技術の知識，優秀なスタッフを持ち，様々な財政上の優遇措置を受けられたことで，全国規模の運動を展開し，あるいは緑の党を通じて自らの主張を直接議会に持ち込むことが可能となり（シュラーズ，2007），環境政策の実現を推進する駆動力に成長した。そして政策の意思決定方式も，米国のように利害対立型ではなく協調型を慣行としていたために，他の政党も緑の党の主張に耳を傾け，取り入れていった。

日本でも，1998年に特定非営利活動促進法が制定されたことで，環境NGOは法人格を取得して団体名義で契約や登記，銀行口座の開設ができるようになり，また法人および寄付者が税制上の優遇措置を受けられるようになった。そして2012年の改正で，認定要件が緩和された。こうしたNPO法人育成政策により，認定NPO法人となって専属のスタッフを雇用し，専門的知見を高め，環境政策ネットワークを構築して政策提案を行う環境NGOも現れてきている。

ところが，こうした環境政策ネットワークの政策決定に対する影響力は，既存の省庁を中心とする政策コミュニティの影響力と比べると，依然として弱い。日本では，各省庁はそれぞれ縦割り型に政策コミュニティを構築し，業界団体をはじめとする社会集団の利害や，地元の利益集団や各省庁の意見を踏まえた族議員の意見を反映させつつ，下からの積み上げで政策を形成してきた。また省別に審議会を設置し，高い権威を持つ人物と関係省庁と関連のある元官僚を据えて議論を行うことで，当該省の意図する方針を，専門的正統性を持たせつ

つ発信し，政策形成に影響力を行使してきた。このため，環境政策ネットワークの影響力も，各省庁の政策形成プロセスの中に拡散・稀薄化されていった。しかも環境省の審議会である中央環境審議会は，産業界を含む多様な出身母体の委員から構成されており，必ずしも環境政策ネットワークがその決定に大きな影響力を行使できるわけではない。

　第2に，国民が十分な情報を入手して意思決定プロセスに参加する制度を強化することが重要である。政策効果が十分に見通せない中で革新的な政策を構想し導入するには，様々な考え方を持つ国民から多様なアイデアや考え方を集約し，それを競争させることが重要となる（飯尾，2013）。そして参加を通じて改革の必要性に対する認識が広まり，改革の内容についての理解も深まって，当事者意識を高めてこれまでの行動パターンを変える気運も高まる。

　このためには，公聴会やパブリックコメントなどを通じて個別の事業や政策に意見を述べる機会を保障することが不可欠である。しかしこれだけでは十分ではない。改革が必要とされる現状分析や改革の結果実現する社会のビジョンや，実現するために要する費用とリスクを社会が認識し，受け入れることが必要となる。これを明確にするのが，政権公約である。そして政党をはじめとする政治家が政権公約を掲げて政策の競争を行い，有権者が示された政策の選択肢を考慮して投票するという形の参加を行うことが重要となる。

　日本では，高度成長期までは政策の輸入が可能であり，自民党が政権与党として「過剰な包摂」戦略をとり，首相交代を通じて疑似政権交代を実演してきた。このため，政権交代がない中でも，自民党が許容する範囲内で，言い換えれば経済成長や自民党支持者の経済的基盤を著しく損なわない範囲で，環境政策を導入・強化することができた。そして結果的に深刻な環境汚染は目に見えて改善した。このことから，既存の政策体系を環境保全型に改変することにはならなかった。

　第3に，短期的に目に見えやすい利益や便益を生み出し，政策への支持者を拡大する環境政策を優先的に実施することが重要となる。改革による利益や便益を享受する主体が増えるほど，改革派より多くの主体から支持されて制度となり，選挙で政権が変わっても変更されにくくなるためである。

この点で，ドイツの再生可能エネルギー政策は有益な示唆を与える。緑の党は1998年の選挙を経て社会民主党と連立政権を組むと，環境税制改革を行い，再生可能エネルギー法を制定して電力網事業者に再生可能エネルギー電力の電力網への接続義務と，固定価格での優先的買取義務を負わせた。さらに2002年の選挙で議席を拡大すると，2010年および2020年までの発電全体に占める再生可能エネルギー割合目標も設定した。ところが2005年の総選挙で与党連立政権は敗北し，固定価格買取制度への反対を強めていたキリスト教民主同盟が政権の座についた。しかし雇用者数の大多数を抱える中小企業連合とサービス部門労働組合は，経済的利益と雇用増加の便益を実感し，固定価格買取制度への支持を表明した。また鉄鋼業界など環境税制改革から不利益をこうむる産業も，一定の経済的利益を得たことを認識するようになった。さらに連邦議会も，経済技術省にその傘下の研究機関への調査研究委託を独立な立場で客観的な事実に基づいて行うことを指示・監視することで，経済技術省が不利益をこうむる既存の産業に有利な調査報告書を作成するのを阻止した。こうした経済界の経済的利益に関する認識の変化と，政府機関の研究の中立性の確保が相俟って，固定価格買取制度は維持され，2009年の改正時には再生可能エネルギー由来の電力の導入目標が明記され，風力および太陽光発電により有利となるように修正された。

　日本では，日本経済団体連合会（日本経団連）などの大企業の利益を代弁する団体の政治的影響力が大きい。このため，中小企業連合のみでは，ドイツと同じ程度の政策導入の推進力を生み出すことは容易ではない。日本の政治的・制度的文脈では，環境政策ネットワークや地方自治体との連携が1つの重要な鍵となるかもしれない。地方自治体は国に先駆けてパイロット事業を行い，環境保全型産業を誘致・育成してきた経験を持つためである。実際，固定価格買取制度の対象に既存の再生可能エネルギー発電所が含まれたのは，法案審議の最終局面で，企業団体だけでなく市町村連合が強力な働きかけを行ったことも大きな要因であったとされる*。

　＊　北海道苫前町役場での聞き取り調査（2013年8月7日）に基づく。

> > Column < <

日本のエネルギー分野の環境政策統合の試み

　日本のエネルギー政策でも，福島第一原発事故後には，エネルギー・環境会議と討論型世論調査という政府機構と政策決定メカニズムの改革が行われた。エネルギー・環境会議は，官邸主導で統合的意思決定を行う閣僚級の会議として，内閣官房の国家戦略室に設立された。また討論型世論調査は，複数の選択肢を示して国民自らが討論を行ってより深く理解した上で意見を述べるもので，従来の意見聴取会のように政府の原案を示して意見を聴取する方式よりも国民の積極的な参加を促すことが期待されていた。

　しかし実際には，エネルギー・環境会議で閣僚がエネルギー基本計画について実質的な議論を行うことはなかった。従前通り経済産業省の下に設置され，エネルギー政策を否定しない者が半数以上委員に任命される総合エネルギー調査会の意見を聞いた上で資源エネルギー庁が作成し，閣議決定をするという方式が踏襲された。しかも討論型世論調査での論点は電力供給における原子力発電の比率に置かれ，使用済み核燃料の処分に関する議論はほとんど行われなかった。

　この結果，日本がこれまで使用済み核燃料の再処理を委託してきた英国から，再処理にともなって生成される高レベル放射性廃棄物の引き取りを要求されるなど，英国や米国から核燃料サイクルの見直しに圧力をかけられる（山岡，2013）と，新たな政府機構の下で新たな政策決定メカニズムに基づいて決定しようとした内容も見直さざるをえなくなった。つまり，革新的エネルギー・環境戦略は，2030年代の原子力発電稼働ゼロを目標に掲げる一方で使用済み核燃料の再処理事業は従来通りとする，矛盾した内容を含むものとなった。しかも革新的エネルギー・環境戦略は，最終的に閣議決定されなかった。

　このことは，政府機構と政策決定メカニズムを部分的に改革するだけでは，既存の政策体系のグリーン化には十分ではないことを示した。　　　　（森　晶寿）

7　まとめ

(1) 環境問題を引き起こしている活動や主体を管轄する省庁が，当該省庁の政策目的を達成しながら環境保全を推進する統合的環境政策手段を導入する誘因を持たせるために，環境保全の権利と責務の明文化，政府機構改革，

政策決定プロセスの透明化とプロセスへの政策影響の事前評価の制度化，財政のライフサイクル全体のグリーン化が行われてきた。

(2)反対を乗り越えて統合的環境政策手段を導入していくには，環境政策コミュニティやネットワークを構築して政策提案能力を強化していくこと，国民が十分な情報を入手して意思決定に参加できる制度を構築すること，統合的環境政策手段から短期的に便益を得られる主体を増やす政策を優先的に導入することなど，推進主体の能力と誘因を強化する制度を構築していく政策もまた重要となる。

[引用参考文献]

飯尾　潤（2013）『現代日本の政策体系』ちくま新書。
シュラーズ，ミランダ（2007）『地球環境問題の比較政治学——日本・ドイツ・アメリカ』岩波書店。
森　晶寿（2013a）「環境政策統合（EPI）の定義・目標・評価基準」森　晶寿編著『環境政策統合——日欧政策決定過程の改革と交通部門の実践』ミネルヴァ書房，19-38頁。
─── （2013b）「欧州委員会のインパクトアセスメント——統合的政策決定プロセス実現の政策革新」森　晶寿編著『環境政策統合——日欧政策決定過程の改革と交通部門の実践』ミネルヴァ書房，91-113頁。
山岡淳一郎（2013）『田中角栄の資源戦争』草思社文庫。
Wilkinson, David, David Benson and Andrew Jordan (2008) "Green budgeting," in Jordan, Andrew and Andrea Lenschow (eds.) *Innovation in Environmental Policy: Integrating the Environment for Sustainability,* Edward Elgar, 70-92.

[さらなる学習のための文献]

飯尾　潤（2007）『日本の統治構造——官僚内閣制から議院内閣制へ』中公新書。
坪郷　實（2009）『環境政策の政治学——ドイツと日本』早稲田大学出版部。

（森　晶寿）

索　引

あ　行

RCEP（東アジア地域包括的経済連携）　125
ISO14000シリーズ　134
ISO14001　20, 23-25, 29, 134-136
ISO14040シリーズ　30
ISO26000　36
愛知目標　175
IPCC第四次評価報告書　173
アジェンダ21　267
足尾銅山の鉱毒問題　44
アスベスト（石綿）　47, 241
ASEAN（東南アジア諸国連合）　125
アメニティ　230, 232
安全データシート　115
EPA（経済連携協定）　124
イタイイタイ病　45
一般廃棄物　83
遺伝子組換え生物（LMO）　176
遺伝子組換え作物・食品（GMO）　133, 176
遺伝資源　176, 178
遺伝資源の収奪（バイオパイラシー）　176
移動量　114
インパクトアセスメント　272
インパクトアセスメント委員会　272
インパクトアセスメント運営グループ　272
ウィーン条約　132
ウォーター・ニュートラル　81
ウォーター・フットプリント　78
エコタウン事業に関する事後評価書　97
エコデザイン　29
エコファーマー　257
エコマーク　28
エコリーフ環境ラベル制度　28

ESCO（エスコ）　240
SPS協定　134
エネルギー安全保障　189
エネルギー・環境会議　196
エネルギー管理者　191
エネルギー関連製品のエコデザイン指令（ErP指令）　110
エネルギー基本計画　196
エネルギー使用製品の環境適合設計に関する枠組み指令　109
FSC認証（制度）　134, 136, 180
FTA（自由貿易協定）　124
MSC認証（制度）　134, 136
LCA（ライフサイクルアセスメント）　28, 110, 134
　――データベース　30
　――の基本手順　30
エンゲルの法則　245
汚染規模の拡大　127
汚染者負担原則　7, 54
汚染逃避仮説　126
汚染の移転　126
オゾン層　165
オゾン層破壊物質　132
オゾン層保護法　132
汚物掃除法　84
温室効果ガス　133
　――削減の数値目標　147
　――の算定排出量の報告制度　154
　――の排出量等の算定・公表　154
オンライン自動連続モニタリング設備　191

か　行

カーボン・オフセット　159

281

カーボン・ディスクロージャー・プロジェクト　160
カーボン・フットプリント　159
海水淡水化　80
外部機能　26
外部効果　252
外部費用の内部化　4
海洋管理協議会（MSC）　134
海洋の酸性化　174
外来種　172
価格支持政策　254
科学的な不確実性　144
化学物質　104
化学物質の審査及び製造等の規制に関する法律　113
化学物質の登録・評価・許可・制限の規則　108
拡大生産者責任ガイダンス・マニュアル　90
拡大生産者責任制度　86
加工貿易　123
仮想水（バーチャル・ウォーター）　69
GATT（関税と貿易に関する一般協定）　124, 130, 249, 258
GATT ウルグアイラウンド農業合意　249, 257
合併浄化槽　73
カドミウム　35
カネミ油症事件　113
カルタヘナ議定書　134, 175
環境影響評価　211, 268
環境汚染物質移動排出登録制度（PRTR）　13, 114
環境会計ガイドライン　26
環境監査委員会　271
環境技術　94
環境基準　9, 51
環境権　3, 266
環境効率　87
環境債務　57
環境産業　92

環境持続性　4
環境政策コミュニティ　276
環境税制改革　15
環境ダンピング　133
環境庁　50
環境破壊　84
環境報告書　21
環境保全型農業　256, 258, 262
環境保全型農業直接支援対策　257
環境保全予算　273
環境マネジメントシステム　134
環境ラベル及び宣言　27
環境リスク（対策）　16, 111
環境ロードプライシング　216
関税　124, 249
間接規制　90
官民パートナーシップ（PPP）　79
管理の連鎖　33
緩和策　146
企業価値　38
企業間連携の促進　97
企業経営戦略の環境マネジメント　21
企業行動憲章　22
企業主導　21
企業の社会的責任（CSR）　22, 179, 182
気候変動（問題）　140
気候変動に関する政府間パネル（IPCC）　143, 253
気候変動枠組条約　133, 145
規制追随型の環境マネジメント　19
既存化学物質　109
揮発性有機化合物　103
基盤サービス　166
規模効果　127
基本的人権　3
CASBEE 評価認証制度　241
キャップ＆トレード型　155
供給サービス　166
供給の連鎖　31

索　引

行政命令・指導　2
共通だが差異ある責任（CBDR）　147
共通農業政策（CAP）　249
共同実施　148
京都議定書　147
京都メカニズム　148
巨大都市圏（メガロポリス）　227
釧路湿原　174
国等による環境物品等の調達の推進等に関する法律（グリーン購入法）　28
クボタショック　48
グランドファザリング　13
クリーナー・プロダクション　20, 198
クリーン開発メカニズム（CDM）　148
グリーン購入ネットワーク　29
グリーンコンシューマー　30, 36
グリーンサプライチェーンマネジメント　32
グリーンツーリズム　260, 262
グリーンビルディング　240
クローズドループ　60
クローズドループ・リサイクルシステム　98
グローバル化　121, 126, 128, 129, 131, 136
クロス・コンプライアンス（環境遵守事項）　256
下水道　73
ケミカルリサイクル　100
健康項目　51
建設リサイクル法　241
減反（生産調整）　249
公害　84
公害健康被害補償法　54
公害国会　50
公害対策基本法　50, 227
公害防止ガイドライン　55
公害防止管理者　53
公害防止協定　2, 55
工業地域　230
高懸念物質　109
高効率石炭火力発電　198

耕作放棄地　172, 252
公衆衛生の向上　84
工場排水　68
交通（移動）基本権　221
高度浄水処理　75
鉱物政策の協調（ライフサイクル・パートナーシップ）　60
効率性と衡平性の基準　145
高レベル放射性廃棄物　190
コースの定理　8
枯渇性資源　185
国際協調　145
国際生物多様性年　175
国土利用計画法　229
国連環境開発会議　175
国連生物多様性の10年　175
コジェネレーション（熱電併給）　198, 239
COP10　175
固定価格買取制度　193
固定枠制度　193
個別的交通手段　207
コペンハーゲン環境基金　152
ごみの焼却処理　86
コミュニティ諮問協議会　119
コミュニティプラント　73
コモディティ　188
コンバインドサイクル発電　198
コンパクトシティ　233, 236, 241, 242

さ　行

サーマルリサイクル　100
最終処分場の不足　86
再生可能エネルギー　185
再生資源利用促進法　86
里地里山　171
サプライチェーンマネジメント　32
産業公害　43
産業構造転換効果　127
産業廃棄物　83

CE マーク　*107, 110*	条件不利地域　*255, 262*
CSR 経営元年　*34*	硝酸態窒素　*251, 253, 256*
GP-Web システム　*118*	食糧管理制度　*248*
J-Moss　*106*	食糧制度　*249*
市街化（調整）区域　*229*	食料増産政策　*247, 262*
市街地再開発事業　*236*	食糧法　*249*
時間費用　*211*	振動　*238*
事業者の自己処理責任　*84*	森林火災　*174*
事業者の責務　*90*	森林環境税　*181*
資源循環型産業システム　*95*	森林消失　*168*
資源循環パイロット事業　*92*	森林認証　*180*
資源生産性　*87, 89*	水源開発　*65*
資源廃棄物の確保　*97*	水源涵養機能　*172*
資源有効利用促進法　*106*	水質汚濁　*227*
自主的な管理　*114*	水道事業　*75*
事前の安全性審査　*114*	水道用水供給事業　*75*
持続可能な企業経営　*22*	スーパーファンド法　*56, 119*
持続可能な発展に関する国家戦略　*268*	スプロール化（現象）　*229, 230, 233*
失業問題　*34*	スマートグリッド　*202, 236*
シックハウス症候群　*241*	スマートシティ　*236-238, 241-243*
自動車 NOx・PM 法　*216*	スマートビルディング　*237*
自動連続モニタリング装置　*10*	スマートメーター　*202, 237*
地盤沈下　*227*	スラム　*228*
社会的価値　*38*	生活環境項目　*51*
住居専用地域　*230*	生活排水　*67, 227*
住居地域　*230*	生産緑地　*232*
集合的交通手段　*207*	生産緑地法　*232*
従属的な貿易構造　*34*	清掃法　*84*
従量料金　*75*	生態系　*166, 171, 251, 252*
受益者負担原則　*8*	生態系サービスへの支払い（PES）　*181*
種間の多様性　*165*	生態系の多様性　*165*
種内の多様性　*165*	製品の環境規制　*104*
循環型システム　*96*	生物多様性　*128, 166, 182, 251, 252*
循環型社会　*86*	生物多様性基本法　*177, 179*
循環型社会形成推進基本法　*88*	生物多様性国家戦略（2010, 2012-2020）　*177, 178*
循環資源　*128, 137*	生物多様性条約　*165, 175, 179, 182*
省エネラベリング制度　*191*	世界貿易機関（WTO）　*124, 131, 138, 249, 258*
省エネルギー基準　*191, 238, 242*	責任水量制　*75*
商業地域　*230*	

索　引

絶対的な水不足　*65*
絶滅危惧種（レッドリスト）　*168*
セベソ事件　*103*
ゼロ・エミッション　*94*
潜在的責任者負担原則　*8*
全社的環境管理コンプライアンス　*55*
専用水道　*75*
戦略的環境アセスメント　*272*
戦略物資　*188*
騒音　*228*
総量規制　*9, 53*
ソニーショック　*35*
ソニースタンダード　*35*

た　行

第一種指定化学物質　*115*
ダイオキシン問題　*86*
大気汚染　*228*
第三者認証　*28*
代替不能　*5*
大店立法　*235*
第二種指定化学物質　*115*
第二約束期間　*153*
第六次環境行動計画　*104*
多国間環境協定（MEA）　*130, 132, 138*
多国籍企業　*123, 136*
多面的機能　*128, 254, 258, 262*
炭素税　*154*
地域エネルギー・マネジメント・システム（CEMS）　*237, 239, 243*
地域固有性　*4*
地域循環圏　*89*
地域振興　*92*
地球温暖化　*173, 253*
地区計画　*230*
蓄積性汚染　*8*
中期財政計画　*275*
中山間地域　*255*
中山間地域等直接支払制度　*255*

中小事業者　*24*
中心市街地活性化基本計画　*235*
中心市街地活性化法　*235*
中水　*72*
調整サービス　*166*
調和条項　*50*
直接埋め立て　*86*
直接規制　*2, 20, 90*
直接支払い（政策）　*249, 253, 254, 256, 258, 262*
直接投資　*123, 129, 133*
直接罰制　*52*
2R（Reduce，Reuse）　*88*
低炭素社会　*146*
TPP（環太平洋パートナーシップ）協定　*125*
定量的データ　*28*
低レベル放射性廃棄物　*190*
デカップリング　*249, 254*
適応策　*147*
転移効果　*5*
電気・電子機器における特定有害物質の使用制限（RoHS）　*106, 137*
電気・電子機器廃棄物の回収・リサイクルに関する指令（WEEE）　*107*
典型7公害　*20*
電源三法　*196*
伝染病の予防対策　*84*
電力融通　*202*
統合的環境政策手段　*265*
統合的製品政策　*104*
統合的水資源管理　*76*
統合報告　*160*
道路課金（ロードプライシング）　*212*
道路特定財源制度　*213*
ドーナツ化現象　*229, 233*
ドーハ・ラウンド　*124*
特定化学物質の環境への排出量の把握等及び管理の改善の促進に関する法律　*113*
毒物および劇物取締法　*116*
都市化　*227, 253*

都市計画　229
都市計画区域　229
都市計画法　229, 235
都市公園　232
土壌汚染対策法　57
都市緑地法　232
土地利用規制　2
土地利用計画　2, 229
トップランナー基準　216
トップランナー方式　159, 191
トラム（路面電車）　234

な 行

内部機能　26
新潟水俣病　47
二酸化炭素の環境利用　162
ネガワット取引　203
ネットワーク　276
燃料電池車　220
農業構造政策　246
農業集落排水事業　253
農業集落排水施設　73
農業・農村の多面的機能　252
農業保護政策　245, 262
農産物価格支持政策　248
農村コミュニティビジネス　259, 260, 262
農地開発　247, 250, 252
農地への転用　168
農地・水・環境保全向上対策　257
農地・水保全管理支払交付金　257
濃度基準　52

は 行

パーク・アンド・ライド　215, 234, 236
ハーモナイゼーション　134, 138
排煙脱窒装置　191, 194
排煙脱硫装置　191, 194
廃棄物の処理及び清掃に関する法律（廃棄物処理法）　84

廃棄物問題　227
廃自動車指令　105
排出基準（規制）　9, 52
排出量　114
排出枠取引　2, 148
排水リサイクル　72
廃品回収システム　111
バス高速輸送システム（BRT）　212
発送電分離　203
バリューチェーン（価値連鎖）　38
バリ・ロードマップ　152
PCB（ポリ塩化ビフェニール）　86
PDCA　24
ヒートアイランド現象　228, 230, 232
比較生産費説　123
非関税障壁　124
非財務情報　160
ビジネスチャンス　21
表土流出　173, 251
費用便益分析　211
不可逆性　4
副産物　96
副産物の循環利用事業　94
物質情報交換フォーラム　109
物流管理　32
不法投棄　86
フリーライダー　111
フロン回収・破壊法　132
フロンガス　132
文化的サービス　167
ベースライン＆クレジット型　155
HEMS（ヘムス）　239, 243
BEMS（ベムス）　239, 243
ベルリン・マンデート　147
貿易と環境委員会（CTE）　131
包括的な化学物質対策　112
ポーター仮説　137
保護貿易政策　248, 252, 254
ポスト京都議定書　151

索　引

ボパール事件　103

ま 行

マスキー法　137
まちづくり三法　235
末端処理型対策　20
マテリアル・スチュワードシップ　60
マテリアル・バランス　78
マテリアルリサイクル　100
マルチステークホルダー　36
見える化　198
ミクロ環境会計　26
水資源賦存量　64
水処理膜　79
水ストレス　65
水の循環　64
水不足　65
水メジャー　80
水融通システム　77
未然防止　3
緑の革命　247, 251
水俣病　46
ミニマムアクセス　249
ミレニアム開発目標（MDGs）　76
民間ベースの審査登録機関　25
モーダルシフト　213
目標設定・達成期限・結果のモニタリング　268
モニタリングポスト　53
モントリオール議定書　132

や 行

焼畑農業　168

約束期間　147
誘因（インセンティブ）　15
有害物質排出目録（TRI）　119
四日市公害訴訟　194
四日市ぜんそく　47
予防型の環境マネジメント　20
予防原則　5, 144
四大公害　45

ら・わ 行

ライト・レール・トランジット（LRT）　212, 236
ライフサイクル　30, 89, 105
ラブカナル事件　49
ラムサール条約　174
乱獲　170
リサイクル　128
リサイクル施設　95
リスクコミュニケーション　119
リスクマネジメント　20
立証責任の転換　11, 108
粒子状物質（PM）　189
臨海工業地帯　95
倫理的消費者　36
レギオカルテ（環境定期券）　234
レッドリスト　171
労働安全衛生法　116
六次産業化　259, 262
ロゴマーク　107
ロジスティックス管理　32
ワシントン条約　174

執筆者紹介

森　晶寿（もり　あきひさ）執筆分担：はしがき，第1，10，11，14章
　　　　　京都大学大学院経済学研究科博士課程修了。博士（経済学・地球環境学）
現　在　京都大学地球環境学堂・准教授，東アジア環境資源経済学会（EAAERE）理事・事務局長
主　著　『環境政策統合――日欧政策決定過程の改革と交通部門の実践』（編著）ミネルヴァ書房，2013年
　　　　　The Green Fiscal Mechanism and Reform for Low Carbon Development: East Asia and Europe, Routledge, 2013（P. Ekins らとの編著）
　　　　　Environmental Governance for Sustainable Development: An East Asian Perspective, United Nations Press, 2013（編著）
　　　　　『東アジアの環境政策』（編著）昭和堂，2012年
　　　　　『環境援助論――持続可能な発展目標実現の論理・戦略・評価』有斐閣，2009年

孫　　穎（そん　えい）執筆分担：第2，5，6章
　　　　　京都大学大学院地球環境学舎博士後期課程修了。博士（地球環境学）
現　在　横浜国立大学大学院国際社会科学研究院准教授
主　著　「持続可能な企業経営に向けたグリーンサプライチェーンマネジメントの役割」（共著）『環境システム研究論文集』第40巻，2012年
　　　　　「環境配慮型経営の展開と推進要因――日中企業の国際比較」（共著）『環境科学会誌』第24巻第4号，2011年
　　　　　「中国における産業別グリーンサプライチェーンマネジメント（GSCM）実証研究――瀋陽市の製造企業の事例」（共著）『環境システム研究論文集』第39巻，2011年

竹歳一紀（たけとし　かずき）執筆分担：第7，9，12，13章
　　　　　カリフォルニア大学バークレー校大学院博士課程修了。Ph.D.（農業・資源経済学）
現　在　桃山学院大学経済学部教授
主　著　『貧困・環境と持続可能な発展――中国貴州省の社会経済学的研究』（共編著）晃洋書房，2011年
　　　　　『東アジアの経済発展と環境政策』（共著）ミネルヴァ書房，2009年
　　　　　『中国の環境政策――制度と実効性』晃洋書房，2005年

在間敬子（ざいま　けいこ）執筆分担：第3，4，8章
　　　　　京都大学大学院経済学研究科博士後期課程修了。博士（経済学）
現　在　京都産業大学経営学部教授
主　著　"Conditions to Diffuse Green Management into SMEs and the Role of Knowledge Support: Agent-Based Modeling," *Journal of Advanced Computational Intelligence & Intelligent Informatics*, Vol. 17, No. 2, 2013
　　　　「中小企業の環境経営に対する支援の現状と課題——地域社会における環境コミュニケーションデザインに向けて」『社会・経済システム』第31号，2010年
　　　　「環境配慮型社会をデザインするエージェントベースモデリング——研究の現状と今後の分析課題」『オペレーションズ・リサーチ』第53巻第12号，2008年

環境政策論
―― 政策手段と環境マネジメント ――

2014年9月30日　初版第1刷発行　　　　　　　〈検印省略〉

定価はカバーに
表示しています

著　者	森　　　晶　寿
	孫　　　　　穎
	竹　歳　一　紀
	在　間　敬　子

発行者　杉　田　啓　三
印刷者　江　戸　宏　介

発行所　株式会社　ミネルヴァ書房
607-8494 京都市山科区日ノ岡堤谷町1
電話代表　(075)581-5191
振替口座　01020-0-8076

© 森・孫・竹歳・在間, 2014　　共同印刷工業・清水製本

ISBN978-4-623-07131-9
Printed in Japan

環境政策統合
———————森　晶寿 編著　Ａ５判　284頁　本体 3800 円
●日欧政策決定過程の改革と交通部門の実践　持続可能性を導く政策枠組みとは。事例からの探求。

東アジアの経済発展と環境政策
———————森　晶寿 編著　Ａ５判　274頁　本体 3800 円
環境政策を進化させる，持続可能な発展の実践的内容，具体的方策とは。最新の環境ガバナンス像を提示する。

比較環境ガバナンス
———————長峯純一 編著　Ａ５判　282頁　本体 5500 円
●政策形成と制度改革の方向性　各国の環境問題と環境政策を比較検証し，ガバナンスの実態と今後を探る。

地域環境政策
———————環境政策研究会 編　Ａ５判　228頁　本体 3200 円
地域におけるホットな話題を取り上げ，アカデミックな理論に絡めて地域環境政策の体系として明らかにする。

環境経済学
———————細田衛士 編著　Ａ５判　328頁　本体 4000 円
理論的アプローチ，実証的アプローチのいずれにも役立つ，環境経済学を専門で学ぶ人のための本格派テキスト。

環境の政治経済学
———————除本理史／大島堅一／上園昌武 著　Ａ５判　288頁　本体 2800 円
「持続可能な社会」をめざし，環境問題の解決に向けた道筋を，政治経済学の立場から考えるためのテキスト。

——— ミネルヴァ書房 ———

http://www.minervashobo.co.jp/